Ökonomische Anreize in der deutschen Abfallwirtschaftspolitik

Band 1: Michael Schröder
**Die volkswirtschaftlichen Kosten
von Umweltpolitik**
1991, ISBN 3-7908-0535-1

Band 2: Karl Heinz Gruber
**Zur methodischen Auswahl von
Emissionsminderungsmaßnahmen**
1991, ISBN 3-7908-0547-5

Band 3: Helmuth-M. Groscurth
**Rationelle Energieverwendung
durch Wärmerückgewinnung**
1991, ISBN 3-7908-0552-1

Band 4: Frank Stähler
**Kollektive Umweltnutzungen und
individuelle Bewertung**
1991, ISBN 3-7908-0572-6

Band 5: Rolf Winkler
**Konzeption und Bewertung
technischer Entsorgungswege**
1992, ISBN 3-7908-0577-7

Band 6: Michael van Mark/
Erik Gawel/Dieter Ewringmann
**Kompensationslösungen
im Gewässerschutz**
1992, ISBN 3-7908-0638-2

Band 7: Maria J. Welfens
**Umweltprobleme und Umwelt-
politik in Mittel- und Osteuropa**
1993, ISBN 3-7908-0654-4

Band 8: Hans-Dietrich Haasis
**Planung und Steuerung emissions-
arm zu betreibender industrieller
Produktionssysteme**
1994, ISBN 3-7908-0768-0

Band 9: Ute Bennauer
**Ökologieorientierte Produkt-
entwicklung**
1994, ISBN 3-7908-0779-6

Band 10: Maria J. Welfens/
Nadja Schiemann (Hrsg.)
**Umweltökonomie und zukunfts-
fähige Wirtschaft**
1994, ISBN 3-7908-0788-5

Band 11: Rolf Jacobs
**Organisation des Umweltschutzes in
Industriebetrieben**
1994, ISBN 3-7908-0797-4

Band 12: Frank Jöst
**Klimaänderungen, Rohstoffknapp-
heit und wirtschaftliche Entwicklung**
1994, ISBN 3-7908-0809-1

Band 13: Georg Müller-Fürstenberger
Kuppelproduktion
1995, ISBN 3-7908-0883-0

Band 14: Andreas Pfnür
**Informationsinstrumente und
-systeme im betrieblichen
Umweltschutz**
1996, ISBN 3-7908-0894-6

Band 15: Christian Kölle
**Ökonomische Analyse internationa-
ler Umweltkooperationen**
1996, ISBN 3-7908-0901-2

Band 16: Rainer Souren
Theorie betrieblicher Reduktion
1996, ISBN 3-7908-0933-0

Band 17: Fritz Söllner
**Thermodynamik und Umwelt-
ökonomie**
1996, ISBN 3-7908-0940-3

Band 18: Thomas Nestler
**Umweltschutzinvestitionen
im Verarbeitenden Gewerbe**
1997, ISBN 3-7908-0962-4

Band 19: Anja Oenning
**Theorie betrieblicher Kuppel-
produktion**
1997, ISBN 3-7908-1012-6

Band 20: Graciela Wiegand
**Die Schadstoffkontrolle von Lebens-
mitteln aus ökonomischer Sicht**
1997, ISBN 3-7908-1024-X

Karin Holm-Müller

Ökonomische Anreize in der deutschen Abfallwirtschafts- politik

Mit 19 Abbildungen
und 5 Tabellen

Physica-Verlag

Ein Unternehmen
des Springer-Verlags

Reihenherausgeber
Werner A. Müller
Peter Schuster

Autorin
PD Dr. Karin Holm-Müller
TU Berlin
Sekretariat WW 17
Uhlandstr. 4–5
D-10623 Berlin

ISBN-13: 978-3-7908-1028-8   e-ISBN-13: 978-3-642-47008-0
DOI: 10.1007/978-3-642-47008-0

Die Deutsche Bibliothek – CIP-Einheitsaufnahme
Holm-Müller, Karin: Ökonomische Anreize in der deutschen Abfallwirtschaftspolitik / Karin
Holm-Müller. – Heidelberg: Physica-Verl., 1997
   (Umwelt und Ökonomie; Bd. 21)

Umschlaggestaltung: Erich Kirchner, Heidelberg
SPIN 10630522   88/2202-5 4 3 2 1 0 – Gedruckt auf säurefreiem Papier

Inhaltsverzeichnis

0 Problemstellung

Bis vor kurzem ging die Abfallpolitik in Deutschland davon aus, daß die vorhandenen Deponien zu einem großen Teil am Ende ihrer Laufzeit angelangt sind. So seien circa 90 % der bestehenden Hausmülldeponien in den alten Bundesländern bis zum Jahre 2015 erschöpft (SIEMENS 1995 S. 1). Beim Stand der Abfallvermeidung von 1990 fehlten etwa 80 - 100 Aufbereitungsanlagen und etwa 30 - 50 Verbrennungsanlagen, um die Anforderungen der neuen Regelwerke (TA Abfall) zu erfüllen (SRU 1990 S. 100). Neue Anlagen sind aber nur unter erheblichen Schwierigkeiten durchzusetzen.

Die Bundesregierung ist deshalb in den letzten Jahren abfallpolitisch sehr aktiv geworden. Vorläufiger Höhepunkt ist die Verabschiedung des Kreislaufwirtschaftsgesetzes (KrW-/AbfG), das 1996 in Kraft getreten ist. In seinem Mittelpunkt stehen die Ziele Vermeidung, Verwertung und schadlose Beseitigung von Abfällen, wobei die Reihenfolge der Nennung der Zielhierarchie entspricht. Durch die Technische Anleitung Abfall wurde die Verbrennung als Voraussetzung für eine oberirdische Deponierung festgelegt. Dadurch wird sich das Abfallvolumen in der Zukunft erheblich verringern und die Restlaufzeiten der Deponien erhöhen sich entsprechend. Dennoch ist zu fragen, ob von den abfallpolitischen Initiativen die richtigen Anreize für ein gesellschaftlich effizientes Abfallmanagement ausgegangen sind.

Bis vor wenigen Jahren beschäftigten sich die Umweltökonomen in der Bundesrepublik Deutschland kaum mit der Abfallproblematik, sondern vorwiegend mit Problemen von Emissionen in Luft und Wasser. Eine Verseuchung des Bodens war nur insofern Thema, als es sich bei ihr auch um einen externen Effekt handelte, der in der Regel über Luft- oder Wasserverschmutzung verursacht war. Die Abfallproblematik wurde von der überwiegenden Mehrzahl der Lehrbücher, die hier als Indikator für Strömungen in der umweltökonomischen Literatur angeführt werden sollen, nicht behandelt. Eine Begründung hierfür mag darin liegen, daß "... property rights in land are well defined. Land, unlike air and water, is relatively stationary and easy to identify. It is therefore possible to designate the owners of particular parcels of land ... . To that extent, solid wastes cannot be diposed of without the consent of the landowners. ...solid waste disposal is subject of much less important external dis-economies than are air and waterborne discharges" (MILLS 1978 S. 160).

Das ist auch der Grund, aus dem Mills, der sich als einer der wenigen überhaupt mit der Abfallproblematik befaßt, zu dem Schluß kommt, daß es zwar auch im Abfallbereich externe Effekte gäbe, das Abfallproblem jedoch in erster Linie ein Managementproblem darstelle (ebda). Auch heute noch wird Abfallwirtschaft in erster Linie als ein ingenieur- oder betriebswirtschaftliches Problem gesehen.

In der Ressourcenökonomie dagegen war das Recycling von Abfall seit den 70er Jahren Thema. In diesem Zusammenhang wurden zumindest vereinzelt auch die Auswirkungen von Recycling auf den Schaden aus einer Verschlechterung der Umweltsituation berücksichtigt. Aber erst Ende der 80er Jahre und Anfang der 90er Jahre, als auch in der Politik sowohl die Altlastenproblematik als auch das Schlagwort vom Entsorgungsnotstand in aller Munde war, entstanden vor allem im deutschen Sprachraum neuere Arbeiten, die das Abfallproblem in das Zentrum ihrer Betrachtungen stellten[1] und für die vorliegende Untersuchung wichtige Grundlagen gelegt haben. Ähnlich wie bei MICHAELIS (1993) soll im Mittelpunkt dieser Arbeit der Versuch stehen, die wichtigsten Aspekte der Abfallpolitik näher zu beleuchten. Im Gegensatz zur Arbeit von MICHAELIS (1993) nimmt aber in der vorliegenden Untersuchung der Produktabfall und damit der Materialbilanzansatz eine zentrale Stellung ein, denn hier vor allem liegen Neuerungen des bundesdeutschen Abfallrechts, die bisher aus umweltökonomischer Sicht noch nicht näher untersucht wurden.

Die Grundlage für die Untersuchung bildet ein integrierter Ansatz zur Bestimmung des optimalen Niveaus an Primär- und Sekundärproduktion, wie er sich in etwas anderer Form bei SIEGLER (1993) findet. Während SIEGLER seinen Ansatz jedoch nur für den Vergleich sozial optimaler und konkurrenzwirtschaftlicher Situation nutzt, soll in dieser Arbeit der integrierte Ansatz, wie

---

1 Vgl. z.B. HÜPEN (1983), WACKER (1987), MICHAELIS (1991 u. 1993), FABER/STEPHAN/MICHAELIS (1988), HECHT (1991), SIEGLER (1993). Daneben gibt es eine Vielzahl von Aufsätzen, die hier nicht erwähnt werden können.

bereits erwähnt, auf unterschiedliche Instrumente der Abfallpolitik angewendet werden.

Die Arbeit beginnt mit einer Diskussion unterschiedlicher Abfalldefinitionen hinsichtlich der Frage, inwieweit sie in der Lage sind, die Besonderheiten der Abfallproblematik zu erfassen. Dies schließt selbstverständlich eine Auseinandersetzung mit den Abfalldefinitionen des Gesetzgebers ein, die im bis 1996 gültigen Abfallgesetz und dem 1996 in Kraft getretenen Kreislaufwirtschaftsgesetz dargelegt sind. Ergebnis der Diskussion ist eine eigene Definition von Abfall, die den folgenden Kapiteln zugrundegelegt wird. Der zweite Teil des ersten Abschnittes beginnt mit einer Erörterung der Begriffe Vermeiden, Verwerten und Deponieren und endet mit der Schlußfolgerung, daß hinter diesen Begriffen letztendlich Entscheidungen über den Umfang und die Art von Primär- und Sekundärproduktion stehen.

Deshalb beginnt das zweite Kapitel mit einem Vergleich des sozial optimalen Niveaus an Primär- und Sekundärproduktion mit den Ergebnissen eines privatwirtschaftlichen Konkurrenzmodells unter effizienten Rahmenbedingungen. Am Ende dieses Kapitels werden die Faktoren diskutiert, die zu einem Marktversagen führen können.

So wird es möglich, im dritten Kapitel die abfallpolitischen Regelungen in der Bundesrepublik Deutschland nach den marktversagenden Faktoren zu untergliedern, auf die sie einwirken. Hieraus ergeben sich die Fragestellungen, die im Zentrum des vierten bis sechsten Kapitels stehen.

Sie beziehen sich auf das Verhältnis zwischen privaten und gesellschaftlichen Deponierungskosten, auf die Beurteilung von Rücknahmeverpflichtungen, abfallrechtlichen Auflagen und der vom Umweltministerium 1991 vorgesehenen, bis heute allerdings noch nicht durchgesetzten, Einführung einer Abfallabgabe. Im vierten Kapitel werden diese Fragen zuerst einzeln beantwortet, wobei sich die Antworten im wesentlichen auf modelltheoretische Aussagen in einer Situation der vollkommenen Konkurrenz beziehen. Im siebenten, abschließenden Kapitel wird dann der Versuch unternommen, bei gemeinsamer

Betrachtung aller Ineffizienzen Empfehlungen für Weiterentwicklungen in der Abfallpolitik zu geben.

Im Zentrum dieser Arbeit stehen ökonomische Anreize, die aus der Abfallwirtschaftspolitik in der Bundesrepublik Deutschland folgen. Unter den Begriff "ökonomische Anreize" sollen hier alle Anreize gefaßt werden, die über eine Beeinflussung der Kosten- und Ertragssituation der Unternehmen einen Einfluß auf ihr ökonomisches Kalkül und damit ihre betriebswirtschaftlichen Entscheidungen haben. Dies beschränkt die Arbeit keineswegs auf sogenannte "ökonomische Instrumente" wie z.B. Abgaben. Vielmehr beeinflussen auch ordnungsrechtliche Regelungen das ökonomische Kalkül der Abfallerzeuger bzw -besitzer. So werden in dieser Arbeit auch ordnungsrechtliche Vorgaben, wie die bereits angesprochenen Anforderungen an Deponien oder Rücknahmeverpflichtungen untersucht. Dies geschieht jedoch in erster Linie im Hinblick auf ihre ökonomischen Anreizwirkungen.

1 Begriffsabgrenzungen

Das Ziel der vorliegenden Arbeit ist es, die Abfallpolitik in der Bundesrepublik Deutschland auf ihre Effizienz hin zu untersuchen. Daraus ergibt sich die Notwendigkeit, den verwendeten Abfallbegriff ebenso wie die für die abfallpolitische Diskussion zentralen Begriffe der Abfallvermeidung, -verwertung und -beseitigung zu klären. Kapitel 1.1 beginnt deshalb mit einer Abgrenzung des Abfallbegriffes hinsichtlich der Begriffe "Emissionen" und "Wirtschaftsgüter". Ziel der Ausführungen soll es sein, die Besonderheiten der Abfallpolitik aufzuzeigen und einen ersten Einblick in die Probleme und Möglichkeiten von abfallwirtschaftlicher Politik und Analyse zu geben.

1.1 Die Unterschiede zwischen Emission, Abfall und Wirtschaftsgut und ihre Bedeutung für die Abfallpolitik

Mit der Literatur zur Abfallproblematik wachsen auch die Arbeiten zur Klärung des Abfallbegriffs. Dabei kommt es jedoch auch zu einer Reihe von Mißverständnissen, die den vorliegenden erneuten Versuch einer Begriffsbestimmung rechtfertigen. Ziel der Ausführungen ist allerdings nicht in erster Linie eine Auseinandersetzung mit der vorhandenen Literatur. Im Kern geht es vielmehr um die Frage, inwiefern sich die Möglichkeiten für eine Abfallpolitik von denen der traditionellen - auf Emissionen ausgerichteten - Umweltpolitik unterscheiden. Um hierauf eine Antwort zu geben, werden - sozusagen "en passant" - Mißverständnisse in einzelnen Beiträgen aufgezeigt und gleichzeitig bereits vorhandene klärende Aussagen aufgenommen.

Ausgangspunkt der Überlegungen ist dabei eine Bemerkung von BUNDE/-ZIMMERMANN: "Während es sich bei Emissionen in Luft und Wasser in der Regel so verhält, daß die emittierten Stoffe nicht in wirtschaftlicher Weise anders verwendet werden können, waren und sind Abfälle oft an der Grenze zu einem Gut im wirtschaftlichen Sinne." (1988 S.177) Im folgenden sollen Ähnlichkeiten und Unterschiede zwischen Emissionen und Abfall auf der einen und zwischen Abfall und Wirtschaftsgut auf der anderen Seite näher beleuchtet werden.

1.1.1 Unterscheidung zwischen "Emission" und "Abfall"

Der Abfallbegriff wird in sehr unterschiedlichen Bedeutungen benutzt. Die weiteste Begriffsdefinition entspricht dem englischen "waste" und schließt auch die über Wasser und Luft umverteilten Stoffe mit ein (SRU 1990 S.16). Dies ist die Definition, die der Sachverständigenrat für Umweltfragen für Abfall im weitesten Sinne gibt. Bei Verwendung dieses Abfallbegriffs wäre Abfallwirtschaft der Oberbegriff für Luftreinhaltung, Wasserreinhaltung und Abfallbehandlung (ebda S. 17). Für eine Abgrenzung zwischen Abfall und Emissionen muß jedoch ein engerer Abfallbegriff zugrundegelegt werden.

Der Sachverständigenrat unterteilt den Abfall im weitesten Sinne in Emissionen und Rohabfall (SRU 1990 S. 27). "Rohabfall" ist demnach "die Gesamtheit des bei Produktion und Konsum am jeweiligen Ort anfallenden kompakten, festen, pastösen oder flüssigen Materials, das nicht Produkt, Produktionsanlage oder Hilfsstoff ist und weitere Behandlung erfordert (SRU 1990 S. 27). Als "Stoffinput der Abfallentsorgungswirtschaft" (ebda.) schließt er auch Produktabfall, d.h. nicht mehr benötigte, zu entsorgende Produkte, ein. Es handelt sich dabei nicht nur um den Abfall, der beseitigt[2] wird und in der Terminologie des Sachverständigenrates (SRU 1990 S. 27) den "Abfall im strengsten Sinne" darstellt. Auch verwerteter Abfall kann unter diesen Begriff fallen.

Für die Abgrenzung zu den Emissionen ist der Rohabfall der relevante Begriff, weil der Unterschied zwischen Emissionen und Abfall physischer Natur ist. Die Bestimmung, welcher Teil des Rohabfalls zu Abfall im strengsten Sinne wird, ist dagegen ökonomischer Natur. Sie spielt deshalb bei der Unterscheidung zwischen Abfall und Wirtschaftsgut eine größere Rolle. Dort werden beide Abfalldefinitionen noch einmal ausführlich diskutiert. An dieser Stelle dagegen wird Abfall immer als Rohabfall verstanden.

---

2   Dieser naturwissenschaftlich nicht korrekte Begriff umfaßt in der auch hier verwendeten Terminologie des Sachverständigenrates die Behandlung, Verbrennung und Deponierung von Abfällen.

1.1.1.1 Begriffliche Abgrenzung

Beginnen wir die Abgrenzung von Abfall und Emissionen mit der Darstellung ihrer Ähnlichkeiten: Emissionen und Abfall sind in subjektiver Sichtweise beide Materie, die keinen Nutzen mehr stiftet, sondern in der Regel einen Schaden verursacht (und läge er auch nur im Platzbedarf zur Ablagerung).

Gemeinsam ist Emissionen und Abfall ebenfalls, daß sie als unerwünschtes Kuppelprodukt entstehen (soweit es sich um Produktionsabfall bzw. Produktionsemissionen handelt), wobei das Verhältnis von erwünschtem zu unerwünschtem Kuppelprodukt in der Regel, aber nicht immer, verändert werden kann. Von Kuppelproduktion wird dann gesprochen, wenn aus naturgesetzlichen oder technischen Gründen aus einem Produktionsprozeß zwangsläufig zwei oder mehrere Produkte anfallen (Riebel 1981 S. 296) Dies besagt nichts über die Erwünschtheit der Produkte. Als einer der ersten betrachtete bereits JEVONS 1871 Umweltprobleme als Ausdruck einer Kuppelproduktion. Aus seiner Sicht liefert fast jeder Produktionsprozeß "commodities" und "discommodities". Als Beispiel für solche discommodities nannte er Emissionen und Abfälle der chemischen Industrie, welche nur schwer loszuwerden sind "without fouling the rivers and injuring the neighbouring estates" (JEVONS 1965 S. 202).

Produktabfall kann analog als Kuppelkonsum interpretiert werden. Diesen auf SIEBERT (1982) zurückgehenden Begriff interpretieren DAMKOWSKI/ELSHOLZ so, daß jeder Konsument zwangsläufig mit den Objekten, die ihm einen Nutzen stiften, auch die "Leistungen der Umwelt als Aufnahmemedium für eben diese Objekte konsumiert" (S. 34). Der Nutzen, den ein Individuum aus dem Konsum eines Gutes zieht, ist in der Regel an den Besitz der Materie gekoppelt, die diesen Nutzen stiftet und nach Ende der Nutzungszeit zu Abfall wird. Insofern kann hier analog zur Kuppelproduktion von einem Kuppelkonsum gesprochen werden. Wie bei der Kuppelproduktion ist auch beim Kuppelkonsum die Menge des Abfallproduktes häufig in gewissem Maße veränderbar. Kuppelproduktions- bzw. Kuppelkonsumansatz spielen in der Diskussion um die Abgrenzung zwischen Abfall und Wirtschaftsgut eine bedeutende Rolle.

WEILAND 1993 nimmt - ebenso wie viele andere - eine Unterscheidung zwischen festem, flüssigem und gasförmigem Abfall vor und bezeichnet den festen Abfall als Abfall im engeren Sinne. Abfälle in ihrer üblichen Bedeutung können jedoch durchaus flüssig oder pastös, sogar gasförmig sein. So ist z.B. auch das FCKW im deponierten Kühlschrank Abfall, ebenso wie die in Abfallbehältern enthaltenen flüssigen Chemikalien. Für WEILAND sind Abfälle (und Emissionen) ebenfalls durch das Auftreten von externen Effekten gekennzeichnet (1993 S. 125). Diese Kennzeichnung trifft aber weder für Abfall im weitesten Sinne noch für Rohabfall zu. Emissionen fallen auch dann an, wenn sie vollständig auf dem Grundstück des Verursachers niedergehen, also keine externen Effekte auftreten. Dasselbe gilt für den Abfall. Auch dann, wenn der Abfallerzeuger alle Kosten aus der Abfallentstehung trägt, verschwindet der Abfall nicht. Allerdings verschwindet die Legitimation für eine staatliche Abfallpolitik über Marktversagen. Dies ist jedoch nicht dasselbe. Zudem findet sich hier kein Unterschied, sondern eher eine Ähnlichkeit zwischen Emission und Abfall.

Der wesentliche Unterschied zwischen Abfall und Emissionen liegt dort, wo ihn auch der Gesetzgeber festmacht: Bei Abfall handelt es sich um eine "bewegliche Sache" (AbfG §1 bzw. §3(1) KrW-/AbfG). Das heißt, die Stoffe, um die es sich handelt, sind transportierbar, unabhängig davon, in welchem Aggregatzustand sie sich befinden. Transportierbar sind Stoffe dann, wenn sie strikt von ihrer Umwelt getrennt werden können. "Flüssige und gasförmige Emissionen, die als Abfall ... bezeichnet werden, müssen sich in einem (abgeschlossenen) Behälter befinden (HECHT 1991 S. 21). Der SRU nennt diese Stoffe "gefaßt", "greifbar", "kompakt" (vgl. SRU S. 27 TZ 40f). Wenn ein Stoff als Abfall vorkommt, ist es also nicht zu einer Vermischung von Stoff und Umwelt gekommen. Insofern ist auch in dem Moment, in dem Abfall entstanden ist, noch kein ökologischer Schaden aufgetreten.

Emissionen sind im Gegensatz dazu in einem Umweltmedium verteilt. Nach dem Wortsinn werden Schadstoffe dann zu Emissionen, wenn sie eine Anlage verlassen. Je nach Wahl des Anlagenbegriffs kann dies früher oder später eintreten. Entweichen bei einem Vorgang Emissionen aus Geräten in eine Maschinenhalle und werden entweder unkontrolliert oder über entsprechende

Entlüftungsanlagen zentral aus dem Gebäude abgeleitet, so gibt es je nach Definition zwei Stellen, an denen Emissionen entstanden sein könnten: entweder beim Austritt aus dem Gerät oder beim Austritt aus dem Gebäude und damit in die Umwelt. Wir wollen hier von Emissionen erst dann reden, wenn Schadstoffe in die Umwelt entweichen. Demnach handelt es sich bei Schadstoffen in der Kanalisation noch nicht um Emissionen. Sie können durch Maßnahmen der Wasser- und Luftreinhaltung noch zu einem großen Teil (aber in der Regel nicht vollständig) in Abfall (z.B. Klärschlamm) umgewandelt werden.

Nicht jede Emission verursacht sofort einen ökologischen Schaden, jedoch ist dieser Schaden in der Regel kaum noch zu verhindern, wenn die Emissionen erst einmal aufgetreten sind. Besonders deutlich ist dies bei der Luftverschmutzung. Der Schaden von Emissionen aus einem Schornstein entsteht in vielen Fällen erst, wenn die emittierten Stoffe auf Lebewesen treffen, sei es Pflanze, Tier oder Mensch. Nach der Emission der Luftschadstoffe kann der von ihnen ausgehende Schaden jedoch kaum noch beeinflußt werden, wenn überhaupt, so stehen nur noch nachsorgende Möglichkeiten (Aufforstung, Kalkung, etc.) zur Verfügung. Zwar sind in den Medien Wasser und Boden die Möglichkeiten einer Rückholung von Emissionen zum Zwecke der Schadensverhütung etwas größer, doch sind auch sie in der Regel mit erheblichen Kosten verbunden, wie am Beispiel der Altlastensanierung oder der Entfernung eines Ölteppichs deutlich wird. Zudem ist es, anders als bei Abfall, in fast allen Fällen schon zu einem ökologischen Schaden gekommen. Jede Rückholung bedeutet außerdem die Umwandlung von Emissionen in transportierbaren Abfall.

So wie Emissionen unter Umständen durch Behandlung zu Abfall werden können, wird Abfall igendwann ohne menschliches Zutun zu Emissionen. Mit der Zeit wird es nämlich bei fast allen Abfallarten zu einer Reaktion und Vermischung mit der Umwelt kommen. Da Abfall aber transportierbar und damit auch lagerfähig ist, ist er auch leichter einer Behandlung zugänglich, die entweder den Stoff selber unschädlich macht oder Einfluß auf seine "Verwandlung in Emissionen" nimmt.

Diese Möglichkeit der Überbrückung von Zeit und Raum hat nicht nur Einfluß auf die Vermeidung von Schäden, sondern auch auf eine mögliche Verwertung.

Insofern haben BUNDE/ZIMMERMANN recht, wenn sie, wie oben angeführt, die Besonderheit des "Analyseobjekts Abfall" im gutsnahen Charakter vieler Abfälle sehen. Die Gutsnähe liegt eben in der Kompaktheit des Abfalls begründet, der seinen Transport an einen gewünschten Ort zu einem gewünschten Zeitpunkt möglich macht, wie dies auch für Wirtschaftsgüter der Fall ist. Werden in der Abluft und im Abwasser enthaltene Stoffe aus diesen wieder entfernt, liegen aber auch sie in fester Form als Abfall vor, so daß eine weitere Verwendung ins Auge gefaßt werden kann. Insofern gibt es aus betrieblicher Sicht kein prinzipiell anderes Entscheidungsproblem zwischen Maßnahmen zur Emissionsminderung einerseits und Maßnahmen zur Verwertung andererseits. Es kann aber davon ausgegangen werden, daß im allgemeinen die Verwertung von festem Abfall relativ günstiger ist als die Verwertung von Schadstoffen in Wasser und Luft, denn diese müssen erst in einen geordneteren, "kompakten" Zustand überführt werden.[3]

Da Abfall sich, wie eben ausgeführt, in einem kompakten Zustand befindet, ist eine Nutzung der Umwelt als Aufnahmemedium von Abfall auch ohne staatliche Eingriffe nur im Ausnahmefall kostenlos möglich. Das heißt, grundsätzlich muß der Besitzer von Abfall etwas zahlen, wenn er sich seines Abfalls entledigen will. Denn für den Boden, auf dem der Abfall abgelagert werden soll, bestehen recht gut definierte Eigentumsverhältnisse, so daß die Kosten der Ablagerung, soweit sie den Bodenverbrauch betreffen, durchaus in das Kalkül des Abfallverursachers eingehen.

Allerdings gibt es in zwei Fällen auch bei Abfall eine Problematik externer Effekte. Beide haben unter den Bedingungen der Bundesrepublik Deutschland zur Zeit durchaus große Bedeutung:

1)   Es kommt zu Emissionen aus dem Abfall in die Luft oder in das (Grund-)Wasser. Hier ist vor allem das Problem der Altlasten einzuord-

---

3   Hier finden wir den Entropiegedanken wieder, wie er von GEORGESCU-RÖGEN (1971) erstmals auf die Ökonomie übertragen wurde. Zur Diskussion der Anwendbarkeit dieses Konzepts auf die Ökonomie vgl. STEPHAN (1991) und die Ausführungen in dieser Arbeit unter 1.2.4.

nen, deren Kosten von den Verursachern zumindest bisher nicht in ihr Kalkül einbezogen wurden.

2)   Die öffentliche Hand übernimmt die Kosten für die Abfallentsorgung, so daß keine verursachergerechte Anrechnung der Abfallkosten entsteht. Dieses Problem tritt insbesondere auf, wenn Produkte zu Abfall werden.[4]

Insofern ist es durchaus gerechtfertigt, Umweltpolitik nicht nur auf Emissionen, sondern auch auf Abfall auszudehnen. Die folgenden Ausführungen ziehen die Verbindung von den Unterschieden zwischen Abfall und Emission zu den Besonderheiten einer Abfallpolitik im Vergleich zur traditionellen, auf Emissionen ausgerichteten Umweltpolitik.

1.1.1.2   Die Bedeutung der Besonderheiten des Abfallbegriffs für Politik und ökonomische Analyse

Nach den obigen Erörterungen ergeben sich folgende Besonderheiten des Abfallproblems im Vergleich zum Emissionsproblem:

-    Abfall ist transportierbar und kann damit zur Behandlung bzw. Deponierung gebracht werden, um die von ihm ausgehenden Gefahren zu vermindern.

-    Die in einer Periode auftretenden ökologischen Folgen stehen nicht unmittelbar in Beziehung zur Menge des Abfalls, sondern zu den aus dem Abfall (evt. aus dem Deponiekörper) entweichenden Emissionen,[5] die von den Schadstoffen im Abfall und seiner "Flüchtigkeit" als Indikator für die "Verwandlungsgeschwindigkeit" abhängen, und der Umgebung, auf den diese Emissionen treffen.

---

4   Vgl. zur Problematik einer Anlastung der Kosten von Produktabfällen HOLM-MÜLLER (1993 insb. S. 480-482).

5   Nicht unter ökologischen Folgen werden hier ästhetische Nachteile gefaßt, die durchaus direkt von der Menge der Abfälle abhängen können.

-    Abfall ist zudem einer gezielten Verwertung zugänglich, welche die Menge des zu beseitigenden Abfalls in der betrachteten Periode verringert.

Emissionen dagegen können im allgemeinen nur vermieden, höchstens jedoch nachträglich beseitigt, d.h. zu Abfall transformiert werden. Dies hat auch Folgen für die ökonomische Analyse des Abfallproblems:

Wir haben gesehen, daß sowohl Emissionen als auch Abfall als unerwünschtes Kuppelprodukt (bzw. durch Kuppelkonsum) entstehen, wobei das Verhältnis von erwünschtem zu unerwünschtem Kuppelprodukt in der Regel, aber nicht immer, verändert werden kann. Es wird ein Verhältnis von erwünschten und unerwünschten Produkten geben, welches die betrieblichen Kosten bzw. die Kosten der Haushalte minimiert. Zur gewinnmaximalen Ausbringungsmenge des Zielproduktes gehört dann auch eine bestimmte Menge des unerwünschten Nebenproduktes. Ebeso ist über Art und Umfang des Zielproduktes auch Art und Menge des Produktabfalls weitgehend bestimmt, der ohne die Berücksichtigung von Entsorgungskosten auftritt. Jede Verringerung des unerwünschten Produktes unter dieses Niveau ist mit zusätzlichen Kosten verbunden. In der ökonomischen Analyse kann demnach für Emissionen und für Abfall ein Ausgangsniveau angegeben werden, das ohne jegliche Vermeidungskosten erreicht wird.

Für die Emissionspolitik läßt sich dann das Optimierungsproblem jedoch recht einfach in einer zweidimensionalen Betrachtung als Abwägung von Kosten der Emissionsvermeidung und den Schäden aus der Emission darstellen. Unter die Schäden aus der Emission fallen dann zwar auch eventuelle Beseitigungs- oder Schadensminderungsmaßnahmen, doch liegen diese in aller Regel nicht in der Hand des Emittenten. Für ihn stellen sich somit nur die Alternativen emittieren oder Emissionen vermeiden.

Für Abfall gilt dies nicht. Abfall kann entweder vermieden, verwertet oder behandelt bzw. unbehandelt deponiert werden. Alle Alternativen stehen prinzipiell im Ermessen des Abfallerzeugers und sollten deshalb als Alternativen nebeneinander aufgeführt werden. Möglichkeiten, die Auswirkungen von

Emissionen aus dem Abfall zu verringern bzw. diese Emissionen nachträglich zu beseitigen, können dann wieder in eine Optimierung der ökologischen Schäden je deponierter Abfalleinheit eingehen. Es wird deutlich, daß sich das Problem, vor dem die ökonomische Analyse des Abfalls steht, ungleich komplizierter darstellt als bei Emissionen.[6]

Die komplexere Problembeschreibung ist nur die Kehrseite der vielfältigen Möglichkeiten, die sich für eine Abfallpolitik ergeben, und die, wie die Geschichte der Abfallgesetzgebung zeigt, auch erst in letzter Zeit deutlich geworden sind. Während das Abfallgesetz von 1972 noch einseitig die Ordnung der Deponierung zum Ziel hatte, berücksichtigt das "Gesetz über die Vermeidung und Entsorgung von Abfällen" von 1986 auch Möglichkeiten der Verwertung und Vermeidung. Gleichzeitig sieht es mit Rücknahme- und Kennzeichnungspflichten Instrumente vor, die für Emissionen undenkbar sind. Mit dem neuen Kreislaufwirtschaftsgesetz soll dieser Gedanke noch verstärkt werden. Ziel ist "die Förderung der Kreislaufwirtschaft" (§1). Entsprechend den Grundsätzen der Kreislaufwirtschaft (§4(1)) sind Abfälle

"1. in erster Linie zu vermeiden, insbesondere durch die Verminderung ihrer Menge und Schädlichkeit,

2. in zweiter Linie a) stofflich zu verwerten oder b) zur Gewinnung von Energie zu nutzen (energetische Verwertung)."

Abfälle sollen soweit als möglich wieder in den ökonomischen Kreislauf zurückgeführt werden. Leider verschwindet damit das Abfallproblem nicht, denn der Übergang vom Abfall zum Gut ist nur in seltenen Fällen möglich, wie die folgenden Überlegungen zum Verhältnis von Abfall und Wirtschaftsgut zeigen werden.

---

6   Zusätzlich verkompliziert sich die Analyse, wenn man berücksichtigt, daß Emissionsvermeidung in vielen Fällen zu einer Erhöhung des Abfallaufkommens führt.

1.1.2 Unterscheidung zwischen Abfall und Gut

Als Ergebnis des vorangegangenen Abschnittes läßt sich Abfall definieren als nutzlose oder sogar Schaden stiftende transportierbare, gefaßte Sache. Weil auch ein Gut in der Regel kompakt und transportierbar ist, liegt der Unterschied zwischen Abfall und Gut nicht auf der physischen Ebene. Beide unterscheiden sich vielmehr in ihrer subjektiven Bewertung.

Dem wird im Abfallrecht durch den sogenannten "subjektiven" Abfallbegriff Rechnung getragen, der auf §3(1) KrW-/AbfG gründet. Der Gesetzgeber definiert eine bewegliche Sache in subjektiver Sicht dann als Abfall, wenn der Besitzer sich ihrer entledigen will. Nach dem bis 1996 gültigen Abfallgesetz hob die Absicht eines Verwerters, eine bewegliche Sache weiter zu veräußern, ihre subjektiven Abfalleigenschaften auf. Das Abfallgesetz bezog sich damit nur auf den zu beseitigenden Abfall, den "Abfall im strengsten Sinn" in der Terminologie des Sachverständigenrates.

Für ein Gesetz, dessen wesentliche Bestimmung historisch die Gewährung einer ordnungsgemäßen Beseitigung ist, bildet dieser "Abfall im strengsten Sinne" den logischen Ausgangspunkt. Da jedoch das Abfallgesetz von 1986 bereits den Begriff der Beseitigung durch den Begriff der Entsorgung ersetzt hatte, der Beseitigung und Verwertung umfaßt, konnte dieses Abfallverständnis nicht mehr aufrechterhalten werden (SEIBERT 1994 S. 418) und wurde im Zusammenhang mit dem objektiven Abfallbegriff bereits durch das Bundesverwaltungsgericht mit Urteilen v. 24.6.93 verändert (nach SEIBERT 1994 S. 418).
Das KrW-/AbfG, das sich in der Begriffsdefinition eng an den Abfallbegriff im europäischen Recht anlehnt (Änderungsrichtlinie 91/156/EWG vom 18.3.1991, nach SEIBERT (1994) S. 416), geht dagegen von der engen Definition des Abfallbegriffes ganz ab. Hier ist der Entledigungswille anzunehmen für bewegliche Sachen, die anfallen, "ohne daß der Zweck der jeweiligen Handlung hierauf gerichtet ist, oder 2. deren ursprüngliche Zweckbestimmung entfällt .., ohne daß ein neuer Verwendungszweck unmittelbar an deren Stelle tritt" (KrW-/AbfG §3(3) Satz 1 und 2). Ziel dieser Fassung ist es, die bisherigen Abgrenzungsschwierigkeiten zwischen Abfall und Wirtschaftsgut zu beseitigen (BUNDESREGIERUNG 1993 S. 35) und die ungerechtfertigte Entlassung von Ab-

fall, der als Wirtschaftsgut deklariert wird, aus dem Abfallrecht zu verhindern (Ruchay 1996 S. 13)

Eine weitere Möglichkeit dafür, daß Sachen zu Abfall werden, liegt gemäß §3(1) KrW-/AbfG darin, daß sich der Besitzer ihrer entledigen muß. Dies entspricht dem sogenannten "objektiven" Abfallbegriff, der in § 3(4) folgendermaßen definiert wird: " Der Besitzer muß sich beweglicher Sachen im Sinne des Absatzes 1 entledigen, wenn diese entsprechend ihrer ursprünglichen Zweckbestimmung nicht mehr verwendet werden, aufgrund ihres konkreten Zustandes geeignet sind, gegenwärtig oder künftig das Wohl der Allgemeinheit, insbesondere die Umwelt zu gefährden ...". Auch die "objektive" Abfalleigenschaft fußt damit auf einer subjektiven Bewertung durch den Besitzer. Erst wenn dieser die ursprüngliche Zweckbestimmung aufgibt, wird eine gefährliche Sache zu Abfall.

In der ökonomischen Diskussion werden ebenfalls verschiedene Abgrenzungen des Abfallbegriffs verwendet. BUNDE/ZIMMERMANN beziehen sich mit ihrer Abfalldefinition ebenso wie das AbfG von 1986 auf den Abfall im strengsten Sinne, wie aus ihrer Klassifikation unterschiedlicher Kuppelprodukte deutlich wird (vgl. Tab. 1). Von Abfall sprechen sie nur dann, wenn ein Kuppelprodukt beseitigt wird. Sie unterscheiden rentable Kuppelprodukte und unrentable Kuppelprodukte, unter die auch der Abfall fällt, die aber nicht insgesamt Abfall sind.

Ökonomisch zu rechtfertigen ist dieser Ansatz dann, wenn man davon ausgehen kann, daß nur bei der Beseitigung externe Effekte auftreten. Dann muß im Zentrum der Abfallpolitik tatsächlich nur der zu beseitigende Abfall stehen. Die Verwertung ist dann nur eine Strategie der Abfallvermeidung, die aber keiner besonderen Aufmerksamkeit mehr bedarf.

Wir haben aber bereits erwähnt, daß die externen Effekte, die aus Abfall resultieren, nicht nur bei der Beseitigung entstehen. Auch bei der Verwertung von Produktionsabfall kommt es zu externen Effekten, die allerdings meist in Form von Emissionen in Wasser und Luft auftreten, und damit im Prinzip auch mit den traditionellen Instrumenten der Umweltpolitik und der umweltökonomi-

Kosten-Erlös-Verhältnis	**Einfluß der Umweltpolitik**	
	Keine Umweltpolitik	Umweltpolitisch induzierte Entsorgungskosten
Markterlös vorhanden; er liegt über den (zurechenbaren) Produktionskosten	Rentables Produkt; daher Produktionsanreiz	
Markterlös vorhanden; er liegt unter den (zurechenbaren) Produktionskosten	a)wenn Kuppelprodukt in fixer Proportion: weiterhin Tendenz zur Mehrproduktion b) soweit als Nebenprodukt einschränkbar: wegen Unrentabilität kein Produktions-, sondern Vermeidungsanreiz	
Kein Markterlös vorhanden; Kosten der Verwertung liegen unter den Beseitigungskosten	Produktionsrückstand vorhanden; Vermeidungsanreiz; Verwertungsanreiz vorhanden: a) interne Verwertung: kein Abfall b) externe Verwertung: nur einzelwirtschaftlich (beim Produzenten) Abfall, nicht gesamtwirtschaftlich	wie links, aber Produktionskosten um die induzierten Entsorgungskosten erhöht
Kein Markterlös vorhanden; Kosten der Verwertung liegen über den Beseitigungskosten	Produktionsrückstand vorhanden; nur Vermeidungsanreiz; nur Beseitigung möglich; einzel- und gesamtwirtschaftlicher Abfall	

Tab. 1: Unterscheidung zwischen Abfall und Gut bei BUNDE/ZIMMERMANN

schen Analyse zu behandeln sind. Ein viel grundsätzlicheres Problem ist die bereits angesprochene mangelnde Internalisierung der Kosten aus der Entsorgung von gebrauchten Produkten. Dieser Teil des Abfalls wird im folgenden Produktabfall genannt, im Gegensatz zu Produktionsabfall, der während des Produktprozesses anfällt. Unter den Begriff des Produktabfalls fallen auch Teile eines Produktes, sobald ihre Nutzung aufgegeben wird.

Bei der von BUNDE/ZIMMERMANN gewählten Abgrenzung gelingt es nicht, den Produktabfall in die Analyse einzubeziehen. Sie behandeln ihn stattdessen gesondert, ohne noch einmal eine Begriffsklärung oder den Versuch der Anwendung des Kuppelproduktansatzes zu unternehmen. Für die ökonomische Analyse erscheint es deshalb sinnvoller, von einem weiteren Begriff auszugehen. Für WEILAND (1993 S. 122) (und viele andere) ist die "negative Bewertung von Abfällen" ein wesentliches Merkmal des Abfalls.[7] Diese "negative Bewertung" könnte man als negativen Nettonutzen beschreiben.

Will man diese intuitiv unmittelbar einleuchtende Charakteristik des Abfalls auch auf Produktabfall beziehen, muß man die dynamische Komponente des Produktabfalls berücksichtigen. Bei der Unterscheidung zwischen Gut und Produktabfall ist der Zeitpunkt wichtig, an dem der Vergleich getroffen wird. Beim Kuppelproduktansatz bezieht sich der Abfallbegriff auf den bei der Produktion anfallenden Abfall und stellt auf den Vergleich zwischen diesem und dem erwünschten Produkt ab. Man kann aber auch Produktionsabfall und Wirtschaftsgut als Materie sehen, die zu unterschiedlichen Zeiten zu Abfall wird (vgl. Abb. 1).

Beide sind Output aus der Produktion. Während der Produktionsabfall bereits zum Zeitpunkt seines Entstehens keinen Nutzen mehr stiftet, ist der Gebrauch des Wirtschaftsgutes mit einem positiven Nettonutzen für den Käufer verbun-

---

7 So spricht WAGNER (1993) von "unerwünschten Produkten, HECHT (1991) von "unbrauchbaren Produkten".

den.[8] Am Ende seiner Nutzungszeit stiftet es jedoch ebenfalls keinen Nettonutzen mehr und wird damit gleichfalls zu Abfall. Wodurch ist jedoch das Ende der Nutzungszeit, d.h. der Übergang vom Wirtschaftsgut zum Abfall bestimmt?

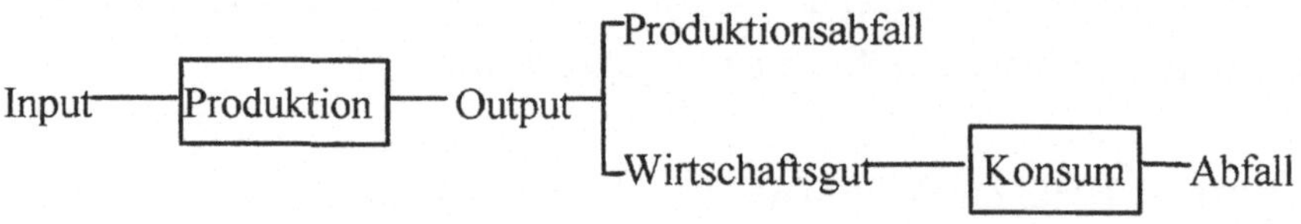

Abb. 1: Die Abfallseite des Produktionsprozesses

Es hilft zur Bestimmung dieses Übergangs nicht weiter, in jedem Zeitpunkt den zukünftigen Nutzen eines Gegenstandes mit seinen zukünftigen Kosten zu vergleichen. Weil die Entsorgungskosten auf jeden Fall aufgebracht werden müssen, gehen sie nicht mehr als Kosten in den Vergleich ein. Sie stellen, obwohl sie erst in der Zukunft anfallen, "sunk costs" dar. Will man für Produktabfall die dynamische Komponente des Abfallbegriffs erfassen, muß man also auf den Vergleich des Grenznutzens der *Nutzung* des Produktes für eine weitere Zeiteinheit mit den Grenzkosten der weiteren Nutzung dieses Produktes vergleichen.[9] Wenn es z.B. auf Grund des hohen Stromverbrauchs oder der erhöhten Reparaturanfälligkeit teurer wird, einen alten Kühlschrank weiter zu nutzen als ihn durch einen neuen zu ersetzen, wird der alte Kühlschrank zu Abfall.[10] In die Entscheidung gehen heute in aller Regel die Entsorgungskosten nicht ein, denn sie werden von dem Besitzer des Abfallproduktes nicht getragen. Würden sie voll internalisiert, dann müßten den Kosten der Weiternutzung nicht nur der verbleibende Nutzen, sondern auch die eingesparten oder

---

8   Dies gilt auch dann, wenn der Käufer für die Entsorgungskosten des Produktes aufkommen muß.

9   Für eine genauere Bestimmung des optimalen Ersatzzeitpunktes langlebiger Güter vgl. z.B. WAGNER 1992 und die dort angegebene Literatur.

10   Die Kosten der weiteren Nutzung können auch im Verzicht auf den höheren Komfort aus einem neuen Produkt liegen, z.B. einfacherer Bedienung, zusätzliche Funktionen u.ä..

aufgeschobenen Entsorgungskosten gegenübergestellt werden. Güter würden damit tendenziell später zu Abfall.

Das heißt, bei der Frage nach der gesamtwirtschaftlichen Vorteilhaftigkeit eines Produktes sollten alle Kosten und Nutzen gegenübergestellt werden, die durch dieses Produkt verursacht werden. Danach kann entschieden werden, ob es sich um ein positives Gut oder negativ zu bewertenden Abfall handelt. Entsorgungskosten gehen hier in die Kostenseite der Bewertung ein. Bei der Frage nach dem Übergang vom Wirtschaftsgut zum Abfall geht es letztendlich um die Bestimmung des Zeitpunktes, bei dem die Kosten einer weiteren Nutzung ihre Nutzen übersteigen. Entsorgungskosten können dazu führen, daß sich die Nutzungszeit eines Gegenstandes verlängert. Sofern aber die Kosten der weiteren Nutzung über den Nutzen aus der Nutzung liegen, wird das Gut dennoch zu Abfall. Die Verlängerung der Nutzungszeit, die aus dem Motiv der Einsparung von Entsorgungskosten erfolgt, ist dann, auch wenn diese Bezeichnung ungewöhnlich ist, bereits eine Maßnahme der Abfallverwertung[11].

Nun kann sich die Einschätzung über den Nettonutzen eines Gutes bzw. seiner weiteren Nutzung zwischen den Wirtschaftssubjekten durchaus unterscheiden. Auf diesen Umstand geht HECHT (1988) ein, der einzel- und gesamtwirtschaftlichen Abfall voneinander abgrenzt. Als gesamtwirtschaftlichen Abfall bezeichnet er nur den Abfall, welcher der Beseitigung zugeführt wird. Es handelt sich dagegen in seiner Terminologie nicht um gesamtwirtschaftlichen Abfall, wenn der Besitzer dem Verwerter weniger zahlen muß, als ihn die Beseitigung kostet und der Verwerter aus der Verwertung einen Gewinn erwartet (S. 17). Die Frage, auf die HECHT ebensowenig wie BUNDE/ZIMMERMANN eingeht, ist dann allerdings, was ist dieser einzelwirtschaftliche Abfall in gesamtwirtschaftlicher Sicht? Wird er wieder zum Wirtschaftsgut?

Wird als Wirtschaftsgut ein Gegenstand bezeichnet, dessen Nutzung ihrem Besitzer einen positiven Nettonutzen stiftet, so kann auch einzelwirtschaftlicher Abfall kein Gut sein, wenn der Verwerter für die Annahme des zu verwerten-

---

11 Vgl. hierzu die Ausführungen in 1.2.

den Stoffes Geld erhält.[12] Dem Verwerter bringt der Besitz des Gegenstandes offensichtlich einen negativen Nettonutzen, weshalb er für die Übernahme des Besitzes entschädigt werden muß.

Warum ist es wichtig, darauf hinzuweisen, daß Verwertung allein aus einem Gegenstand noch kein Gut macht? Die Wirtschaftssubjekte haben ein Eigeninteresse daran, Güter zu besitzen und damit kostenminimierend umzugehen. Teilt der Staat einem Wirtschaftssubjekt die Eigentumsrechte an einem Gut zu, so ist damit eine Quelle für Marktversagen geheilt. Anders ist es bei den Eigentumsrechten für Abfall. Es nützt nichts, die Eigentumsrechte für Abfall an ein Wirtschaftssubjekt zu übertragen, denn es hat kein Interesse daran, das Eigentum auch anzutreten. Selbst der bezahlte Verwerter einer negativ bewerteten Sache hat unter Umständen einen Anreiz, sich dieser wieder zu entledigen. Denn nach erfolgreicher (meist illegaler) Entledigung würde er sich um den erhaltenen Betrag besserstellen, ohne die Kosten für den Besitz, d.h. die Verwertung des Gegenstandes auf sich zu nehmen. Um illegale oder das Allgemeinwohl schädigende Ablagerungen zu vermeiden, muß sich die abfallwirtschaftliche Kontrolle auch auf solche negativ bewerteten Gegenstände beziehen, die zur weiteren Verwertung vorgesehen sind.[13]

Ein anderes Beispiel für die politische Relevanz der negativen Bewertung von zu verwerteten Gegenständen sind alle Rücknahme- und Pflichtpfandpflichten. Der Gesetzgeber kann hier nicht mit einem Eigeninteresse an der Rücknahme rechnen und muß deshalb durch weitere Bestimmungen darauf achten, daß es auch tatsächlich zu einer Rücknahme gebrauchter Sachen kommt. Es erscheint deshalb allein schon aus abfallpolitischen Gründen zu kurz zu greifen, wenn man unter gesamtwirtschaftlichem Abfall nur Abfall im strengsten Sinne versteht.

Den abfallwirtschaftlichen Problemen kann mit einer weiteren Definition auch für gesamtwirtschaftlichen Abfall besser Rechnung getragen werden: Gesamt-

---

12 Dies gilt allerdings nur solange, wie Sekundärprodukte nicht mit einem Aufschlag für die Entsorgungskosten belastet werden (vgl. Kap. 5.2.3).

13 So auch BICKEL (1992 S.369).

wirtschaftlicher Abfall ist dann jeder Gegenstand, dessen Existenz oder weitere Nutzung der Gesellschaft mehr Kosten als Nutzen bringt. Bei dieser Definition fällt dann auch der Teil des einzelwirtschaftlichen Abfalls unter den gesamtwirtschaftlichen Abfallbegriff, der zwar nicht beseitigt wird, aber dennoch gesamtwirtschaftlich keinen positiven Nettonutzen mehr stiftet.

Auch für die ökonomische Bewertung von Verwertungsmaßnahmen spielt die weitere Abgrenzung des Abfallbegriffs eine Rolle. Verwertung reduziert in jedem Falle die zu beseitigende Menge an Abfall. Eine Erhöhung des Recyclinganteils wird mit aller Wahrscheinlichkeit den zu beseitigenden Abfall dauerhaft verringern. Anders ist dies mit dem Rohabfall. Erhöht das Recycling die Summe des am Markt abgesetzten Primär- und Sekundärproduktes, so wird am Ende seiner Nutzungsdauer mehr Rohabfall zu entsorgen sein als ohne Verwertung. Dies gilt auch dann, wenn weniger Abfall beseitigt wird als ohne Recycling. Für die ökonomische Bewertung des Recyclings ist dies durchaus von Bedeutung: Betrachtet man nur den zu beseitigenden Abfall, so wird die Verwertung unter den oben genannten Umständen zu positiv bewertet.

Ist bei dieser Definition von gesamtwirtschaftlichem Abfall ein Auseinanderfallen zwischen gesamtwirtschaftlichem und einzelwirtschaftlichem Abfall möglich, d.h. gibt es Sachen, die zwar für den Besitzer, nicht aber für die Gesellschaft als Ganzes Abfall darstellen? Der Besitz eines Gegenstandes, bei dem es sich um einzel- nicht aber um gesamtwirtschaftlichen Abfall handelt, stiftet dem jetzigen Besitzer keinen positiven Nettonutzen , wohl aber anderen Personen in der Gesellschaft. Diese Situation wäre in einer Gesellschaft ohne Transaktionskosten undenkbar. In dieser hypothetischen Gesellschaft würde der jetzige Besitzer den Gegenstand dem Interessenten nämlich zum Kauf anbieten. Damit stellt sein Besitz jedoch noch einen Wert dar, den man zu Geld machen kann. Der Gegenstand ist für den Besitzer kein Abfall mehr.

Nur Transaktionskosten können dazu führen, daß es nicht zum Tausch bzw. Verkauf kommt. Diese Transaktionskosten können Informationskosten aber auch z.B. Raumüberwindungskosten sein. Zählt man alle diese Kosten zusammen, ist damit auch dieser einzelwirtschaftliche Abfall gesamtwirtschaftlicher Abfall, denn die Kosten seiner Weiternutzung (inkl. Transaktionskosten) übersteigen den Nutzen aus der Weiternutzung. Allerdings gibt es eine Reihe von Institutionen, welche die Transaktionskosten senken und damit zur Vermeidung dieses Abfalls beitragen. Hier sind Abfallbörsen und Flohmärkte genauso zu nennen wie der Ausbau einer Verbundfabrikation, wie sie von vielen großen Unternehmen bereits betrieben wird.

1.1.3 Unterscheidung zwischen Abfall und (Ziel-) Produkt

Nach der bereits angeführten Abfalldefinition des Kreislaufwirtschaftsgesetzes wird vermutet, daß bewegliche Sachen dann Abfall sind, wenn sie als Folge einer Handlung "anfallen, ohne daß der Zweck der jeweiligen Handlung hierauf gerichtet ist,...". Damit wird zukünftig die Abgrenzung zwischen Produkt und Abfall zentral für die Einordnung eines Stoffes (vgl. FRITZ 1994 S. 433, ebenso Seibert 1994 und BT-DRS 12/5672 S. 120). Hierbei kann es sich nach dem Wortlaut des Gesetzes nur um die Abgrenzung zwischen Ziel- und Nebenprodukt nach dem Kuppelproduktansatz handeln. Für die Beurteilung der Zweckbestimmung ist die Auffassung des Erzeugers oder Besitzers unter Berücksichtigung der Verkehrsanschauung relevant (§3(3)). Werden Nebenprodukt und Abfall gleichsetzt, würde dies weit in den Bereich der Güterproduktion hineingreifen. Wie u.a. BUNDE/ZIMMERMANN deutlich machen, gibt es keineswegs nur unrentable Nebenprodukte (vgl. Tab. 1). Der federführende Ausschuß des deutschen Bundestages hat deshalb auch "gezielt hergestellte Nebenprodukte" aus dem Anwendungsbereich des KrW-/AbfG ausgeschlossen. Doch auch diese Abgrenzung dürfte im Einzelfall große Probleme machen, da es nach JOSCHEK u.a. (1996) nicht nur auf den Marktwert der "beweglichen Sachen" ankommt, sondern unter anderem auch auf solche Kriterien wie Qualitätskontrollen, Position im Herstellungsprozeß u.ä..

Die Vielzahl von Kriterien (JOSCHEK u.a. (1996) nennen alleine 8 Kriterien) soll dazu dienen, Abfall auch dann zu identifizieren, wenn der Besitzer den Entledigungswillen zu verbergen versucht. Der neue Abfallbegriff läuft allerdings Gefahr, auch Wirtschaftsgüter zu kontrollieren, bei denen wegen des Eigeninteresses des Eigentümers an ihrem Besitz im Prinzip keine Kontrolle notwendig ist. In der Praxis mögen Abgrenzungsprobleme eine solche weitreichende Definition des Abfallbegriffes rechtfertigen. Ökonomisch gesehen richtet sich die relevante Abgrenzung jedoch nach der Rentabilität der Produkte und verläuft deshalb zwischen Abfall und Wirtschaftsgut.

1.1.4 Fazit

Eine nähere Beschäftigung mit dem Abfallbegriff zeigt eine Reihe von Besonderheiten des Abfalls sowohl in seiner Abgrenzung zu Emissionen als auch in der Abgrenzung zum Wirtschaftsgut.Beide haben eine große Bedeutung für die Möglichkeiten effizienter Abfallpolitik.

In der Abgrenzung zu den Emissionen erwies sich die "Transportierbarkeit" und damit die "Gefaßtheit" des Abfalls als sein wesentliches Merkmal. Aus ihr resultieren eine Reihe von Möglichkeiten für eine Optimierung des Abfallproblems, die für Emissionen nicht gegeben sind. Dementsprechend ergeben sich auch für die Politik Möglichkeiten der Internalisierung von externen Kosten aus dem Abfall, die für eine Emissionspolitik nicht angewendet werden können. Als wichtigstes Beispiel sind hier die Rücknahmeverpflichtungen zu nennen, die seit 1986 im deutschen Abfallrecht verankert sind.

Bei der Definition des Abfallbegriffes im Vergleich zum Wirtschaftsgut ergeben sich insofern einige Schwierigkeiten, als sich hier unterschiedliche Definitionen anbieten. In der Literatur wird als gesamtwirtschaftlicher Abfall häufig nur der zu beseitigende "Abfall im strengsten Sinne" zugrunde gelegt. Folgt man dieser Terminologie, gibt es jedoch Gegenstände, die weder Abfall noch Wirtschaftsgut sind. Zudem geraten Probleme der Kontrolle, die mit dem Eigentum an nicht-erwünschten Produkten verbunden sind, aus dem Blickfeld der Betrachtung.

Eine Begründung für die Verwendung eines engen Abfallbegriffs wäre dann gegeben, wenn externe Effekte aus der Existenz von Abfall nur bei der Beseitigung aufträten. Das würde den Standpunkt rechtfertigen, die Abfallpolitik auf den Bereich des Marktversagens zu konzentrieren und dies durch die Wahl des Abfallbegriffs zu unterstützen. Doch treten externe Effekte auch in anderen Zusammenhängen auf. Wesentlich ist hier der gesamte Bereich des Produktabfalls, dessen Kosten weitgehend externalisiert sind.

Für die ökonomische Analyse des Abfallproblems sollte deshalb folgende Definition zugrunde gelegt werden: Abfall ist jeder transportierbare Gegenstand, dessen weitere Nutzung mit einem negativen Nettonutzen verbunden ist. Bei einzelwirtschaftlichem Abfall gilt dies nur für den derzeitigen Besitzer,[14] bei gesamtwirtschaftlichem Abfall für die Gesellschaft als Ganzes. Diese Definition erlaubt es, sowohl alle zusätzlichen Möglichkeiten einer Abfallpolitik im Vergleich zur traditionellen, auf Emissionen ausgerichteten Umweltpolitik zu erfassen, als auch Probleme deutlich zu machen, die sich aus der einzel- oder gesamtwirtschaftlichen Unerwünschtheit von Abfall für die Konzipierung abfallwirtschaftlicher Instrumente ergeben.

1.2   Abgrenzung von Abfallvermeidung, -verwertung und -beseitigung

Wir haben vorne gesehen, daß Abfall entweder vermieden, verwertet oder behandelt bzw. unbehandelt deponiert werden kann. Aller Abfall, der nicht vermieden oder verwertet wird, muß beseitigt, d.h. behandelt oder unbehandelt deponiert werden. Die Verbrennung kann als eine Form der Behandlung von Abfällen interpretiert werden, auch wenn der Zweck der Behandlung in vielen Fällen eher in der Volumensreduktion der zu deponierenden Abfälle als in deren Unschädlichmachung liegt. Im Abfallgesetz von 1986 (§1a) und stärker noch im KrW-/AbfG (§4) wird der Vorrang von Vermeidung vor Verwertung vor Beseitigung festgelegt.

Jedoch sind die Abgrenzungen zwischen diesen Begriffen keineswegs immer eindeutig. So weist das Kreislaufwirtschaftsgesetz selbst auf Fälle hin, wo die Abgrenzung zwischen Beseitigung und Verwertung strittig ist, nämlich bei der Müllverbrennung (§4a), oder der Düngung (§8). Ebenso ist es zumindest im

---

14 Damit unter diese Definition keine "Güter" fallen, dürfen mögliche eventuelle Verkaufserlöse jedoch nicht als Opportunitätskosten der weiteren Nutzung interpretiert werden. Ein Gegenstand ist nur dann einzelwirtschaftlicher Abfall, wenn der Besitzer bereit ist, es ohne Kompensation abzugeben.

allgemeinen Sprachgebrauch nicht immer eindeutig, wann von Vermeidung, wann von Verwertung die Rede ist. Fällt die Mehrfachnutzung von Flaschen unter Abfallvermeidung oder unter Abfallverwertung? Im folgenden sollen die Begriffe Beseitigung, Verwertung und Vermeidung definiert und, soweit möglich, voneinander abgegrenzt werden.

1.2.1 Abfallbeseitigung

Nach dem KrW-/AbfG umfaßt die Abfallbeseitigung alle mit Behandlung und Lagerung zur Beseitigung zusammenhängenden Tätigkeiten. (§10 (2)), auch dann, wenn dabei anfallende Energie oder Abfälle genutzt werden können, solange diese Nutzung nur untergeordneter Nebenzweck der Beseitigung ist. Unter die Beseitigung fällt demnach die Verbrennung und Deponierung von Ablagerungen mit allen Tätigkeiten (Transport usw.), die damit in Zusammenhang stehen.
Für die ökonomische Analyse ist es allerdings unter Umständen wenig sinnvoll, auch solche Maßnahmen zur Beseitigung zu zählen, bei denen Energie oder Abfälle, wenn auch mit untergeordneter Bedeutung, wieder genutzt werden. Dies wird bei der Definition der Verwertung deutlicher.

1.2.2 Abfallverwertung

Der Gesetzgeber unterscheidet im KrW-/AbfG stoffliche und energetische Verwertung. Für die stoffliche Verwertung gibt er folgende Definition: "Die stoffliche Verwertung beinhaltet die Substitution von Rohstoffen durch das Gewinnen von Stoffen aus Abfällen (sekundäre Rohstoffe) oder die Nutzung der stofflichen Eigenschaften der Abfälle für den ursprünglichen Zweck oder für andere Zwecke mit Ausnahme der unmittelbaren Energierückgewinnung.[15] Eine stoffliche Verwertung liegt vor, wenn nach einer wirtschaftlichen Betrachtungsweise, unter Berücksichtigung der im einzelnen Abfall bestehenden Ver-

---

15 Die gesetzliche Definition der energetischen Verwertung ist analog formuliert, vgl. § 4(4) KrWG/AbfG.

unreinigungen, der Hauptzweck der Maßnahme in der Nutzung des Abfalls und nicht in der Beseitigung des Schadstoffpotentials liegt" (§4(3) KrW-/AbfG).

Es wird deutlich, daß der Gesetzgeber Fälle antizipiert, in denen die Abgrenzung zwischen Beseitigung und Verwertung zum Streitfall werden könnte. Ein Beispiel für eine problematische Abgrenzung in dieser Hinsicht stellt z.B. die Verfüllung von stillgelegten Tagebauten mit Abfällen, z.B. Gipsen und Aschen aus der Rauchgasentschwefelung dar (vgl. SEIBERT 1994 S. 420). Dieser Vorgang unterscheidet sich äußerlich in nichts von einer Deponierung. Der Unterschied besteht jedoch darin, daß dem Tagebaubetreiber ein Nutzen aus der Verfüllung entsteht. Nach dem KrW-/AbfG sollen solche Fälle dann nicht als Verwertung aufgefaßt werden, wenn der Hauptzweck der Maßnahme nicht in der Nutzung des Abfalls liegt; eine sicherlich sehr schwierige Abgrenzung, auf die wir später noch zurückkommen. Ihr zugrunde liegt die vielfach vorgenommmene Unterscheidung zwischen erwünschtem Recycling und eher unerwünschtem "Downcycling".

Recycling als englischer Ausdruck für die Verwertung weist auf eine Zurückführung in einen Kreislauf hin. Ausgehend von diesem Begriff definiert HÜPEN (1983) unter Recycling "alle Aktivitäten, die den Materie/Energie-Output eines ökonomischen Systems mittels Aufbereitung (zumindest teilweise) wieder zum Input desselben Systems machen (S. 7)." Je nach Systemabgrenzung kann als ökonomisches System sowohl eine Unternehmung, wie auch die gesamte Volkswirtschaft eines Landes o.a. gefaßt werden.

HÜPEN (1983 S. 37) unterscheidet (aufbauend auf der Unterscheidung von BERG (1979 S. 201 ff)) unterschiedliche Arten des Recyclings (vgl. Abb. 2).

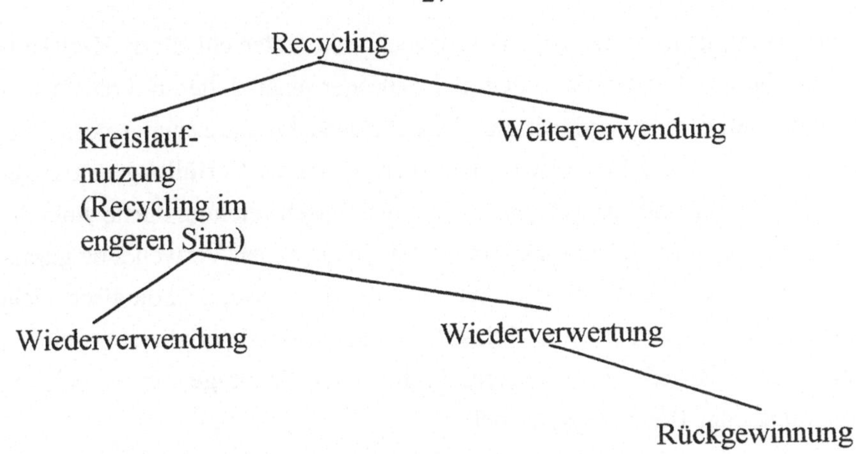

Abb. 2: Arten des Recyclings nach HÜPEN (1983 S. 37)

Er unterteilt, wie in Abbildung 2 wiedergegeben, Recycling in Kreislaufnutzung und Weiterverwendung, sowie die Kreislaufnutzung noch einmal in
Wiederverwendung und Wiederverwertung. Von Kreislaufnutzung spricht er
nur dann, wenn die Abfälle wieder in dem Transformationsprozeß eingesetzt
werden, den sie vorher bereits durchliefen (ebda S. 29). Die Weiterverwendung
ist seiner Definition nach dadurch gekennzeichnet, "daß die Abfallstoffe nicht
wieder dem gleichen Transformationsprozeß zugeführt werden, sondern als
Sekundärrohstoffe in nachfolgenden Prozessen verwendet werden (ebda S. 30).
Seine theoretischen Ausführungen beziehen sich nur auf die Kreislaufnutzung.
Für diese unterscheidet er noch in Wiederverwendung, bei der durch einfache
Aufbereitung das Gut noch einmal genutzt werden kann (z.B. runderneuerte
Reifen, Mehrwegflaschen etc. (ebda S. 32)) und Wiederverwertung, bei wel-
cher der Abfallstoff nicht wieder unmittelbar zum Konsum eingesetzt werden
kann, sondern auf einer vorgelagerten Produktionsstufe wieder eingesetzt
werden muß.

Für die ökonomische Analyse macht es jedoch keinen Sinn, unter Verwertung
bzw. Recycling nur die Kreislaufnutzung eines Abfallstoffes zu fassen. HÜPEN
(1983 S. 32) charakterisiert die Weiterverwendung zwar dadurch, daß "kein
Stoffkreislauf entsteht, sondern die Abfallabgabe an die Umwelt lediglich hin-
ausgezögert wird." Da es eine vollständige Kreislaufführung auch bei der Wie-

derverwertung nicht gibt, liegt hierin jedoch kein Unterschied zur Kreislaufnutzung. Ob ein Abfallstoff in den gleichen oder einen anderen Transformationsprozeß eingesetzt wird, ist nicht entscheidend für die Dauer seines Verbleibens im ökonomischen System. Die vorne erwähnte Verfüllung von Tagebauten mit Gipsen und Aschen aus der Rauchgasentschwefelung dürfte wohl die längstmögliche Verweildauer der Abfallstoffe in der neuen Verwendung garantieren. Es ist zwar denkbar, daß diese Art der Verwertung ökologisch nicht unbedenklich ist, weil auf Dauer Schadstoffe aus diesen Materialien entweichen könnten. Dies ist jedoch ein anderes Problem als die Frage, ob es sich um Verwertung oder Beseitigung handelt.

Allen Arten des Recyclings ist gemeinsam, daß der neu gewonnene Stoff oder das wiedergewonnene Produkt einen positiven Wert hat. Es stiftet einen Nutzen. Dieser Nutzen kann unterhalb der Recyclingkosten liegen, aber er ist größer als Null, sonst kann das Recyclingprodukt weder intern weitergenutzt noch verkauft werden, das Recycling wäre vollkommen sinnlos. Die Erzielung eines Nutzens, der den Kosten des Recyclings gegenübergestellt werden kann, ist als das charakteristische Merkmal des Recyclings zu nennen. Auch Weiterverwendungen, Reparaturen und andere Aktivitäten, die zu einer Verlängerung der Lebensdauer eines Produktes führen, müssen in dieser Definition als Verwertung aufgefaßt werden.

Recycling bzw. Verwertung kann somit als Sekundärproduktion gekennzeichnet werden. Handelt es sich um *Abfallverwertung* ist der zusätzliche Nutzen dieser Sekundärproduktion kleiner als ihre zusätzlichen Kosten. Die Sekundärproduktion lohnt sich in diesem Fall betriebswirtschaftlich nur, wenn der Abfallbesitzer dadurch Beseitigungskosten einspart, so daß er dem Abfallverwerter, falls es sich um externe Verwertung handelt, eine Entschädigung für die Übernahme des Abfalls zahlt. Der Abfall hat dann einen negativen Preis.

Selbstverständlich ist auch Sekundärproduktion möglich, die ohne Berücksichtigung eventuell vermiedener Beseitigungskosten rentabel ist. Hier handelt es sich bei den eingesetzten Altstoffen jedoch nicht um Abfälle, sondern um Wirtschaftsgüter, denn der Nutzen ihrer weiteren Verwendung ist größer als die dadurch verursachten Kosten.

Wenn Weiterverwendung, Reparaturen und ähnliches ebenfalls unter den Recyclingbegriff fallen, so führt dies allerdings zu Abgrenzungsschwierigkeiten mit dem umgangssprachlichen Begriff der Abfallvermeidung. Im allgemeinen Sprachgebrauch wird die Verwendung von Mehrweg- statt Einwegflaschen sicherlich zur Abfallvermeidung und nicht zur Abfallverwertung (Recycling) gezählt. Das gleiche gilt auch für die Verlängerung der Lebensdauer eines Gutes durch Reparaturmaßnahmen.

Für die ökonomische Analyse erscheint es jedoch gerechtfertigt, auch diese Maßnahmen unter Recycling zu fassen,[16] denn das reparierte Produkt stellt ja wieder ein Gut mit positivem Nettonutzen dar. Analytisch spielt es keine Rolle, ob der Recyclingnutzen durch Reparatur oder durch Zerstörung der Konsumeigenschaften erreicht wurden. Es mag häufig der Fall sein, daß die Reparatur, d.h. die Wiederverwendung, weniger Ressourcen als die Wiederverwertung verbraucht, dies ist jedoch nur empirisch zu belegen und keinesfalls logisch zwingend.

1.2.3 Abfallvermeidung

Nach §4(1) KrW-/AbfG sind Abfälle insbesondere durch Verminderung ihrer Menge und Schädlichkeit zu vermeiden. Als Maßnahmen zur Vermeidung werden insbesondere genannt: die anlageninterne Kreislaufführung von Stoffen, die abfallarme Produktgestaltung sowie ein auf den Erwerb abfall- und schadstoffarmer Produkte gerichtetes Konsumverhalten.

Nach SUTTER (1990) lassen sich Abfallvermeidung und Abfallverwertung je nach Wahl der Systemgrenzen unterschiedlich abgrenzen. Von Verwertung spricht er nur dann, wenn ein Stoff bereits einmal aus dem System heraus war und dann über Recycling wieder in dieses oder eine andere ökonomische Verwendung zurückgeführt wird (ebda S. 7). Vermeidung entspricht dagegen einer Vermeidung an der Quelle, das heißt, in dem System, in dem der Abfall entstanden ist. Dem entspricht auch der Gesetzestext, der z.B. die anlagenin-

---

16 So neben HÜPEN und SIEGLER auch schon JÄGER (1980 S. 150).

terne Kreislaufführung von Stoffen zur Vermeidung zählt, die Verwendung derselben Stoffe in einer anderen Anlage jedoch als Verwertung kennzeichnet (§4(2) KrW-/AbfG). Wollte man versuchen, eine ökonomische Analyse über das optimale Niveau an Vermeidung und an Verwertung anzustellen, so müßte man in dieser Sichtweise eine Untersuchung der optimalen Überschreitung von Systemgrenzen festlegen, die zudem auch erst zu definieren wären. Dies ist sicherlich ein recht unbefriedigendes Unterfangen. Bleibt man bei der oben angeführten Definition von Verwertung, so könnte man auch die Kreislaufrückführung zur Verwertung zählen. Mit den rückgeführten Stoffen würde dann ein dem Primärprodukt völlig identisches Sekundärprodukt hergestellt. Zwar wäre dieser Fall besonders schwer zu modellieren, da die tatsächlich anfallenden Kosten von Primärproduktion und Sekundärproduktion nicht zu trennen sind, aber zumindest die gedankliche Trennung ist möglich.

Abfallvermeidung bedeutet erst einmal nur, die Menge an negativ bewerteten Gütern, sprich Abfall, wird verringert. Der Begriff gibt noch keine Auskunft darüber, wie dies geschieht. Es erscheint jedoch unmitttelbar plausibel, daß auch eine Verwertung, die zu einem Ersatz von Primärprodukten durch Sekundärprodukte führt, als Abfallvermeidung angesehen werden kann. Dies soll im folgenden anhand des Material-Bilanz-Ansatzes und des Entropiekonzeptes näher ausgeführt werden.

1.2.4 Die Übertragung des ersten und zweiten Hauptsatzes der Thermodynamik auf die Ökonomie

In einem geschlossenen ökonomischen System ohne Kapitalakkumulation (hier schließt Kapital auch alle dauerhaften Güter im Konsumbereich ein) muß nach dem Gesetz von der Erhaltung der Masse, dem ersten Hauptsatz der Thermodynamik, die Summe aller Stoffe, die bis zum Ende einer Periode der Umwelt zugeführt werden, in etwa dem Gewicht der Rohstoffe (inclusive Nahrung) entsprechen, die in dieser Periode dem System zugeführt wurden. Eine hier vernachlässigbare Differenz entsteht nur über den Sauerstoff, der aus der Atmosphäre entnommen wurde (AYRES/KNEESE 1969 S. 284).

Dies ist der zentrale Ausgangspunkt für das Konzept der Materialbilanzen, dem Material Balance Approach, das Ende der 60er Jahre von AYRES und KNEE-SE entwickelt wurde. Materie, die dem ökonomischen System zugeführt wird, kann nach dem Gesetz von der Erhaltung der Masse nicht vernichtet werden, sondern bleibt in irgendeiner Form an irgendeinem Ort erhalten.[17] Es läßt sich demnach eine Materialbilanz folgendermaßen aufstellen:[18]

Die Summe aus der Materialmenge, die sich am Anfang einer Periode im ökonomischen System befindet (M_0) und der Menge, die dem ökonomischen System in der Periode aus der Umwelt zugeführt wird (M_{0z}), ist identisch mit der Menge, die sich am Ende der betrachteten Periode im ökonomischen System befindet (M_1) zuzüglich der Menge, die an die Umwelt zurückgegeben wurde (M_{0a}):

$$M_0 + M_{0z} = M_1 + M_{0a}$$

Das heißt für die Menge der zu beseitigenden Abfälle in einer Periode (M_{0a})

$$M_{0a} = M_0 + M_{0z} - M_1.$$

Aus dem Materialbilanzansatz allein ergibt sich jedoch kein Hinweis auf Probleme, die mit der Abfallentstehung verbunden sind. Nur wenn wir zusätzlich einführen, daß Stoffe nach ihrer letzten ökonomischen Nutzung wertloser sind als davor, finden wir die Abfallproblematik wieder. Eine solche Wertung erscheint aus eigener Anschauung gerechtfertigt. Warum sollte ein Stoff aus der ökonomischen Nutzung entlassen werden, wenn er nicht weniger wert wäre, als ein neuer, ungebrauchter Stoff? Dies ist jedoch nicht das eigentliche Problem. Es wäre ja denkbar, daß die Stoffe, die aus der ökonomischen Nutzung wieder an die Umwelt abgegeben werden, problemlos wieder als Input zur Verfügung stehen. Daß dem nicht so ist, liegt am zweiten Hauptsatz der Thermodynamik, nach dem in einem geschlossenen System die Entropie nie abnehmen kann.

---

17 Vgl. auch HECHT (1988 S.10).

18 Vgl. zum folgenden HECHT (1988 S.10), der ausgehend vom Gleichungssystem des Material Balance Approaches bei AYRES/KNEESE (1969) eine stark vereinfachte, aber für unseren Zweck ebenso relevante Gleichung aufstellt.

Die Entropie ist ein Konzept aus der Thermodynamik, mit dem sich Zustände hinsichtlich ihrer Verfügbarkeit an freier Energie beschreiben lassen. Je höher die Entropie, desto geringer ist die verfügbare Energie in einem System. Dieses Konzept wurde 1971 erstmals von GEORGESCU-RÖGEN auf die Masse und damit auf das ökonomische System übertragen und lautet dann etwas vereinfacht folgendermaßen: Systeme mit niedriger Entropie sind Systeme hoher Ordnung und ökonomisch wertvoller, da sie leichter für ökonomische Zwecke eingesetzt werden können als solche mit hoher Entropie (STEPHAN 1991 S.331f).[19]

Aus dem zweiten Hauptsatz der Thermodynamik folgt, daß die Entropie in einem geschlossenen System nie abnehmen kann: bei reversiblen Prozessen bleibt sie konstant, bei irreversiblen Prozessen nimmt sie zu. Soweit ein System geschlossen ist, laufen in ihm selbsttätig nur Prozesse ab, bei denen die Entropie zunimmt (STEPHAN 1991 S. 332). Überträgt man dies auf die Ökonomie, so ergibt sich daraus, daß der Mensch zwar ein Teilsystem wieder in einen geordneteren Zustand bringen kann, daß dies jedoch auf Kosten der Gesamtentropie des Systems geht, insgesamt nimmt die Ordnung des Systems ab.

Es gibt ohne Zweifel Unterschiede zwischen den Lebensbedingungen auf der Erde und den Bedingungen, für welche der zweite Hauptsatz der Thermodynamik Gültigkeit hat. So ist die Erde kein geschlossenes System, denn ihr wird von der Sonne ständig neue Energie zugeführt. Zudem gilt der zweite Hauptsatz der Thermodynamik nur in der Nähe eines thermodynamischen Gleichgewichts (STEPHAN 1991 S. 334). Auch ist umstritten, inwieweit das für Energie klar meßbare Konzept der Entropie auf Masse übertragen werden kann. Dennoch verdeutlichen der Begriff der Entropie und der erste und zweite Hauptsatz der Thermodynamik bei einer Analogiebetrachtung auf das Wirtschaften Grenzen und Probleme der Abfallbehandlung, unabhängig davon, ob dies zum Zwecke der Ablagerung oder der Verwertung erfolgt: Abfallbehandlung ist in aller Regel mit der Entstehung zusätzlicher Emissionen ver-

---

19 Eine ausführliche Erläuterung des Entropiekonzeptes und seiner Aussagefähigkeit für ökonomische Problemstellungen findet sich bei FABER/NIEMES/STEPHAN (1989 S. 77-103).

bunden, und eine Verwertung von Rohstoffen erfordert ihrerseits Ressourcen- und Energieverzehr. Damit ist ein 100%iges, immerwährendes Recycling, in dem Materie und Energie stets nur von einer in die andere Form transformiert werden, nicht möglich (STEPHAN 1991 S. 329).

Insofern besteht qualitativ tatsächlich ein bedeutender Unterschied zwischen den Größen M_{0z} und M_{0a}. Eine Verringerung des zu beseitigenden Abfalls erscheint als ein sinnvolles Ziel einer Volkswirtschaft.

Bisher wurde die Größe M_{0a} als zu beseitigender Abfall betrachtet. Doch strenggenommen umfaßt er die Summe aus zu beseitigendem Abfall und Emissionen. Durch die Erhöhung von Emissionen läßt sich ceteris paribus der zu beseitigende Abfall verringern, was z.B. in der Müllverbrennung ausgenutzt wird. Gleichzeitig erhöht jede Verringerung der Emissionen, die nicht mit einer Verringerung des Einsatzes von Primärstoffen verbunden ist, den zu beseitigenden Abfall, wie am Beispiel des Klärschlamms sofort deutlich wird. Für die folgenden Ausführungen sollen die Emissionen aber vernachlässigt werden. Wir unterstellen im folgenden, daß M_{0a} der Menge des zu beseitigenden Abfalls entspricht. Damit entziehen sich solche Möglichkeiten der Abfallverringerung in dieser Arbeit der Analyse, die auf Kosten eines erhöhten Emissionsvolumens gehen. Diese Beschränkung kann jedoch in Kauf genommen werden, da die Verringerung des Abfalls über die Erhöhung von Emissionen keine ernstzunehmende Alternative der Abfallwirtschaft bildet, auch wenn sie unter Umständen billigend oder unbewußt in Kauf genommen werden mag.

1.2.5 Zusammenhänge zwischen Abfallverwertung und Abfallvermeidung

Für die Identität von M_{0z} und M_{0a} muß gelten, daß $M_0 = M_1$. Ist $M_0 > M_1$, entspricht dies einer Akkumulation von Masse im ökonomischen System z.B. über Investitionen aber auch z.B. über Verwertung von Reststoffen oder Produktabfällen, die so eine weitere Periode im System verbleiben. In diesem Fall ist $M_{0a} < M_{0z}$. Verlassen die akkumulierten Stoffe jedoch ihrerseits am Ende ihrer Nutzungszeit das ökonomische System und müssen beseitigt werden, so erhöht sich die Abfallmenge, M_{0a} ist jetzt (ceteris paribus) größer als M_{0z}. Im

Hinblick auf den zu beseitigenden Abfall findet durch Investition und Recycling also nur eine Problemverschiebung statt. Eine langfristige Verringerung des zu beseitigenden Abfalls ist nur dadurch zu erreichen, daß weniger Stoffe aus der Umwelt in Produktionsprozesse gelangen. Dies ergibt sich unmittelbar aus dem Materialbilanzansatz.

Wir sehen somit, daß Abfallverwertung nur dann, aber auch immer dann Abfallvermeidung ist, wenn sie zu einem Rückgang der Primäreinsatzmengen führt, ein sicherlich häufig anzutreffender Fall. Allerdings ist hier nicht an ein unmittelbares Substitutionsverhältnis in dem Sinne zu denken, daß jede zusätzlich produzierte Einheit Sekundärprodukt die Produktion von konkurrierenden Primärprodukten um eine Einheit zurückgehen läßt. Denn in aller Regel wird die Summe aus Sekundär- und Primärprodukten die Summe an Primärprodukten ohne Recycling übertreffen. Die Abb. 3 zeigt einen Fall relativ unelastischer Angebotsfunktionen für zwei homogene Primär- und Sekundärprodukte sowie einer relativ elastischen Nachfragefunktion, bei der die Zunahme der Sekundärproduktion die Abnahme der Primärproduktion erheblich übersteigt.

Die Angebotsfunktion für das Primärprodukt ist mit $A(x)$ und die Angebotsfunktion für das Sekundärprodukt mit $A(r)$ bezeichnet. Da es sich um homogene Güter handelt, lautet die Nachfragefuntkion $N(x+r)$. Im obigen Beispiel verschiebt sich die Angebotsfunktion für das Sekundärprodukt exogen nach rechts. Aufgrund der hier gewählten Kurvenverläufe fällt die Ausdehnung der Sekundärproduktion erheblich größer aus als die Verringerung der Primärproduktion. Solange die Nachfrage nicht vollständig unelastisch ist, wird die Erhöhung der Sekundärproduktmenge wegen der preissenkenden Angebotsausweitung jedoch immer größer als die Verringerung der Primärproduktion ausfallen. Die Primärproduktion wird jedoch bis auf Ausnahmefälle immer sinken[20]

Aus den bisher betrachteten Zusammenhängen läßt sich schlußfolgern, das die Nutzung von Rückständen aus Produktion oder Produkten in aller Regel auch

---

20 Zu diesen Ausnahmen siehe JAEGER (1976) u. (1977) sowie HÜPEN (1983).

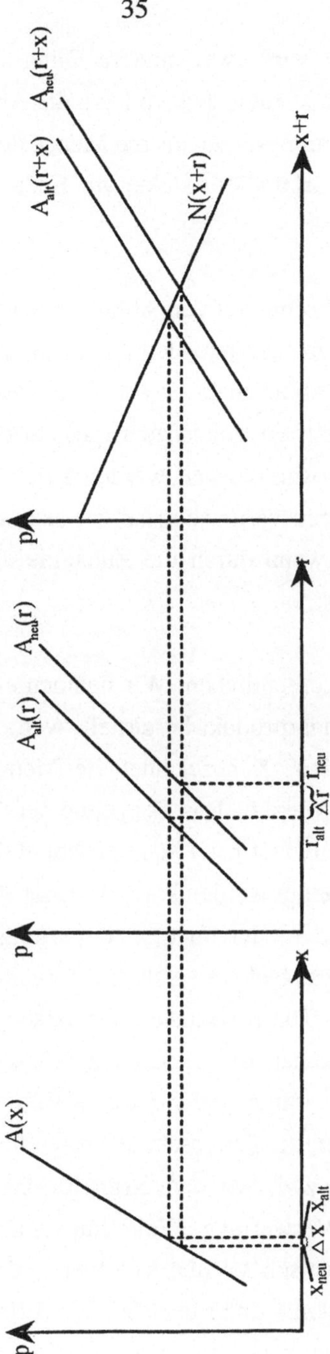

Abb. 3: Beispiel einer Erhöhung der Sekundärproduktion, die zu einer nur geringfügigen Verringerung der Primärproduktion führt

Abfallvermeidung sein wird, weil andere Güter ersetzt werden, die durch Primärstoffe hergestellt werden. Jedoch kann die Abfallvermeidung unter Umständen sehr viel geringer ausfallen als die Menge des verwerteten Abfalls. Das liegt daran, daß auch Sekundärprodukte am Ende ihrer Lebendauer beseitigt werden müssen.

Wenn in den letzten Abschnitten von Abfallvermeidung gesprochen wurde, so war hier nur von dem zu beseitigenden Abfall die Rede. Kapitel 1.1. hat aber deutlich gemacht, daß Abfall mehr ist als der zu beseitigende Abfall. Steht die Gesellschaft am Ende der Nutzungsdauer eines Sekundärproduktes wieder mit einem Abfall da, der zwar recycelt werden kann, aber auch dann insgesamt mehr Schaden als Nutzen verursacht, so hat sich an der Abfallsituation auch dann nichts geändert, wenn durch die Zunahme des Recyclings die Primärproduktion gesunken ist.

Ein Beispiel soll dies verdeutlichen: Wir nehmen eine Situation an, in der ein Primär- und ein Sekundärprodukt hergestellt werden, die beide für den Konsumenten identisch seien. X bezeichnet die Menge an Primärgütern, r die Menge an Sekundärprodukten. Das Recycling sei über die Funktion $r_t = 0,2 (r_{t-1} + x_{t-1})$ bestimmt. Dabei ist $r_{t-1} + x_{t-1}$ der Abfall der Vorperiode, der entweder verwertet oder beseitigt werden kann. In jeder Periode sei d_t die zu beseitigende Abfallmenge und va_t der für die Verwertung bestimmte Abfall. Er soll hier r_{t+1} entsprechen, was bedeutet, daß das Recycling ohne eine Änderung der Materialmenge erfolgt. Die marginalen Verwertungs- und Beseitigungskosten seien konstant, entsprechen den Durchschnittskosten und betragen 50 Geldeinheiten für die Verwertung und für die Beseitigung. Hier soll es sich um *Abfall*recycling handeln, die Durchschnittskosten für die Verwertung sind dann bereits der Nettobetrag zwischen dem Erlös für das Recyclingprodukt und den (höheren) Kosten der Verwertung. Weiterhin sei angenommen, daß die Nachfrage völlig preisunelastisch sei und sich wegen der Homogenität der beiden Güter auf die Summe von x und r beziehe, die also über alle Perioden konstant bleibt. Diese Annahme völlig preisunelastischer Nachfrage führt zu einem Maximum an Verringerung des zu beseitigenden Abfalls. Gleichzeitig spielt sich das neue Gleichgewicht in diesem einfachen Fall unmittelbar ein, so daß er sehr anschaulich ist. Wenn wir in einer Situation ohne Recycling (Periode 0 und 1) von 100 Einheiten Primärprodukt ausgehen und dann entsprechend des obigen Modells Recycling einführen, ergeben sich die in Tabelle 2 dargestellten Werte für die Perioden 0 bis 3.

Wir können aus diesem Beispiel ersehen, daß sich durch die Abfallverwertung zwar die zu beseitigende Menge an Abfall verringert hat, nicht jedoch die tatsächliche Abfallmenge, wenn wir der in Kap. 1.1 aufgestellten Definition des Abfallbegriffes treu bleiben. Mit negativen Kosten behaftet ist weiterhin die Existenz von 100 Einheiten. Bei längerer Nutzungszeit der Sekundärprodukte ergäbe sich jedoch für einige Perioden eine Verringerung des Abfalls, bis sich das neue Gleichgewicht einspielt. Doch auch, wenn das Sekundärprodukt nur eine Periode genutzt wird, senkt die Verwertung dann die Abfallkosten, wenn die Deponierungskosten größer sind als die Verwertungskosten. Dies besagt jedoch nicht, daß die Ausweitung des Recyclings in diesem Fall die optimale Strategie ist. Hierzu müßte man auch die Kosten bzw. Nutzenverzichte bei einer ersatzlosen Verringerung der Primärproduktion betrachten, die ja ebenfalls die zu beseitigende Menge an Abfall verringern würde, ohne daß zusätzliche Verwertungskosten entstehen.

	x	r	d	va	50d	50va
Periode 0	100		100		5000	
Periode 1	100		80	20	4000	1000
Periode 2	80	20	80	20	4000	1000
Periode 3	80	20	80	20	4000	1000

Tab. 2: Beispiel für die Auswirkung der Abfallverwertung auf die Abfallmenge

Die obigen Betrachtungen lassen sich wie folgt zusammenfassen: Kurzfristig kann es durch die Verwertung zu einer Verringerung der Abfallmenge kommen. Sobald jedoch die Sekunärprodukte wieder zu Abfall werden, erhöht sich die Abfallmenge, bis sich ein neues Gleichgewicht einstellt, bei dem gerade

soviel deponiert wird, wie aus der Umwelt in das ökonomische System einge-
bracht wurde.

Langfristig ist die zu beseitigende Abfallmenge nur über die Primärproduktion
bestimmt. Insofern determiniert die Entscheidung über die Primärproduktion
auch die Abfallvermeidung. Die Sekundärproduktion (oder Verwertung) hat
aber einen Einfluß auf die Primärproduktion, da Sekundärprodukte auch in
Konkurrenz zu Primärprodukten stehen.[21] Im Unterschied zu einer Verringerung der Primärproduktion, welche die zu beseitigende Menge an Abfall
verringert, ohne daß in zukünftigen Perioden zusätzliche Abfallkosten entstehen, ist die Verwertung von Abfall definitionsgemäß mit negativem Nettogrenznutzen versehen und senkt deshalb die Abfallmenge in der Gesellschaft
auch dann nicht, wenn die Menge des zu beseitigenden Abfalls sinkt.

Die Entscheidung über Abfallvermeidung, Abfallverwertung und Abfallbeseitigung ist letztendlich die Entscheidung über das Niveau an Primärproduktion
und Sekundärproduktion. Aus beiden Entscheidungen ergibt sich dann die zu
beseitigende Abfallmenge. Im folgenden Kapitel wird das optimale Niveau an
Primär- und Sekundärproduktion definiert, das der Beurteilung der Abfallpolitik
in der Bundesrepublik zugrunde gelegt werden soll.

---

21 Unter bestimmten Umständen kann eine neue Recyclingtechnologie sogar die Primärproduktion erhöhen (vgl. JÄGER 1976 oder HÜPEN 1983). Dies verlangt allerdings,
daß der Wert des Primärproduktes aufgrund der Möglichkeit seiner Wiederverwertung steigt.

2 Vergleich des sozial optimalen und des gleichgewichtigen Niveaus von Primär- und Sekundärproduktion

Aufgabe dieses Kapitels soll es in erster Linie sein, ein Referenzmodell zu erstellen, mit dessen Hilfe die abfallwirtschaftlichen Instrumente in der Bundesrepublik Deutschland beurteilt werden können (Kapitel 2.1 und 2.2). Um mögliche Gründe für politische Eingriffe im Abfallsektor darzulegen, soll zudem ein Vergleich mit dem Gleichgewichtszustand erfolgen, der sich unter optimalen Bedingungen im Fall der vollständigen Konkurrenz über den Markt ergibt (Kapitel 2.3). Auf diese Art werden die Faktoren deutlich, die für Abweichungen zwischen sozial optimalem und marktwirtschaftlichem Ergebnis entscheidend sind (Kapitel 2.4).

Es gibt eine Reihe von Modellen zum Recycling, die sich alle mit dem Zusammenhang von Primär- und Sekundärproduktion befassen und zum größten Teil auch Optimalitätsbedingungen untersuchen. Die Aufgabe des folgenden Abschnitts 2.1 wird es deswegen sein, einen Überblick über diese Modelle zu geben und den eigenen Ansatz einzuordnen und zu begründen. Der eigene Ansatz zur Ableitung des optimalen Niveaus an Primär- und Sekundärproduktion wird dann in Kapitel 2.2 vorgestellt.

2.1 Modelle des Recyclings

Seit Beginn der siebziger Jahre wurden eine Reihe von theoretischen Abhandlungen zum Problem des Recyclings aufgestellt. WACKER (1987) unterteilt die bisherigen Modelle in drei Kategorien:
1) Modelle, die nur die Auswirkungen von Recycling auf den Schaden aus einer Verschlechterung der Umwelt (Umweltschaden) betrachten,
2) Modelle, die nur die Auswirkungen von Recycling auf den Abbau der Primärressource bzw. auf den optimalen Abbaupfad der Primärressource untersuchen,
3) Modelle, die versuchen, beide Aspekte zu betrachten.

2.1.1 Modellbetrachtungen mit alleiniger Beachtung des Umweltschadens

Zu dieser Gruppe zählt WACKER (1987 S. 61 ff) die Modelle von SMITH (1972, 1977) und LUSKY (1976). Sie modellieren eine Gesellschaft, in der Arbeit sowohl für die Urproduktion (Gewinnung von Primärrohstoffen), für das Recycling (modelliert als Gewinnung von Sekundärrohstoffen, die, und das ist in diesen Modellen zentral, den Abfallbestand verringert) als auch für die Produktion von Gütern aufgewendet werden kann. Der Schaden aus dem Abfall wird verursacht durch den Bestand an Abfall. Gesucht wird dann nach einem optimalen Pfad für Recycling, Urproduktion und Produktion. Eine Modellierung von Recycling unter dem Aspekt der Verringerung von Umweltschaden findet sich auch bei ENDRES (1982). Im Gegensatz zu den Modellen von SMITH hinterlassen in den Modell von LUSKY (1976) und ENDRES (1982) die mit Hilfe des Recyclings hergestellten Konsumgüter keine Rückstände,[22] so daß dem Materialbilanzansatz nicht Rechnung getragen werden kann.

Von den nach 1987 entstandenen Modellen läßt sich das Modell von SIEGLER (1993) zu den Modellen zählen, bei denen es nur um die Veränderung der Umweltbelastung durch Recycling geht. Für seine Aussagen ist der Materialbilanzansatz zentral. Unter Verzicht auf jede Festlegung von optimalen Zeitpfaden wählt er einen auf BAUMOL/OATES (1988 S. 36 ff) zurückgehenden Ansatz, um die Pareto-Optimalität des Niveaus der privatwirtschaftlichen Primär- und Sekundärproduktion unter effizienten Rahmenbedingungen zu zeigen. In einem zweiten Schritt untersucht er dann vor allem Zusammenhänge zwischen Deponiepreisen und zu deponierender Menge.

---

22 Vgl. hierzu auch JÄGER (1980 S. 159) und WACKER (1987 S. 73).

2.1.2 Modellbetrachtungen mit alleiniger Betrachtung des Zusammenhangs zwischen Recycling und Primärstoffverbrauch

Die Modellbetrachtungen dieser Gruppe können weitgehend als eine Antwort auf die Diskussion um die Grenzen des Wachstums gesehen werden. Ein Teil dieser rohstoffbezogenen Modelle befaßt sich mit der Aufstellung von intertemporalen Optimierungsmodellen, die Auskunft über die effizienten Pfade für Recycling und Rohstoffextraktion geben (WEINSTEIN/ZECKHAUSER(1974) und SCHULZE (1974) bzw. effiziente Rahmenbedingungen für Primär- und Sekundärproduktion diskutieren KEMP/LONG (1980) und PETHIG (1982). Sie alle modellieren Recycling als die Möglichkeit des Rückgriffs auf einen anderen, meist unendlichen Ressourcenbestand und damit als eine Art Backstop-Technologie. Keiner von ihnen wählt einen Ansatz, der mit dem Materialbilanzansatz kompatibel ist, weil die Frage, was mit den nicht in der Produktion verwendeten Ressourcen geschieht, für ihre Fragestellung unerheblich ist.

Eine andere Diskussionsrichtung geht von preistheoretischen Modellen aus, mit deren Hilfe die Autoren versuchen, die Auswirkungen des Recyclings auf die Rohstoffmärkte und den Verbrauch an Primärstoffen in komparativ-statischen Modellen zu analysieren. Zu dieser Gruppe gehören JÄGER (1976 und 1977), KIRCHGÄSSNER (1977) und HÜPEN (1983). Sie modellieren Recycling als die Möglichkeit, eine Primärressource mehr als einmal zu nutzen, wodurch sich in ihren Modellen der Wert der Primärressource erhöht. Auch für ihre Fragestellungen ist ein materialbilanzanalytischer Ansatz nicht notwendig.

2.1.3 Modellbetrachtungen mit gleichzeitiger Berücksichtigung von Umweltschaden und Rohstoffverknappung

Zu dieser dritten Gruppe von Recyclingmodellen zählt WACKER (1987) neben seinem eigenen Modell HOEL (1978) und MÄLER (1974). Alle hier genannten Modelle erweitern ein neoklassisches Modell intertemporaler Ressourcenallokation um das Leiden aus einem Abfallbestand, wobei WACKER (1987) noch die Möglichkeit geordneter Deponierung zuläßt, die negative Umweltwirkungen der deponierten Stoffe ausschließen soll. In allen diesen Modellen finden sich geschlossene Materialbilanzen. Sie modellieren ähnlich wie die unter 2.1.2 genannten Modelle Recycling immer als Gewinnung zusätzlichen Materials aus dem Abfallbestand und damit entweder als Backstop-Technologie oder, bei nicht vollständiger Recyclingmöglichkeit, als zusätzliche Ressource.

Von den nach 1987 entstandenen Modellen kann MICHAELIS (1991) zu den Ansätzen gezählt werden, die sowohl Aspekte der Rohstoffverknappung als des Leidens unter einem Abfallbestand betrachten. Er nimmt in seinem Modell eine Weiterentwicklung der bisherigen Modelle vor, die sich auf den Schaden aus dem Abfallbestand bezieht. Während die o.a. Modelle entweder so modelliert waren, daß der Abfall direkt in die Umwelt ging, oder nur sehr rudimentäre "Abfallbeseitigung" modellierten, nimmt er explizit Deponierung und bestandsabhängige Deponierungskosten in sein Modell auf. Die mit dem Bestand steigenden Deponierungsgrenzkosten sind eine Art des bestandsabhängigen Leidens unter Abfall, das jedoch zusätzlich durch andere bestandsabhängige Kostenfaktoren wie z.B. Nachsorgekosten ergänzt wird (MICHAELIS 1991 S. 42 und 86 ff).
Ein weiterer Unterschied zwischen den oben angeführten Modellen und dem Modell von MICHAELIS besteht darin, daß bei ihm Recycling nur unmittelbar nach Gebrauch der Primärressource möglich ist. Das heißt, verwertet wird nicht aus einem Abfallbestand, sondern aus den Abfällen der letzten Periode.

Sein Modell ist allerdings auch das einzige, das den Materialbilanzansatz vernachlässigt. Dadurch, daß er sich nur auf Produktionsabfall bezieht (vgl. Abb. 4), kann er den Zusammenhang zwischen Verwertung und Deponierung nicht vollständig fassen. In seinem Modell wirken alle Produkte nur positiv auf das Wohlfahrtsniveau, nur Produktionsabfall führt zu einer Erhöhung des Abfallbestandes. So berücksichtigt er nicht, daß eine Erhöhung der Recyclingquote ceteris paribus, d.h. bei gleichbleibendem Primärstoffeinsatz die zu deponierende Abfallmenge nicht nur durch Verwertung eines Teils der Abfälle verringert, sondern in den Folgeperioden durch die Entsorgung zusätzlich entstandener Sekundärprodukte auch wieder erhöht.

Im Rahmen der neo-österreichischen Kapitaltheorie befassen sich vor allem FABER/NIEMES/STEEPHAN (1989 S. 180ff) unter Berücksichtigung des

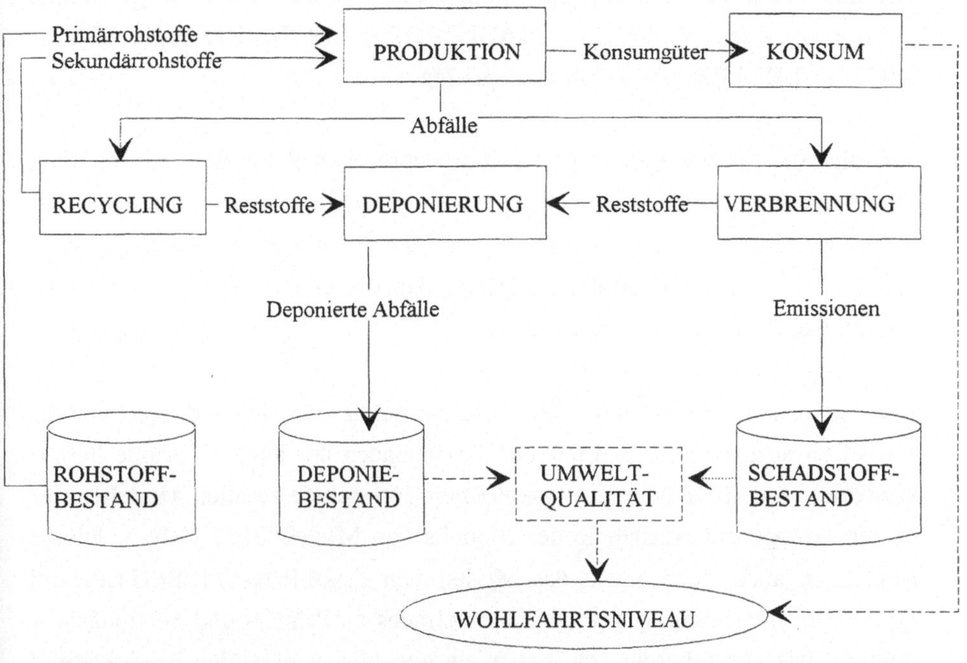

Abb. 4: Struktur des Entsorgungsmodells nach MICHAELIS (1991 S. 91)

Entropiekonzeptes mit Ressourcenextraktion, Deponierung und Recycling. Doch auch sie beziehen in ihre Überlegungen nur Produktionsabfälle ein.

2.1.4 Würdigung der Modelle bezüglich der eigenen Fragestellung

Das Ziel der vorliegenden Arbeit ist die Beurteilung der abfallrechtlichen Regelungen in der Bundesrepublik Deutschland, vornehmlich unter umwelt-ökonomischen Gesichtspunkten. Die Festlegung von Optimalbedingungen der Primär- und Sekundärproduktion dient in diesem Zusammenhang der Darstellung des Referenzzustandes. Für die Fragestellung der Arbeit ist die explizite Berücksichtigung von Umweltschaden von zentraler Bedeutung. Somit kommt eine Anlehnung an ein Modell der zweiten Gruppe nicht in Frage. Sofern sich jedoch Fragen nach dem Zusammenhang zwischen dem Umfang an Primär-

und Sekundärproduktion ergeben, kann unter Umständen auf die genannten preistheoretischen Modelle von JÄGER (1976, 1977), KIRCHGÄSSNER (1977) und HÜPEN (1983) zurückgegriffen werden.

Auf die Auswirkung steigender Ressourcenpreise muß für die Fragestellung dieser Arbeit nicht explizit eingegangen werden. Angenommen werden muß für den Vergleich von Optimalzustand und der theoretischen Situation unter unterschiedlichen Instrumenten lediglich, daß die Güterpreise die volkswirtschaftlichen Kosten widerspiegeln.

Für die heutige Situation in der Bundesrepublik Deutschland erscheint es realistisch anzunehmen, daß aus den Rückständen der letzten Periode heraus verwertet wird. Hier liegt ein wesentlicher Unterschied zu allen Modellen der dritten Gruppe mit Ausnahme des Modells von MICHAELIS (1991). Dieses Modell ist aber, ebenso wie das Modell von FABER/NIEMES/STEPHAN (1989) zur Untersuchung des optimalen Grades an Primär- und Sekundärproduktion, wie vorne bereits erwähnt, nicht geeignet, weil es den Produktabfall vernachlässigt.

Das Modell von SMITH (1976) unterstellt zwar auch, daß aus dem Abfallbestand heraus recycelt wird, jedoch fällt dies wegen dem Verzicht auf die Modellierung einer Backstop-Ressource weniger ins Gewicht. Die von ihm gemachten Aussagen über die Optimalbedingungen von Primär- und Sekundärproduktion werden sich auch in den Ergebnissen des folgenden eigenen Ansatz wiederfinden. Allerdings ist für den Vergleich von Optimalbedingungen und abfallwirtschaftlichen Instrumenten eine dynamische Analyse verzichtbar. Die Optimalitätszustände jeder Periode lassen sich auch ermitteln, wenn angenommen wird, in den jeweils anzusetzenden Kosten seien alle intertemporalen Abhängigkeiten berücksichtigt.

Als statisches Modell für die Ableitung effizienter Rahmenbedingungen der Abfallwirtschaft entpricht das Modell von SIEGLER (1993) weitgehend auch der Fragestellung dieser Arbeit. Während SIEGLER sein relativ komplexes Modell jedoch im wesentlichen zur Ableitung der effizienten Rahmenbedingungen verwendet, soll im folgenden das Referenzmodell zusätzlich dazu verwendet werden, verschiedene Instrumente zu überprüfen. Es soll deshalb versucht werden, das Modell von SIEGLER so zu verändern, daß es nur diejenigen Aspekte berücksichtigt, die für die Beurteilung der Instrumente notwendig sind. Dies ermöglicht im Gegenzug eine Anpassung der Modellformulierungen an die Eigenarten der jeweils untersuchten Instrumente.

2.2 Das Referenzmodell

Das statische Referenzmodell, das dieser Arbeit zugrunde gelegt wird, unterschiedet sich von dem Modell SIEGLERs in zweierlei Hinsicht:
Zum einen wird im folgenden nicht das Pareto-Optimum darüber bestimmt, daß der Nutzen eines Individuums unter Konstanthaltung der Nutzen aller anderen maximiert wird, sondern es wird von einer gesellschaftlich Wohlfahrtsfunktion ausgegangen, die zu maximieren ist.

In der Modellwirtschaft werden ein Primärprodukt und ein Sekundärprodukt hergestellt, die aber beide für den Verbraucher identisch sein sollen, so daß sie als homogene Güter bezeichnet werden können. Man könnte sich auch vorstellen, daß ein im Gebrauch identisches Produkt einmal unter Verwendung von Primärrohstoff und das andere Mal unter Verwendung von Sekundärstoff hergestellt wird. Da dieses aber zu einer Verkomplizierung der Darstellung führt, ohne daß es einen Erkenntnisgewinn bringt, sei im allgemeinen von dem oben genannten simplen Fall zweier identischer Güter ausgegangen. Gesucht wird die Menge an Primärgut (x) sowie an Sekundärgut (r), durch die die gesamtwirtschaftliche Wohlfahrt (W) maximiert werden.

Für den Übergang von der Maximierung der Wohlfahrt eines Individuums bei konstantem Nutzen aller übrigen Individuen zur Maximierung einer gesellschaftlichen Wohlfahrt, die sich aus der Differenz aller Nutzen und Kosten ergibt, muß angenommen werden, daß die Nutzenfunktion quasi-linear sei. Wie VARIAN (1992 S. 164) zeigt, entspricht dies der Annahme konstanten Grenznutzens des Einkommens, so daß der Nutzen aus der Produktion dieser beiden Güter, gemessen im Numéraire-Gut, der Zahlungsbereitschaft entspricht.

Diese Annahme erleichtert die Analyse der abfallpolitischen Instrumente erheblich. Ihr entspricht allerdings eine Einschränkung in der Allgemeinheit der abgeleiteten Aussagen. Dies ist für die Aussagefähigkeit der folgenden Überlegungen jedoch nur dann relevant, wenn Kosten und Nutzen der Instrumente jeweils nur auf ganz bestimmte Einkommensgruppen wirken.

Da im Grundmodell beide Güter homogen sind, ist die Zahlungsbereitschaft nur abhängig von ihrer Summe und unabhängig von den jeweiligen Anteilen Primär- oder Sekundärprodukt. Auch die Entsorgungskosten seien nur über die Summe der zu entsorgenden Mengen bestimmt. Das heißt, Primär- und Sekundärprodukt seien identisch, nur ihre Gewinnung erfolgt einmal direkt und einmal indirekt, das heißt über die Verwertung von Rückständen.

Als zweite Abweichung von dem Modell von SIEGLER (1993) wird für weite Teile der Arbeit die Annahme getroffen, daß die Produktion von Primär- und Sekundärprodukt rückstandsfrei erfolgt. An entsprechender Stelle wird unter Rückgriff auf die Arbeiten von SIEGLER (1993) gezeigt, daß dies keine Verletzung des Materialbilanzansatzes darstellt und die zentralen Aussagen des Modells nicht berührt. In einer reinen Kostenbetrachtung kann die Annahme rückstandsfreier Produktion dadurch ersetzt werden, daß man annimmt, die Kosten für den Produktionsabfall seien in den Kosten der Produktion der Güter enthalten.

Sobald im weiteren Verlauf dieser Arbeit Parameter untersucht werden, welche einen Einfluß auf die Produktionsabfallkosten haben, wird auf die dadurch verursachten Wirkungen gesondert hingewiesen.

Als Zielfunktion für die hier unterstellte Volkswirtschaft gilt unter den genannten Annahmen:

$$W = ZB(x + r) - K_1(x) - K_2(r) - KD(d) \qquad max! \qquad (1)$$

K_1 und K_2 geben dabei die Produktionskosten von x respektive r an. In diese gehen selbstverständlich sowohl die Kosten zur Gewinnung des Primärinputs (als Bestandteil von K_1) als auch die Kosten zur Rückgewinnung des Recyclats (als Bestandteil von K_2) ein, zu denen neben den reinen Produktionskosten auch

Sammel- und Transportkosten gehören, die allein aufgrund der Sekundärproduktion notwendig sind. KD sind die Deponierungskosten, die von der zu deponierenden Menge (d) abhängig sind. Hier wird keine Unterscheidung dahingehend gemacht, ob die Abfälle unmittelbar deponiert, oder erst verbrannt werden. Die Kostenfunktionen für die einzelnen Aktivitäten sollen jeweils die Minimalkosten darstellen.

Bevor wir die Bedingungen für eine Maximierung der oben angeführten Funktion bestimmen können, müssen wir die zu deponierende Menge bestimmen. Das ist Aufgabe des nächsten Abschnittes.

2.2.1 Bestimmungsfaktoren der zu deponierenden Menge

Aufbauend auf dem Materialbilanzansatz (AYRES/KNEESE 1969) zeigt SIEGLER (1993 S. 82 - 92) für ein Modell ohne Investitionen, bei dem jedes Produkt nach einer Periode wieder zu Abfall wird, daß unter bestimmten Annahmen die in jeder Periode zu deponierende Menge nach einer Übergangszeit, deren Länge von der Recyclingquote abhängt, gerade der Primärrohstoffmenge entspricht. Unterstellt wird dabei ein konstanter Einsatz an Primärrohstoffen und eine konstante Recyclingquote. Diese Modellannahmen sollen hier übernommen werden. Mit ihnen läßt sich, um das obige Ergebnis mit anderen Worten zu wiederholen, deutlich machen, daß Recycling dann, wenn es nicht zu einer Verringerung der Primärrohstoffmenge führt, zwar zu einer Verbesserung der Versorgung beiträgt, nicht jedoch zu einer Verringerung der zu deponierenden Menge führt. Zwar verändert sich das Verhältnis zwischen Produktmenge und Deponiemenge, nicht jedoch das Verhältnis zwischen extrahierter Menge und Abfallmenge.

Dieses Ergebnis entspricht zwar den Aussagen zum Materialbilanzansatz von Kapitel 1.2.3, ist aber dennoch nicht unmittelbar einleuchtend, so daß es hier noch einmal kurz in einem ganz einfachen Modell abgeleitet werden soll. Es wird dabei auf die Wiedergabe des Modells von SIEGLER verzichtet, bei dem zu deponierender Abfall sowohl aus der Gewinnung des Rohstoffes wie aus der Verarbeitung von Primär- und Sekundärstoff, wie auch aus den Produkten herrührt. Stattdessen soll, wie bereits erwähnt im folgenden wie auch im eigentlichen Modell, Abfall nur als Produktabfall entstehen. Gleichzeitig wird angenommen, Sekundär- und Primärgut würden nach einer Periode hundertprozentig zu Abfall. Ausgeschlossen sind damit alle Masse- und Energieverluste, welche sich aus Verbrennung oder anderweitigen Emissionen ergeben würden.[23] Wir gehen an dieser Stelle weiter davon aus, daß die Menge des Primärgutes (x) über alle Perioden konstant ist[24]. Dann gilt

$$d_t = x + r_{t-1} - r_t \; . \tag{2}$$

x + r_{t-1} entspricht dabei der Produktmenge aus der Vorperiode, die jetzt zu Abfall wird. Als r_t wird die Menge an Sekundärgut, die von diesem Abfall wieder einer Verwertung zugeführt wird, bezeichnet. Sie ist ein Teil der Abfallmenge. Hier erweist sich die Bedeutung des Unterschieds zu den dynamischen Modellen der zweiten und dritten Gruppe (vgl. Kap. 2.1), denn anders als in diesen Modellen wird hier nur Verwertung betrachtet, die vor der Deponierung liegt, so daß die maximal zu verwertende Menge durch den Ausstoß an Abfall in dieser Periode bestimmt wird. Dies ist sicher der zur Zeit bei weitem gebräuchlichste Weg des Recyclings, auch wenn nicht ausgeschlossen werden kann, daß irgendwann einmal bereits deponierter Abfall zur Verwertung herangezogen wird. Die Verwertungsrate soll mit s bezeichnet werden, so daß sich ergibt:

$$r_t = s(x + r_{t-1}) \tag{3}$$

Gleichzeitig gilt

---

23 Diese Annahme ist natürlich unrealistisch. Andere Annahmen finden sich z.B. bei HOEL 1978 (S. 233). Er betrachtet jedoch Umweltkosten, die sowohl von rückholbaren als auch nicht-rückholbaren Substanzen ausgehen. Werden, wie hier, nur Deponiekosten betrachtet, so würden ohne die obige Annahme die Schäden flüchtiger Stoffe völlig unter den Tisch fallen. Zu den Deponiekosten gehören demnach strenggenommen in diesem Modell auch die Schäden durch Emissionen aus Verbrennung und/oder Deponierung.

24 Zu Aussagen für eine wachsende bzw. schrumpfende Wirtschaft vgl. HOLM-MÜLLER (1996).

$$r_{t-1} = s(x + r_{t-2}) \qquad (4)$$

so daß sich r_t auch folgendermaßen schreiben läßt:

$$r_t = sx + s^2x + s^2r_{t-2} . \qquad (5)$$

Setzt man die in Abhängigkeit von r_{t-2} und x definierten Größen r_t und r_{t-1} in Gleichung 1 ein, so ergibt sich:

$$d_t = x + sx + sr_{t-2} - sx - s^2x - s^2r_{t-2} . \qquad (6)$$

Daraus ergibt sich:

$$d_t = x - sx + (s - s^2)x + (s - s^2)r_{t-2} . \qquad (7)$$

oder, leicht umgeformt

$$d_t = x - sx + (1-s)sx + (1-s)s\,r_{t-2} . \qquad (8)$$

Dabei läßt sich d_t als Funktion von x und r_{t-3} schreiben als

$$d_t = x - sx + (1-s)sx + (1-s)s\,s^2x + (1-s)s^2\,r_{t-3}. \qquad (9)$$

Durch die wiederholte Definition jedes r durch das r der Vorperiode ergibt sich demnach eine geometrische Reihe:

$$d_t = \sum_{\tau=0}^{\infty} (1-s)s^{\tau}x + (1-s)s^{\infty}r_{t-\infty} . \qquad (10)$$

Die erste Recyclingmenge , also $r_{t-\infty}$, beträgt sx, ist also endlich. Da $s^\infty = 0$, nimmt demnach der letzte Summand den Wert Null an. Die Lösung der geometrischen Reihe ergibt damit als asymptotischen Wert für d_t.[25]

$$d^t = x \tag{11}$$

Wenn nach genügend großem τ, d.h. nach einer Übergangszeit, über deren Länge übrigens r entscheidet, d und x identisch sind, setzt dies nach Gleichung (2) voraus, daß r_t und r_{t-1} ebenfalls identisch sind, so daß dann ein stabiler Zustand erreicht ist.[26] Dieser Zusammenhang zwischen Primärproduktion und Deponiemenge wird auch aus der folgenden Abbildung deutlich:

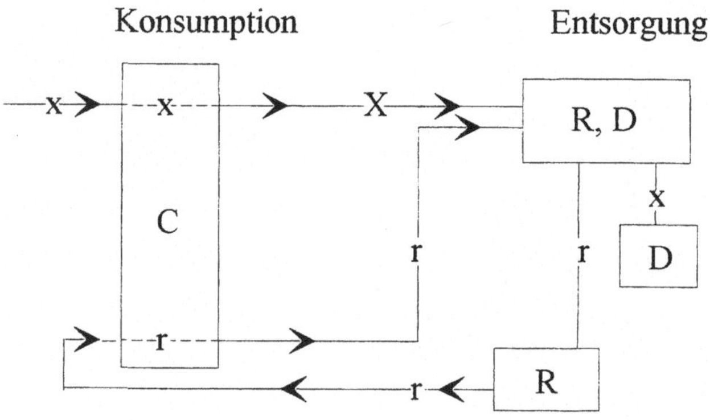

Abb. 5: Der Zusammenhang zwischen Primär- und Sekundärproduktion und Beseitigung

---

25 Die Reihensumme für $\Sigma(1-s)sx^\tau$ τ -> ∞ ist $(1-s^\tau)$ $(1-s)x/(1-s)$. Für $s < 1$ nähert sich s^τ bei τ -> ∞ dem Wert Null, so daß sich ergibt $D_t = x$. (vgl. z.B. SIMON/STAHL/GRABOWSKI (1980 S. 459).

26 In der allgemeineren Fassung des Modells, wie sie von SIEGLER (1993 S. 82 ff) dargestellt wird, der auch Produktionsabfall berücksichtigt, ergeben sich zwar andere Zusammenhänge zwischen x,s und r. Es ändert sich jedoch nichts an der Relation zwischen d und x, die nach einer Übergangszeit unabhängig von s ist. Eine Veränderung von x setzt ebenso wie eine Veränderung von s einen neuen Anpassungsprozeß in Gang, der jedoch immer wieder zur Lösung d = x konvergiert.

Konsumiert werden die beiden identischen Güter x und r. Der Konsum stellt sich aber nur als "throughput" dar,[27] denn die Stoffe, die Träger des Nutzens sind, den das Gut produziert, kommen am Ende der Konsumzeit als Abfall zur Entsorgung. SIEBERT (1980 S. 268) prägte hierfür den Begriff des "Kuppelkonsums".

Die Entsorgung besteht aus dem Vorgang der Verwertung (R) und dem Vorgang der Deponierung (D). In jeder Periode muß aller Abfall entweder verwertet oder deponiert werden. Die Gewinnung des Recyclats erfolgt in R, eingesetzt wird dabei die Materialmenge r, die, wenn auch in verwandelter Form (unter Verursachung von Kosten) in die Produktion der Gütermenge r eingeht, und als solche dann ebenfalls einen Bestandteil der Gesamtkonsumption in C, dem Konsumvorgang darstellt. Stellt man an jedem Punkt Materialgleichungen über eingehende und ausgehende Stoffe auf, so ist unmittelbar einsichtig, daß gerade die Materialmenge x zur Deponierung gelangt. Natürlich bedeutet dies nicht, daß sich immer das gleiche Material in einem unendlichen Recyclingprozeß befindet, während das neue Material zur Deponie kommt. Lediglich über die Größe der Ströme geben diese Zusammenhänge Auskunft.

An den Aussagen über den Zusammenhang zwischen x und d ändert sich nichts, wenn man zuläßt, daß Produktionsabfall entsteht. Dann bezeichnet x allerdings nicht mehr die Menge an Primärprodukt, sondern an Primärstoff, der erstmalig in die Produktion gelangt.[28]

Als Ergebnis der vorangegangenen Überlegungen läßt sich festhalten, daß die Deponierungskosten (nach einer hier vernachlässigten Übergangszeit) nur von x abhängen. Damit läßt sich die Zielfunktion neu, d.h. konkreter formulieren:

$$W = ZB(x + r) - K_1(x) - K_2(r) - KD(x) \quad \max! \tag{12}$$

---

27 Vgl. BOULDING (1970 S. 54), der von einer "Throughput-economy" spricht.

28 Vgl. SIEGLER (1993 S. 82ff).

Da, wie bereits erwähnt, für dieses Modell angenommen werden soll, Recycling sei nur aus den Rückständen der Vorperiode möglich, ist als Nebenbedingung zu beachten, daß $r \leq r+x$ sein muß. Es ist plausibel anzunehmen, daß es aus technischen Gründen eine maximale Recyclingquote s gibt, die kleiner als 1 ist. Dann läßt sich die Nebenbedingung formulieren als $r \leq s(r+x)$ und umformen in[29]

$$r \leq xs/(1-s) \tag{13}$$

Die erweiterte Zielfunktion nach Kuhn-Tucker lautet demnach:

$$L = ZB(x + r) - K_1(x) - K_2(r) - KD(x) + z(xs/(1-s)-r) \quad \max! \tag{14}$$

2.2.2 Die Optimalbedingungen für Primär- und Sekundärproduktion

Die Bedingungen erster Ordnung lauten nach Kuhn-Tucker:

$$\frac{\delta L}{\delta x} = \frac{\delta ZB}{\delta x} - \frac{\delta K_1}{\delta x} - \frac{\delta KD}{\delta x} + zs/(1-s) \leq 0 \tag{15}$$

$$\frac{\delta L}{\delta x} \cdot x = 0; \quad x \geq 0 \tag{16}$$

$$\frac{\delta L}{\delta r} = \frac{\delta ZB}{\delta r} - \frac{\delta K_2}{\delta r} - z \leq 0 \tag{17}$$

$$\frac{\delta L}{\delta r} \cdot r = 0; \quad r \geq 0 \tag{18}$$

---

29 $r = s(x + r) => r-sr = sx => r = s/(1-s) x$.

$$\frac{\delta L}{\delta z} = xs/(1-s)) - r \geq 0 \qquad (19)$$

$$\frac{\delta L}{\delta z} \cdot z = 0 \; ; \quad z \geq 0 \qquad (20)$$

Unter den üblichen Annahmen konvexer Kostenfunktionen und konkaver Zahlungsbereitschaftsfunktion handelt es sich um ein Maximum der Zielfunktion, wenn diese Bedingungen erfüllt sind. Im folgenden sollen die Innenlösung und unterschiedliche Randlösungen dargestellt und interpretiert werden.

2.2.2.1 Die Innenlösung

Die obigen Bedingungen lassen sich für die Innenlösung folgendermaßen umformen:

$$x > 0 \implies \frac{\delta L}{\delta x} = 0 \qquad (21)$$

$$r > 0 \implies \frac{\delta L}{\delta r} = 0 \qquad (22)$$

$$\frac{\delta L}{\delta z} > 0 \implies z = 0 \qquad (23)$$

Dann gilt

$$\frac{\delta ZB}{\delta x} = \frac{\delta K_1}{\delta x} + \frac{\delta KD}{\delta x} \qquad (24)$$

Das heißt, die Verwendung von x soll genau so weit ausgeweitet werden, bis der zusätzliche Wohlfahrtsgewinn, der sich über die Erhöhung der Produktion von x ergibt (bei unverändertem r), den dadurch verursachten zusätzlichen

Kosten entspricht. Diese setzen sich zusammen aus der Erhöhung der Kosten für die Produktion von x sowie den zusätzlichen Deponierungskosten. Ebenso gilt:

$$\frac{\delta ZB}{\delta r} - \frac{\delta K_2}{\delta r} = 0 \qquad (25)$$

Auch die Produktion des Sekundärproduktes wird im Optimum soweit ausgedehnt, bis der zusätzliche Nutzen gerade ausgeglichen wird von den zusätzlich verursachten Kosten. Für das Recyclinggut ist es aber nicht notwendig, auch Deponiekosten auszugleichen, denn im Gleichgewicht geht gerade soviel wieder zur Verwertung wie an Sekundärprodukten entsorgt werden muß.

Wir wollen im folgenden die Differenz zwischen der marginalen Erhöhung der ZB und der marginalen Erhöhung der Kosten von x respektive r als Nettogrenznutzen von x bzw. r bezeichnen.[30] Die Beziehung zwischen den Nettogrenznutzen von r und x lassen sich folgendermaßen ableiten:

$$\frac{\delta ZB}{\delta x} - \frac{\delta K_1}{\delta x} = \frac{\delta ZB}{\delta r} - \frac{\delta K_2}{\delta r} + \frac{\delta KD}{\delta x} \qquad (26)$$

Das heißt, der Nettogrenznutzen bei einer marginalen Erhöhung von r muß im Optimum um die Grenzdeponierungskosten von x geringer sein als der Nettogrenznutzen von x.

Recycling verringert zwar langfristig den zu deponierenden Abfall nur dann, wenn es auch einen Einfluß auf die Menge an Primärrohstoff hat, die zur Produktion verwendet wird, aber es erlaubt die Produktion von Gütern, ohne daß dadurch zusätzlich Abfall deponiert werden muß, da keine zusätzlichen Stoffe in das ökonomische System fließen. Deshalb kann das Recycling soweit

---

30 Dieser Ausdruck ist vielleicht etwas irreführend, denn i.d.R. bezeichnet "netto" die Differenz zwischen Nutzen und allen Kosten, hier soll zur Verdeutlichung der Unterschiede zwischen x und r nur auf die Differenz zwischen Nutzen- und Produktionskosten abgestellt werden.

ausgedehnt werden, bis sein Nettogrenznutzen den Wert Null annimmt, während der Nettogrenznutzen der letzten Einheit Primärgut um die Grenzdeponierungkosten größer als Null sein muß.

2.2.2.2 Der Verzicht auf Sekundärproduktion als Randoptimum

Verlassen wir jetzt die Innenlösung und überlegen uns, unter welchen Bedingungen ein Verzicht auf Verwertung, d.h. auf die Produktion von Sekundärgütern, optimal ist.

In diesem Fall gilt:

r = 0

und damit

$$\frac{\delta L}{\delta r} > 0 \qquad (27)$$

Wegen Gleichung (20) gilt ebenfalls:

z = 0, woraus folgt:

$$\frac{\delta ZB}{\delta r} - \frac{\delta K_2}{\delta r} < 0 \ . \qquad (28)$$

D.h., r = 0 ist ein Randoptimum, wenn die Grenzkosten des Recyclinggutes immer größer als der Grenznutzen dieses Gutes sind und die oben angeführten üblichen Annahmen hinsichtlich der 2. Ableitungen gelten. Auf Recycling sollte demnach verzichtet werden, wenn die marginale Bruttowohlfahrtssteigerung, die durch die Einführung des Recyclings erreicht werden kann, kleiner ist als die mit dem Einsatz des Sekundärproduktes bei der Produktion verbundenen Kosten. Anders ausgedrückt, ist es richtig, wie aus der Abänderung von Gleichung (26) hervorgeht, auf Recycling zu verzichten, wenn bereits bei der ersten Einheit Sekundärprodukt der Nettogrenznutzen von x größer ist als der Nettogrenznutzen von r plus den Grenzdeponierungskosten für x.

$$\frac{\delta ZB}{\delta x} - \frac{\delta K_1}{\delta x} > \frac{\delta ZB}{\delta r} - \frac{\delta K_2}{\delta r} + \frac{\delta KD}{\delta x} \tag{29}$$

2.2.2.3 Ausnutzung aller Recyclingmöglichkeiten als Randoptimum

In diesem Fall ist die Restriktion bindend, so daß z größer Null sein muß. Die Optimalbedingungen für eine Ausweitung der Sekundärproduktion auf ihren maximalen Umfang lauten:

$$\frac{\delta ZB}{\delta x} = \frac{\delta K_1}{\delta x} + \frac{\delta KD}{\delta x} - z(s/(1-s)) \tag{30}$$

$$\frac{\delta ZB}{\delta r} - \frac{\delta K_2}{\delta r} = + z \tag{31}$$

Ökonomisch interpretiert bedeutet dies, daß eine Ausdehnung von r zum Maximum dann sozial optimal ist, wenn der Grenznutzen des Recyclings am Maximum über den Grenzkosten liegt. Er entspricht dann dem Schattenpreis der Restriktion (z). In diesem Fall hat die Sekundärproduktion auch einen Einfluß auf den Umfang der Primärproduktion. Da eine Erweiterung der Restriktion für das Sekundärprodukt gesellschaftlich vorteilhaft ist, sollte die Produktion des Primärgutes soweit ausgedehnt werden, bis ihr Nettogrenznutzen gerade den Grenzdeponierungskosten abzüglich des Grenznutzens aus der Restriktionserweiterung (zs/(1-s)) gleicht.[31]

---

31 Dies ist der Fall, den JAEGER (1976, 1977) und HÜPEN (1983) unterstellen, wenn sie darauf hinweisen, daß Recycling sogar zu einem Mehrverbrauch an Primärstoffen führen kann. Wir wollen diesen Fall nicht weiter betrachten.

2.2.2.4 Verzicht auf jegliche Primärproduktion als Randoptimum

Für den Fall, daß x = 0 ein Randoptimum wäre, gilt wegen Gleichung (19)
bzw. (20), daß r = 0 und z > 0. Möglich ist dies, wenn für x = 0 und r = 0
gilt:

$$\frac{\delta ZB}{\delta x} - \frac{\delta K_1}{\delta x} - \frac{\delta KD}{\delta x} + z(s/(1-s)) < 0 \qquad (32)$$

und

$$\frac{\delta ZB}{\delta r} - \frac{\delta K_2}{\delta r} - z < 0 \qquad (33)$$

d.h., wenn

$$\frac{\delta ZB}{\delta x} - \frac{\delta K_1}{\delta x} < \frac{\delta KD}{\delta x} - z(s/(1-s)) \qquad (34)$$

und

$$\frac{\delta ZB}{\delta r} - \frac{\delta K_2}{\delta r} < z \qquad (35)$$

In volkswirtschaftlicher Interpretation bedeutet dies, daß eine Situation, in der
ein bestimmter Stoff gar nicht, d.h. weder als Sekundär- noch als Primärprodukt hergestellt wird, dann volkswirtschaftlich optimal ist, wenn der Nettogrenznutzen des Primärproduktes bei keiner Menge ausreicht, um die Deponiegrenzkosten abzüglich des Nutzengewinns durch die Erweiterung der Restriktion des Kuppelproduktes zu decken. Gleichzeitig ist in dieser Situation auch
der Grenznutzen der Aufnahme der Sekundärproduktion geringer als der
Schattenpreis der Restriktion.

2.2.2.5 Zusammenfassung der Optimalbedingungen

Als wichtigstes Ergebnis der vorangegangenen Untersuchung unterschiedlicher Optima kann festgehalten werden, daß die Ausdehnung der Sekundärproduktion nur solange volkswirtschaftlich vorteilhaft ist, wie ihr Nettogrenznutzen noch positiv ist. Das ändert sich auch nicht dadurch, daß bei einer optimalen Innenlösung der Nettogrenznutzen des Sekundärproduktes um die marginalen Deponierungskosten unterhalb des Nettogrenznutzens des Primärproduktes liegt. Ist die marginale Zahlungsbereitschaft für das Sekundärprodukt immer niedriger als die Grenzkosten, und sei es um weniger als die Deponierungsgrenzkosten, so führt dies zu einem Randoptimum mit Verzicht auf die Sekundärproduktion. Wie bereits erwähnt, erlaubt die Sekundärproduktion zwar die Nutzung von Gütern, ohne daß sich die zu deponierende Menge erhöht. Sie senkt aber die zu deponierende Menge nicht unmittelbar, diese bleibt allein von x abhängig.

Das sozial optimale Niveau an Primärproduktion befindet sich nur dann auf einer Höhe, bei der die marginale Zahlungsbereitschaft unterhalb der Summe aus Grenzproduktions- und Grenzdeponierungskosten liegt, wenn dadurch ein Nutzengewinn durch zusätzlich mögliche Sekundärproduktion verursacht wird.

Wir sehen, daß die Verwertung von Abfall niemals eine sozial optimale Strategie sein kann, wenn Abfall entsprechend der volkswirtschaftlichen Vorteilhaftigkeit definiert wird.[32] Natürlich ist es möglich, daß Stoffe verwertet weden sollten, die einzelwirtschaftlich als Abfall gelten, weil die einzelwirtschaftlichen Bedingungen nicht mit den volkswirtschaftlichen Bedingungen übereinstimmen. In diesen Fällen liegt ein Marktversagen vor. Mögliche Ursachen für ein solches Marktversagen sollen in den folgenden Abschnitten näher untersucht werden. Hierzu wird zuerst in Kapitel 2.3 ein Modell vollkommener Konkurrenz mit effizienten Rahmenbedingungen aufgestellt, um dann in Kapitel 2.4 Faktoren abzuleiten, die für ein Marktversagen verantwortlich sein können.

---

32 Das schließt z.B. die Gewinnung von Energie bei der Abfallbeseitigung nicht aus. Das Sekundärprodukt ist hier Kuppelprodukt. Seine Produktion ist soweit auszudehnen, wie die zurechenbaren Kosten des Kuppelproduktes noch unterhalb der marginalen Zahlungsbereitschaft für die abgenommene Energie liegen.

2.3 Das privatwirtschaftliche Gleichgewicht unter effizienten Rahmenbedingungen

Für die folgenden Ausführungen wird das Referenzmodell verwendet, in dem zwei identische Güter hergestellt werden, das eine mit dem Einsatz von Primärstoffen und das andere mit dem Einsatz von Sekundärstoffen. Es sei angenommen, daß es eine Vielzahl von Herstellern gibt und die Bedingungen der vollkommenen Konkurrenz erfüllt sind. Der Einfachheit halber sei ebenfalls angenommen, daß jeder Hersteller sowohl Primär- als auch Sekundärprodukte fertige. Die nicht verwerteten Abfälle werden deponiert. Wir nehmen weiterhin an, daß aller Produktabfall nach dem Verbrauch wieder dem Hersteller gehört, der die Produkte hergestellt hat, er also die Entsorgungskosten der Produkte tragen muß.

Die Entscheidungssituation der Unternehmen bezüglich der Parameter x und r sieht dann folgendermaßen aus: Vorgegeben sind (unter der Annahme der vollkommenen Konkurrenz) sowohl die Güterpreise (ein Preis für Primär- und Sekundärproduktion) als auch die Deponiepreise. Auch hier gelte derselbe Preis für die Beseitigung der Primärprodukte wie der Sekundärprodukte. Der Gewinn setzt sich zusammen aus den Erlösen für Primär- und Sekundärprodukte minus den Kosten, welche für ihre Produktion und Entsorgung aufgewendet werden müssen. Es ergibt sich damit eine Gewinnfunktion, welche der bereits bekannten Funktion für die Wohlfahrtsmaximierung sehr ähnlich sieht:

$$G = p(x+r) - K_1(x) - K_2(r) - KD(x) \qquad (36)$$

Die zu deponierende Menge bestimmt sich genauso, wie in den Gleichungen (2) - (11) errechnet. Ebenso gilt als Nebenbedingung auch hier
$xs/(1-s) - r \geq 0$.
Damit lautet die zu maximierende Funktion:

$$L = p(x+r) - K_1(x) - K_2(r) - KD(x) + z(xs/(1-s)-r) \quad \text{max!} \quad (37)$$

Die Kuhn-Tucker-Bedingungen lauten dann:

$$\frac{\delta L}{\delta x} = p - \frac{\delta K_1}{\delta x} - \frac{\delta KD}{\delta x} + zs/(1-s) \leq 0 \qquad (38)$$

$$\frac{\delta L}{\delta x} \cdot x = 0 \;;\quad x \geq 0 \qquad (39)$$

$$\frac{\delta L}{\delta r} = p - \frac{\delta K_2}{\delta r} - z \leq 0 \qquad (40)$$

$$\frac{\delta L}{\delta r} \cdot r = 0; \quad r \geq 0 \qquad (41)$$

$$\frac{\delta L}{\delta z} = xs/(1-s) - r \geq 0 \qquad (42)$$

$$\frac{\delta L}{\delta z} \cdot z = 0; \quad z \geq 0 \qquad (43)$$

Wir wollen im folgenden davon ausgehen, daß die Preise die marginalen Zahlungsbereitschaften reflektieren. Wenn wir dann noch unterstellen, daß alle bei der Produktion auftretenden Kosten sowie die vollständigen Deponierungskosten internalisiert sind, stimmen die obigen Gleichungen mit den Gleichungen (23) folgende überein.

Aus der Identität der Bedingungen ergibt sich somit auch, daß der gewinnmaximierende Unternehmer nur dann und nur solange Recycling betreibt, wie der Grenzgewinn aus dem Recycling positiv ist. Das heißt, in einer Situation vollkommener Konkurrenz und vollkommener Internalisierung aller Kosten wird Abfall nicht verwertet.[33]

An dieser Feststellung ändert sich nichts, wenn es statt einer Herstellergruppe zwei Gruppen gibt, von denen eine Primärprodukte und die andere Sekundärprodukte herstellt. Solange alle Entsorgungskosten internalisiert sind, verändert

---

33 Auf diesen Umstand weist auch BAUMOL (1977 S. 84) hin.

sich das Ergebnis nicht durch die Einschaltung eines weiteren Akteurs, da alle Kosten über die "Handelsstufen" hinweg übernommen werden.

Die Identität der Optimallösungen für die Gesellschaft sowie für den gewinnmaximierenden Unternehmer unter effizienten Rahmenbedingungen gilt selbstverständlich sowohl für Innen- wie auch Randlösungen, wie sich aus der Identität der Kuhn-Tucker-Bedingungen ergibt. Marktversagen beruht dann immer auf ineffizienten Rahmenbedingungen. Was aber sind diese Rahmenbedingungen, deren Fehlen zu einem Auseinanderfallen von privatwirtschaftlichem Gleichgewicht und sozialem Optimum führen?

2.4 Mögliche Ursachen für Marktversagen

Aus dem bisher Gesagten gingen drei Gründe für Marktversagen hervor:
1) unvollständige Internalisierung aller Produktionskosten,
2) fehlende Anlastung der Produktentsorgungskosten,
3) unvollständige Internalisierung aller Deponierungskosten.

Auf etwas anderem Wege gelangen wir so zu demselben Ergebnis wie SIEGLER (1993 S. 112): "Daher erscheint ... eine effiziente Lösung des Abfallproblems durch Einführung folgender wirtschaftspolitischer Rahmenbedingungen möglich:
1) die effiziente Internalisierung der Emissionen, die durch die Entsorgung der Abfälle entstehen und
2) die Einführung eines Abfallmarktes, auf dem sich ein Abfallpreis bilden kann.
... weitere Forderung, alle anderen Emissionen, die bei der Güterproduktion entstehen, effizient zu internalisieren."

In seiner weiteren Analyse beschränkt sich SIEGLER jedoch vorwiegend darauf, die Auswirkungen des Abfallpreises auf die Sekundärproduktion und über die Primärproduktion auf die zu deponierenden Abfälle aufzuzeigen. Hier soll im folgenden ein anderer Weg gegangen werden. Das Modell wird dazu genutzt, vorhandene abfallpolitische Instrumente auf ihre Effizienzeigenschaften zu untersuchen. Hierzu ist es zuerst notwendig zu zeigen, welche Auswirkungen diese Faktoren auf das gleichgewichtige Ergebnis haben, und in welcher Richtung das gleichgewichtige Ergebnis vom sozial-optimalen Ergebnis abweicht.

2.4.1 Unvollständige Anlastung von Produktionskosten

Externe Produktionskosten, die zum größten Teil aus Umweltschäden bestehen werden, führen grundsätzlich zu einem zu hohen Produktionsniveau. Das heißt, die Summe aus Primär- und Sekundärprodukt ist zu hoch, denn sowohl für das Primär- als auch das Sekundärprodukt liegen die privaten Produktionskosten unterhalb der volkswirtschaftlichen. Es läßt sich jedoch nicht eindeutig sagen, ob diese Aussage auch für jedes einzelne Produkt zutrifft. Je nach dem Ausmaß der externen Kosten ist es möglich, daß im Vergleich zum Optimum sowohl zu viel als auch zu wenig vom Primär- oder vom Sekundärprodukt hergestellt wird.

Die Abb. 6 zeigt einen Fall, bei dem aufgrund externer Umweltkosten zuviel an Primär- und zuwenig an Sekundärproduktion erfolgt. Selbstverständlich können die Verhältnisse auch gerade umgekehrt liegen, so daß zuviel an Sekundär- und zuwenig an Primärproduktion erfolgt. Die Internalisierung der Umweltkosten ist Aufgabe der traditionellen Umweltpolitik, die im Rahmen dieser Arbeit nicht weiter verfolgt werden soll.[34] Für die Abfallpolitik haben externe Umweltkosten dann eine Bedeutung, wenn mit Hilfe von Geboten versucht werden soll, eine bestimmte erwünschte Alternative durchzusetzen. Dies wird in Kapitel 6 ausführlicher behandelt.

---

34 Vgl. hierzu zum Beispiel ENDRES (1994).

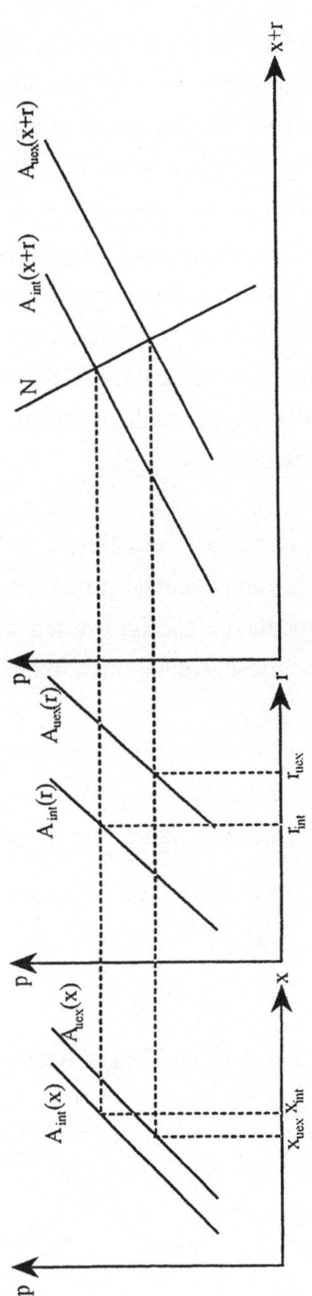

Abb. 6: Mögliche Auswirkung externer Umweltkosten

2.4.2 Fehlende Anlastung der Produktentsorgungskosten

Von einer vollständigen Anlastung der Produktentsorgungskosten ist die Situation in der Bundesrepublik Deutschland weit entfernt. Wer sein Produkt verkauft, trägt in aller Regel für dessen weitere Nutzung sowie seine Entsorgung weder die Verantwortung noch die Kosten. Die Haushalte tragen zwar die Produktentsorgungskosten über ihre Hausmüllgebühren, doch erfolgt die Kostenanlastung in aller Regel nicht verursachungsgerecht. Demnach gehen diese Kosten auch nicht in die Nachfragefunktion ein. Die Produktentsorgungskosten stellen vollständig externe Kosten dar.[35] Als Folge werden zum einen gesellschaftlich rentable Möglichkeiten, die Produktentsorgungskosten zu verringern, nicht realisiert. Dieser Fall ist unmittelbar einleuchtend und soll im folgenden nicht näher thematisiert werden.

Externe Produktentsorgungskosten beeinflussen jedoch auch die Entscheidung über die Menge an Primär- und Sekundärproduktion. Im folgenden soll anhand des bereits bekannten Modells aufgezeigt werden, wie sich externe Produktentsorgungskosten auf diese Entscheidung auswirken.

In einer Situation externer Produktentsorgungskosten übernimmt der Produzent diese Kosten nicht in sein Entscheidungskalkül. Da wir wieder von der Nebenbedingung (13) ausgehen können, lautet die gewinnmaximierende Lagrangefunktion:

$$L = p(x+r) - K_1(x) - K_2(r) + z(xs/(1-s) - r) \quad \text{max!} \tag{44}$$

Daraus ergeben sich folgende Kuhn-Tucker-Bedingungen:

$$\frac{\delta L}{\delta x} = p - \frac{\delta K_1}{\delta x} + zs/(1-s) \leq 0 \tag{45}$$

---

35 Anders sieht die Situation nur in den Bereichen aus, in denen eine Rücknahmeverpflichtung herrscht, vgl. dazu Kapitel 3 und 5.

$$\frac{\delta L}{\delta x} \cdot x = 0 \; ; \quad x \geq 0 \tag{46}$$

$$\frac{\delta L}{\delta r} = p - \frac{\delta K_2}{\delta r} - z \leq 0 \tag{47}$$

$$\frac{\delta L}{\delta r} \cdot r = 0; \quad r \geq 0 \tag{48}$$

$$\frac{\delta L}{\delta z} = xs/(1-s) - r \geq 0 \tag{49}$$

$$\frac{\delta L}{\delta z} \cdot z = 0; \quad z \geq 0 \tag{50}$$

Betrachten wir hier zum Vergleich mit dem sozialen Optimum nur die Innenlösungen, so ergeben sich folgende Bedingungen für x und r:

$$p - \frac{\delta K_1}{\delta x} = 0 \tag{51}$$

$$p - \frac{\delta K_2}{\delta r} = 0 \tag{52}$$

Wir sehen, daß sich die Bedingungen gewinnmaximierenden Recyclings bei externen Produktentsorgungskosten nicht ändern: Sie stimmen formal weiterhin mit den sozial optimalen Bedingungen überein. Auch in diesem Fall ist es für den Produzenten nicht angezeigt, die Verwertung aufzunehmen, wenn der Nettogrenzgewinn negativ ist. Die Ursache ist allerdings eine andere. Während er im Falle vollständiger Internalisierung davon ausgehen mußte, daß langfristig die Deponierungskosten nur von x abhängen, da auch jedes Sekundärprodukt irgendwann auf der Deponie landet, spart er in diesem Fall deshalb keine Deponierungskosten, weil er diese sowieso nicht trägt.

Während die Optimalbedingungen für das Sekundärprodukt unverändert bleiben, verändern sich die Bedingungen für die gewinnmaximierende Ausbringungsmenge des Primärgutes. Jetzt wird vom gewinnmaximierenden Unternehmer produziert, bis der Grenzgewinn ohne Berücksichtigung von Entsorgungskosten den Wert Null annimmt. Unter den getroffenen Annahmen für die Kostenfunktion bedeutet dies, daß zum gleichen Preis mehr produziert wird als im Falle interner Produktentsorgungskosten (vgl. Abb. 7). Die Angebotskurve für Primärproduktion verschiebt sich demnach nach rechts. Solange die Nachfragefunktion nicht vollkommen elastisch ist, bedeutet dies, daß der Preis im Vergleich zur sozial optimalen Situation sinkt. Daraus folgt wieder, daß die angebotene Menge von r sinkt, obwohl die umgesetzte Menge (x+r) steigt. Das heißt, daß die Menge an Primärprodukten steigen muß. Im Vergleich zum Optimum ist demnach bei nicht internalisierten Produktentsorgungskosten die Primärgutmenge zu hoch und die Sekundärgutmenge zu niedrig.

Nun verschwinden die Entsorgungskosten ja nicht deshalb, weil sie extern anfallen. Sie werden nur in einer Art und Weise übernommen, daß sie für das Entscheidungskalkül von Produzenten und Konsumenten irrelevant sind. In der Bundesrepublik Deutschland, wie in den meisten anderen Ländern, sind es die Kommunen, welche die Produktentsorgungskosten tragen. Im folgenden soll die Entscheidungssituation der Kommunen näher untersucht werden.

2.4.2.1 Das Verhalten der Kommunen bei externen Produktentsorgungskosten

Wie sehen in diesem Fall die Entscheidungsvoraussetzungen für die Kommunen hinsichtlich Verwertung oder Deponierung aus? Wenn sie z.B. Altpapier zum Verwerter geben, so verringern sich für sie die Deponierungskosten entsprechend. Zwar werden auch die aus Altpapier gewonnenen Produkte irgendwann wieder deponiert, doch verteilt sich dies auf alle Kommunen, keine Kommune kennt ihren eigenen Anteil. Sie hat deshalb keinen Anreiz, diese zukünftigen

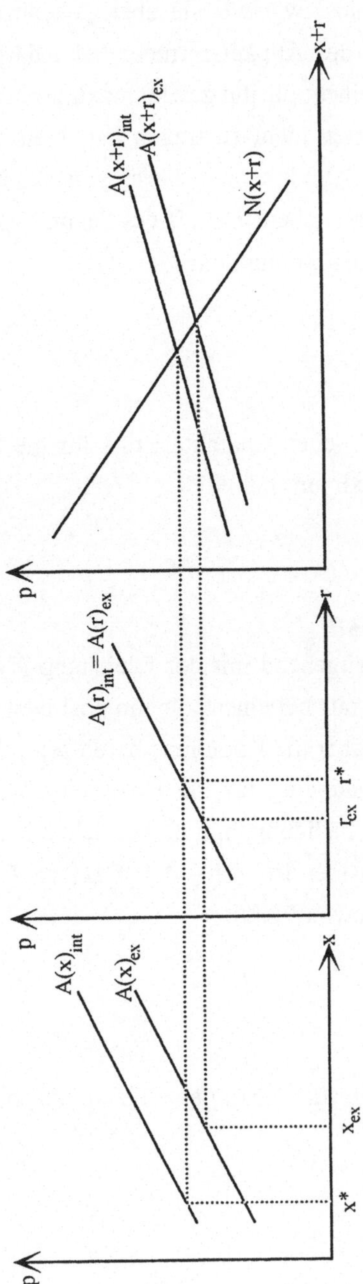

Abb. 7:   Auswirkung externer Produktentsorgungskosten

Deponierungskosten in ihr Kalkül einzubeziehen. Die Situation für den Verwerter sieht genauso aus, wie wir sie eben gekennzeichnet haben. Er kann
durch die Übernahme des Altpapiers mehr Sekundärprodukte anbieten. Dies
wird er jedoch nur in einem für ihn gewinnmaximierenden Maße tun. Da er die
Produktentsorgungskosten nicht zu tragen hat, bleiben sie für ihn wiederum
extern. Wenn wir die Abfallmenge, die er von der Kommune übernimmt, f
nennen, so gilt, bei vorgegebenem Preis des Sekundärproduktes für ihn folgende zu maximierende Gewinnfunktion:

$$G = p \cdot f - K(f) \quad \text{max!} \tag{53}$$

Unter Annahme der üblichen Charakteristika für die Produktionsfunktion hat
diese Funktion ihr Maximum bei

$$\frac{dG}{df} = p - \frac{dK}{df} = 0 \tag{54}$$

Wir sehen, daß sie weitgehend mit der Gleichung (52) übereinstimmt. Auch
dieser Verwerter wird nur bei einem für ihn positiven Ergebnis das Recycling
aufnehmen. Nun wird aber die Kommune bereit sein, ihm aufgrund ihrer Einsparungen eine Entschädigung für die Übernahme des Altstoffes zu zahlen.
Wenn wir diese Entschädigung mit p_d bezeichnen und annehmen, daß der
Verwerter Mengenanpasser ist, d.h., daß f keinen Einfluß auf p_d hat, dann
ergibt sich folgende Gewinnfunktion

$$G = pf - K(f) + p_d f \quad \text{max!} \tag{55}$$

Diese Funktion hat unter den oben getroffenen Annahmen ihr Maximum bei

$$\frac{dG}{df} = p - \frac{dK}{df} + P_d = 0 \tag{56}$$

oder anders ausgedrückt, bei:

$$P - \frac{dK}{df} = -P_d \tag{57}$$

Wir sehen, in diesem Fall wird auch bei negativem Nettogrenzgewinn eine Verwertung von Altstoffen aufgenommen, und zwar soweit, bis der Nettogrenzgrenzgewinn gerade den Wert minus p_d annimmt. Ist auch die Kommune Mengenanpasser und der Preis p_d für sie ein Datum, dann wird sie ihrerseits die Menge f so festlegen, daß der Preis gerade den marginalen Deponierungskosten entspricht. Aus Angebots- und Nachfragefunktion ergibt sich dann der gleichgewichtige Preis.

2.4.2.2 Das Verhalten der Besitzer von Produktionsabfall bei externen Produktentsorgungskosten

Es gibt auch noch eine andere Situation, die dazu führt, daß Verwertung bei negativem Nettogrenznutzen aufgenommen wird. Diese Situation haben wir bis jetzt aus unserem Modell herausdefiniert, indem wir keinen Produktionsabfall betrachtet haben, bzw. angenommen haben, die Kosten für die Entsorgung des Produktionsabfalls seien in den Produktionskosten enthalten. Im folgenden wollen wir zulassen, daß Produktionsabfall anfällt, aber weiterhin annehmen, seine Entsorgungskosten fielen vollständig intern an. Wie sieht für das Unternehmen in diesem Fall die Entscheidungssituation zwischen Verwertung und Deponierung des Produktionsabfalls aus?

Wir gehen analog zur Betrachtung der Kommunen vor. Auch die Unternehmen sollen ihren Abfall zur Verwertung an Verwerter abgeben, welche eine identische Entscheidungssituation wie in Gleichung (53) haben. Auch das Produktionsunternehmen braucht nicht zu befürchten, für die Entsorgung der Sekundärprodukte aufzukommen, so daß wir die gleiche Situation haben wie im Falle der Kommunen. Auch die Unternehmen werden bereit sein, maximal soviel zu verwerten, daß die marginalen Verwertungskosten den eingesparten marginalen Deponiekosten für die letzte Einheit an verwertetem Abfall entsprechen. Auch hier hängt das Ergebnis davon ab, welche Deponierungskosten die Unternehmen zu tragen haben. Wenn sie die vollen marginalen Deponierungsgrenzkosten tragen würden, ergäbe sich, wie im eben erwähnten Fall kostenminimierender Kommunen, daß das Verwertungsniveau gerade soweit ausgedehnt wird, bis die Grenzkosten der Verwertung gerade dem Preis des Sekundärgutes (den man für die vollkommene Konkurrenz als marginale Zahlungsbereitschaft interpretieren kann) plus den eingesparten Deponiegrenzkosten entsprechen.

Diese Bedingung entspricht offensichtlich nicht den Bedingungen für ein optimales Recycling. Das heißt, sobald das Verhalten von Kommunen und Besitzern von Produktionsabfall berücksichtigt werden, verändert sich auch die formale Bedingung für gleichgewichtiges Recycling. Auch das Recycling von Abfall wird jetzt einzelwirtschaftlich rentabel. Daraus folgt, daß die Summe von Primär- und Sekundärproduktion noch weiter vom Optimum entfernt ist als bei alleiniger Betrachtung betrieblicher Entscheidungen über den Produktabfall (vgl. Abb. 8). Damit läßt sich aber gleichzeitig auch nicht mehr eindeutig festlegen, daß bei externen Produktentsorgungskosten das Niveau an Sekundärproduktion im Vergleich zum Optimum zu niedrig ausfällt.[36]

2.4.3 Unvollständige Anlastung von Deponiekosten

Es gibt eine Reihe von Punkten, die dafür sprechen, daß die privatwirtschaftlich oder auch von den Kommunen erhobenen Deponierungspreise bzw. -gebühren nicht den vollständigen gesellschaftlichen Kosten entsprechen. In besonderem Maße gilt dies für die Gebühren der Kommunen. Für diese gilt das Kostendeckungsprinzip, das keine Grenzkostenpreise erlaubt. Zudem dürfen nur betriebswirtschaftliche Kosten in die Gebühren einbezogen werden.[37] Nicht enthalten sind alle ökologischen Kosten, häufig jedoch auch zukünftige Überwachungs- und Sanierungskosten, die heute in ihrer Höhe noch nicht bestimmbar sind. Ebenso ist fraglich, ob die Kommunen intertemporale Knappheitskosten bei ihrer Gebührenfestlegung berücksichtigen.[38] Auch private De-

---

36 Eine ausführlichere Beschäftigung mit den oben angeführten gleichgewichtigen Bedingungen für die Verwertung von Produktionsabfall erfolgt in Kap.6.

37 Vgl. hierzu GROSS (1989) und die Ausführungen in dieser Arbeit Kap. 3.1.

38 Einen Vergleich zwischen den betriebswirtschaftlichen Kostenkategorien und den anzusetzenden Kostenarten nimmt MICHAELIS (1991), insb. Kapitel 5-7 vor.

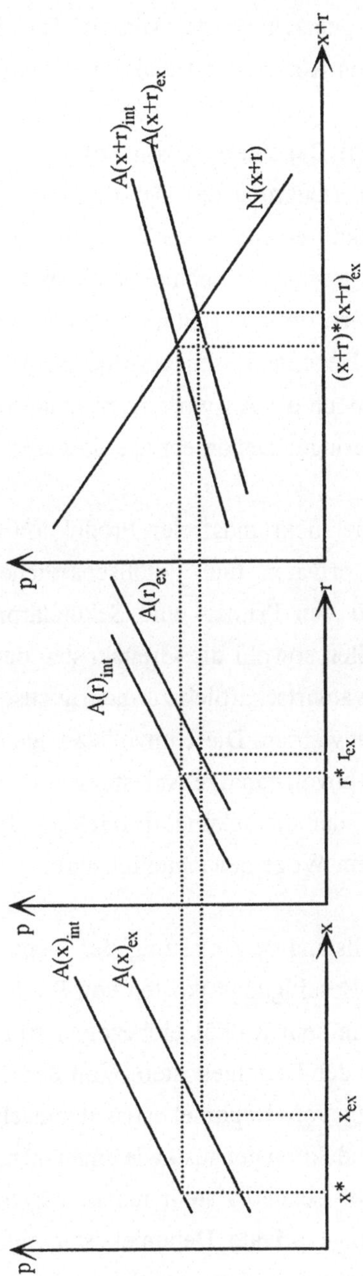

Abb. 8: Mögliche Produktionsmengen bei internen und externen Produktentsorgungskosten (mit Produktionsrückständen und Kommunen)

poniebesitzer werden Deponiekosten nur in dem Maße berücksichtigen, in dem sie dafür verantwortlich gemacht werden können. Dies ist zumindest für einen Großteil der ökologischen Kosten der Deponierung zweifelhaft.

Andererseits unterliegt die Deponierung von Abfällen recht strengen Auflagen, die ihrerseits zu einer Verteuerung der Deponiekosten führen. Bei ineffizient hohen Auflagen kann damit ebenfalls ein Fall auftreten, bei dem die privaten Deponiekosten über den gesellschaftlich notwendigen liegen. Im vierten Kapitel wird ausführlich diskutiert, ob in der Bundesrepublik Deutschland von gesellschaftlich zu niedrigen Deponiepreisen gesprochen werden kann. Bevor dies geschieht, sollen hier jedoch die Auswirkungen fehlerhafter privater Deponiepreise am Beispiel zu geringer Deponiepreise dargelegt werden.

Sobald wir die Annahme rückstandsfreier Produktion aufheben, verzerrt ein Auseinanderfallen von privaten und gesellschaftlichen Deponiekosten das gleichgewichtige Niveau von Primär- und Sekundärproduktion in zweierlei Hinsicht: Zum einen fallen sowohl die Grenzkosten der Primär- als auch der Sekundärproduktion privatwirtschaftlich zu niedrig aus, wenn Teile der Deponiekosten nicht angelastet werden. Diese unvollständige Anlastung hat exakt die gleiche Wirkung wie die unvollständige Anlastung von Umweltkosten (s.o.). Es ist keineswegs eindeutig, daß die Sekundärproduktion durch zu geringe private Deponiekosten auf diesem Wege benachteiligt wird.

Jedoch wirkt eine unvollständige Anlastung der Deponiekosten auch auf die Entsorgungs- (d.h. hier Beseitigungs-)kosten von Produkten. Wenn diese vom Verursacher überhaupt in sein Kalkül einbezogen werden, erfolgen die Anpassungen entsprechend der Deponiekosten. Von der Tendenz her wirkt eine unvollständige Anlastung von Deponiekosten demnach auf das Niveau von Primär- und Sekundärproduktion genauso wie eine vollständig fehlende Berücksichtigung dieser Kosten. Letzteres stellt nur den Extremfall unvollständiger Anlastung dar. Zu geringe private Deponiekosten führen auf diesem Wege demnach ceteris paribus zu einer Benachteiligung der Sekundärproduktion und einem zu hohen Niveau an Primärproduktion.

Damit wird deutlich, daß die Anlastung der Produktentsorgungskosten beim Verursacher nur eine notwendige, nicht aber auch schon eine hinreichende Bedingung für die vollständige Anlastung von Produktentsorgungskosten ist.

2.5 Fazit

Für die Analyse der Abfallpolitik in der Bundesrepublik Deutschland ist das Modell von SIEGLER (1993) besonders geeignet. Es beschränkt sich auf die für den Vergleich zwischen Referenzzustand und Ergebnis einzelner Instrumente relevante statische Betrachtungsweise, berücksichtigt jedoch die Erkenntnisse aus dem Material-Bilanz-Ansatz. In einer vereinfachten Version zeigt dieses Modell als Grundmodell für die folgende Politikanalyse drei Faktoren, die zu einem Auseinanderfallen von sozial-optimalem und gleichgewichtigem Ergebnis führen. Dabei handelt es sich um externe Produktionskosten, externe Beseitigungskosten und nicht verursachergerecht angelastete Produktentsorgungskosten.

Externe Entsorgungskosten für Produktionsrückstände führen immer zu einem suboptimal hohen Niveau der Produktion. Die Wirkung *externer Produktionskosten* auf die Verzerrung der Anteile von Primär- und Sekundärproduktion an der Gesamtproduktion ist unbestimmt. Hier kommt es auf das jeweilige Ausmaß der externen Kosten bei Primär- bzw. Sekundärproduktion an. Der gewinnmaximierende Produzent von Primär- und Sekundärprodukt wird im Falle *externer Produktentsorgungskosten* im Grundmodell zu viel Primär- und zuwenig Sekundärproduktion betreiben. Dies liegt allein an einer zu geringen Kostenanlastung bei der Primärproduktion. Bezüglich der Sekundärproduktion verhält er sich formal entsprechend der sozial-optimalen Bedingung. Läßt man jedoch Produktionsabfall zu und berücksichtigt ein gewinnmaximierendes Verhalten der Kommunen als Besitzer der Altprodukte, so verändert sich auch die Gleichgewichtsbedingung für das Sekundärprodukt. In diesem Fall folgt zwar eindeutig ein insgesamt zu hohes Niveau von Primär- und Sekundärproduktion, es läßt sich aber keinesfalls mehr die Aussage treffen, daß die

Sekundärproduktion gegenüber dem sozial- optimalen Niveau immer zurückgedrängt werde[39].

Unvollständig internalisierte Deponiekosten wirken ebenso wie unvollständig internalisierte Produktionskosten. Sie führen auf diesem Wege zu einem zu hohen Gesamtniveau von Primär- und Sekundärproduktion, wobei sich die Auswirkungen auf die einzelnen Produkte aus der Abfallintensität der Produktionsprozesse ergeben. Für den Fall, daß Produktentsorgungskosten internalisiert sind, wirkt die Höhe der Beseitigungskosten auf die Gleichgewichtsbedingungen für die Primärproduktion. Zu geringe private Deponierungskosten führen auf diesem Wege ceteris paribus zu einem zu hohen Niveau an Primär- und einem zu geringen Niveau an Sekundärproduktion. Wenn die Produktentsorgungskosten extern sind, dann wirken zu geringe private Beseitigungskosten nur auf die Verwertung von Produktionsabfall bzw. auf das Verhalten der Kommunen. Diese werden dann weniger Altprodukte bzw. Rückstände verwerten lassen als bei vollständig internalisierten Beseitigungskosten. Daraus kann allerdings keineswegs geschlossen werden, daß dieses geringere Niveau an Sekundärproduktion allokativ schlechter zu beurteilen ist als das höhere Niveau bei externen Produktentsorgungskosten und vollständig internalisierten Beseitigungskosten.[40]

---

39 Eine second-best-Betrachtung der Verwertung für den Fall externer Produktentsorgungskosten findet sich in Kapitel 6.

40 Für eine genauere Analyse vgl. Kap. 6.

3. Die abfallwirtschaftlichen Gegebenheiten in der Bundesrepublik Deutschland

Das folgende Kapitel soll einen zusammenhängenden Überblick über die abfallrechtlichen Gegebenheiten in der Bundesrepublik Deutschland geben, von denen ein Teil bereits kurz erwähnt, jedoch noch nicht im Zusammenhang dargestellt wurde.

Aus dem Kapitel 2.4 ergaben sich drei Bestimmungsfaktoren für das Auseinanderfallen von sozial optimalem und gleichgewichtigem Niveau an Primär- und Sekundärproduktion:
- externe Produktionskosten,
- externe Produktentsorgungskosten,
- unvollständig angelastete Deponiekosten.

Da im Mittelpunkt dieser Arbeit die abfallpolitischen Gegebenheiten in der Bundesrepublik Deutschland stehen, soll hier nicht weiter auf Regelungen eingegangen werden, die externe Produktionskosten betreffen und demzufolge der traditionellen, auf Emissionen ausgerichteten Umweltpolitik zuzurechnen sind.[41]

Ausgangspunkt für das gesamte Kapitel ist die 1972 eingeführte Gesetzgebungshoheit des Bundes auf dem Gebiet des Abfallrechts, der insbesondere mit dem Kreislaufwirtschaftsgesetz und dem Bundesimmissionsschutzgesetz in die Abfallentsorgung der Länder eingreift. Die Länder konkretisieren diese Vorgaben in eigenen Abfallgesetzen. Alle folgenden Ausführungen befassen sich mit den bundesrechtlichen Bestimmungen und nur in recht allgemeiner Form mit der Ausfüllung ihrer planerischen und gesetzgeberischen Pflichten durch die Bundesländer.

Ein Großteil der abfallpolitischen Regelungen in der Bundesrepublik Deutschland bewirkt entweder eine Verteuerung der Deponiekosten oder eine zumindest ansatzweise Internalisierung von Produktentsorgungskosten. Diese In-

---

41 Vgl. hierzu z.B. ENDRES (1994).

strumente entfalten insofern eine Anreizwirkung, als sie den Rahmen verändern, in dem der Hersteller von Produkten seine Produktionsentscheidung nach ökonomischem Kalkül trifft. Ebenso gibt es jedoch abfallpolitische Instrumente, die den Hersteller daran hindern sollen, sich nach dem Kriterium betriebswirtschaftlicher Rentabilität zu verhalten, und ihn über ordnungsrechtliche Vorgaben auf ein am Gemeinwohl orientiertes Verhalten verpflichten wollen.

Unter diese drei Kategorien
- Beeinflussung der Deponiepreise,
- Internalisierung von Produktentsorgungskosten und
- ordnungsrechtliche Eingriffe in betriebliche Entscheidungen der Abfallerzeuger bzw. -besitzer,

lassen sich die meisten Regelungen fassen, die einen Einfluß auf die Abfallwirtschaft haben.[42]

Diese Regelungen sollen im folgenden zusammenhängend vorgestellt werden, bevor im vierten Kapitel einzelne Fragestellungen, die sich aus dieser Übersicht ergeben, einer genaueren ökonomischen Diskussion unterzogen werden. Im Zusammenhang dieser Arbeit wäre es nicht sinnvoll, alle Details des Abfallrechtes darzustellen. Hier soll vor allem ein Eindruck vermittelt werden von dem Umfeld, in dem die später einzeln diskutierten Instrumente angesiedelt sind.

3.1   Beeinflussung der Deponiepreise

Die Deponiepreise oder auch -gebühren stellen die Grenzdeponierungskosten dar, denen sich der private Besitzer von Rückständen gegenüber sieht, die er in sein Entscheidungskalkül einbezieht. Sie können auf die verschiedensten Arten beeinflußt werden: Jede Erhöhung der tatsächlichen Deponiekosten, die z.B. über Auflagen an die Deponierung verursacht wird, verändert die Depo-

---

42 Nicht darunter zu fassen ist vor allem der betriebliche Abfallbeauftragte, dessen Funktion mit der Erhöhung der betrieblichen Rationalität umschrieben werden kann. Auf die diesbezüglichen Regelungen soll im folgenden nicht weiter eingegangen werden, vgl. allgemein zu Umweltschutzbeauftragen z.B. THEISSEN (1990).

niepreise. Das gleiche gilt für Abgaben auf deponierte Stoffe oder Produkte, die die Preise erhöhen. Aber auch alle Änderungen der wettbewerblichen Verhältnisse können sich auf die Deponiepreise auswirken. Das gilt in erster Linie für die Aufteilung des Deponieangebotes auf private und öffentliche Anbieter, aber auch für alle Regelungen, die das Angebot an Deponieraum verknappen, mithin alle planungsrechtlichen Bestimmungen für die Errichtung von Deponien oder Verbrennungsanlagen ebenso wie für Exportbestimmungen. Daneben sollen auch die Regelungen zur Gebührenfestlegung der öffentlichen Hand unter diese Kategorie von Regelungen gefaßt werden, da sie weitgehend bestimmen, welche Arten von Kosten in welcher Höhe von den Benutzern öffentlicher Deponien getragen werden müssen.

Wir sehen sofort, daß nicht alle erwähnten Regelungen unmittelbarer Bestandteil des Abfallrechtes sind. Dennoch sollen abfallrechtliche Regelungen im Mittelpunkt der Untersuchung stehen. Insofern beginnt die folgende Übersicht auch mit der gewollten oder ungewollten Beeinflussung der Wettbewerbsverhältnisse durch das Abfallrecht.

3.1.1 Beeinflussung der Wettbewerbsverhältnisse

3.1.1.1   Bestimmungen zu den Entsorgungsträgern

Seit 1972 ist die öffentliche Hand grundsätzlich entsorgungspflichtig. Die nach Landesrecht zuständigen Körperschaften des öffentlichen Rechts haben die in ihrem Gebiet anfallenden Abfälle zu entsorgen, können sich aber zur Erfüllung dieser Aufgabe Dritter bedienen (KrW-/AbfG §15 (1) und (2)). Nach §13 KrW-/AbfG hat der Besitzer seine Abfälle dem Entsorgungspflichtigen zu überlassen, sofern er keine Verwertung beabsichtigt (Anschluß- und Benutzungszwang). Das heißt, grundsätzlich ist die Beseitigung nur durch die öffentliche Hand vorgesehen.

Allerdings können die öffentlich-rechtlichen Körperschaften mit Zustimmung der zuständigen Behörde Abfälle von der Entsorgung ausschließen, wenn diese nach Art und Menge nicht mit den in Haushaltungen anfallenden Abfällen entsorgt werden können (KrW-/AbfG §15(3)). Diese Abfälle werden im allgemeinen als Sonderabfall bezeichnet. In der Praxis wird insbesondere gewerblicher und industrieller Abfall wegen seiner schwierigeren Entsorgbarkeit von den Körperschaften ausgeschlossen (WINKELMANN 1991 S. 171).

In diesem Falle ist der Besitzer zur Entsorgung verpflichtet (KrW-/AbfG §11(1)). Er kann die Entsorgung entweder als sogenannter "Eigenentsorger" selbst durchführen oder sich der Hilfe Dritter, sogenannter "Fremdentsorger", bedienen. Ebenfalls ausschließen können die öffentlich-rechtlichen Entsorger Abfälle, die einer Rücknahmepflicht unterliegen, soweit die Rücknahmeeinrichtungen tatsächlich zur Verfügung stehen (KrW-/AbfG §15(3)). In der Entsorgungswirtschaft finden sich also trotz der grundsätzlichen Entsorgungspflicht der öffentlichen Hand sowohl staatliche als auch private Anbieter, wobei private Anbieter selbständig vor allem im Bereich der Sonderabfallentsorgung zu finden sind.[43] Insgesamt lag der Anteil des in öffentlichen Deponien entsorgten Abfalls an der Menge der insgesamt zu entsorgenden Abfälle 1990 bei ca. 90% (SRU 1994 S. 200). Vom gesamten Volumen zu beseitigender Abfälle wurde, bezogen auf ganz Deutschland, 6% vor der Deponierung verbrannt. Der geringe Anteil der Verbrennung resultiert aus einem sehr hohen Anteil an Bauschutt und Bodenaushub am Gesamtabfallaufkommen, der sich für die Verbrennung nicht eignet (SRU ebda).

Es läßt sich also festhalten, daß im Bereich des Hausmülls, also der private und kommunale Anbieter tätig sind. Im Bereich des Sonderabfalls dagegen, der für den Produktionsabfall relevant ist, sind fast vollständig private Unternehmen tätig (SCHENKEL/FAULSTICH 1991 S. 105). Die Sonderabfallbehandlung, das heißt vor allem -verbrennung ist dabei in den Händen sehr weniger Unternehmen (SCHENKEL 1990 S. 137).
Somit ist für den Bereich des Produktionsabfalls mit Monopolpreisen zu rechnen. Im Bereich des Produktabfalls werden dagegen vor allem die Deponiegebühren weitgehend von den Kommunen nach den Kommunalabgabengesetzen der Länder festgelegt.

---

43 Hier gibt es allerdings auch ein Angebot staatlicher oder halbstaatlicher Sonderabfall-Entsorgungsgesellschaften (PIETRZENIUK 1990 S. 295).

3.1.1.2 Grundsätze der Gebührenfestlegung

Eine Gebühr ist nach ständiger Rechtssprechung des Bundesverfassungsgerichts eine öffentlich-rechtliche Geldleistung, die aus Anlaß individuell zurechenbarer öffentlicher Leistungen dem Gebührenschuldner auferlegt wird, und dazu bestimmt ist, die Kosten der erbrachten Leistung ganz oder teilweise zu dekken. Gebühren können demnach auch als Gebrauchsentgelt definiert werden (BÖHM 1990 S. 342).

Die Gebühren sind so zu gestalten, daß sie dem Kostendeckungsprinzip entsprechen. Das Kostendeckungsprinzip besagt, daß die Gesamtsumme der Gebühren die Gesamtkosten der Leistung nicht überschreiten darf (WILKE 1985 S. 253). Das Bundesverfassungsgericht hat diesem Prinzip zwar den verfassungsrechtlichen Rang versagt, doch ist es in den Kommunalabgabengesetzen verankert (GROSS 1989 S. 379).

Damit ist es den Kommunen verwehrt, ihren Gewinn zu maximieren. Sie dürfen nur Durchschnittskosten ansetzen. Allerdings besteht ein großer Spielraum hinsichtlich dessen, was als Kosten anzusetzen ist (GROSS 1989 S. 379), selbst wenn in den Kommunalabgabengesetzen (KAG) der meisten Länder als Kosten nur die nach betriebswirtschaftlichen Grundsätzen ansatzfähigen Kosten der Gebührenberechnung zugrunde gelegt werden dürfen. So läßt eine betriebswirtschaftliche Kostenberechnung sowohl den Ansatz von Anschaffungs- als auch Wiederbeschaffungskosten als Basis für die Gebührenberechnung zu. Dies wurde 1994auch in einer Entscheidung des Oberverwaltungsgerichtes Münster bestätigt.[44]

---

[44] Diese Entscheidung ist veröffentlicht in: Kommunale Steuer-Zeitschrift (1994) H. 11 S. 213ff, vgl. hierzu auch SIEKMANN (1994 S.446).

Dennoch dürften die heute angesetzten betriebswirtschaftlichen Kosten der Deponierung meist unterhalb der volkswirtschaftlichen Kosten liegen.[45] Der Rat von Sachverständigen für Umweltfragen (SRU 1990 S. 56) schlägt vor, auch Kosten der Getrenntsammlung und Nachsorgekosten für stillgelegte Anlagen durch Ländergesetze in die anzusetzenden Kosten einzubeziehen, die heute in aller Regel noch nicht zu den betrieblichen Kosten der Deponierung gehören.[46] In einigen Landesabfallgesetzen finden sich allerdings bereits Regelungen, die eine Gebührengestaltung unter Einschluß aller Entsorgungskosten vorschreiben (z.B. §3 Abs.2 S.2 AbfG Saarland, §2 Abs. 2, 3 AbfG Hessen).

Einige Kommunalabgabengesetze sehen inzwischen auch Abweichungen vom Grundsatz der speziellen Entgeltlichkeit vor, wonach die Benutzungsgebühren nach Art und Umfang der Inanspruchnahme der Einrichtung zu bemessen sind. So erlaubt das rheinland-pfälzische Kommunalabgabengesetz vom 5. Mai 1986 erstmals umweltpolitisch motivierte Ausnahmebestimmungen, indem es Abweichungen von den allgemeinen Bemessungsmaßstäben zuläßt, wenn dadurch Anreize zum Wassersparen, zur Verringerung der Abwassermenge und zur Vorreinigung verschmutzten Abwassers entstehen (§§10 II 3, 17 V 1 KAG Rh.-Pf.).

Insgesamt hat es dennoch den Anschein, als seien die Kommunen über die Kommunalabgabengesetze weitgehend dazu gezwungen, einen Teil der volkswirtschaftlichen Kosten nicht in ihre Gebühren einfließen zu lassen. Hierbei dürfte es sich hauptsächlich um ökologische Kosten handeln, die auch in betrieblicher Rechnungslegung extern sind. Auch wenn Benutzungsgebühren

---

45 Dies gilt zumindest für die anzusetzenden Kostenarten. Da Durchschnittskostengebühren wenig Anreize zur Kostenminimierung geben, ist es allerdings möglich, daß die betriebswirtschaftlichen Kosten ineffizient hoch sind, so daß u.U. die Differenz zwischen gesamtwirtschaftlichen und betrieblichen Kosten, die sich aus Beschränkungen hinsichtlich der anzusetzenden Kosten ergibt, ganz oder teilweise kompensiert wird.

46 Anders das Landesabfallgesetz Nordrhein-Westfalen in der Fassung von 1992. Es erlaubt neben der Berücksichtigung von Kosten der Abfallvermeidung wie z.B. der Abfallberatung auch Rückstellungen für vorhersehbare Nachsorgekosten von stillgelegten Anlagen sowie die Berücksichtigung von Kosten zukünftiger Rekultivierungs- und Sanierungsmaßnahmen von Deponien (vgl. ZWEHL/KAUFMANN 1994 S. 450).

heute neben dem Zweck der Erzielung einer finanziellen Gegenleistung auch lenkende Nichteinnahmezwecke verfolgen dürfen, darf die Mitberücksichtigung von anderen Zwecken je nach Einrichtung und Gebühr ein gewisses abgewogenes Maß nicht überschreiten (DAHMEN 1988 S. 133).

3.1.1.3 Planung und Genehmigung von Abfallbeseitigungsanlagen

Die Errichtung von Abfalldeponien und bis 1993 auch Abfallverbrennungsanlagen untersteht einem Planfeststellungsverfahren, das, anders als Genehmigungsverfahren, die z.B. nach Bundesimmissionsschutzrecht erforderlich sind, die Frage zu prüfen hat, ob die Anlage dem Wohl der Allgemeinheit dient. Planfeststellungsverfahren sehen recht weitgehende Bürgerbeteiligungsrechte vor und dauern erheblich länger als Genehmigungsverfahren. Die Durchsetzung der Errichtung von Abfalldeponien und insbesondere Abfallverbrennungsanlagen wurde dadurch erheblich erschwert (MICHAELIS 1991 S. 39f). Dies ist auch ein Grund, warum das Abfallgesetz 1993 durch das Investitionserleichterungs- und Wohnbaulandgesetz dahingehend geändert wurde, daß Abfallverbrennungsanlagen nur noch einem Genehmigungsverfahren nach dem Bundesimmissionsschutzgesetz bedürfen. Hier hat der Antragsteller ein Recht auf Erteilung einer Genehmigung, sobald er die rechtlich festgelegten Genehmigungsbedingungen erfüllt, die Einwendungsmöglichkeiten der Bürger werden erheblich eingeschränkt (PIEPENBURG 19987 S. 24). Zumindest für die Deponien bleibt es aber bei den aufwendigen Planfeststellungsverfahren.

Die Einwirkungsmöglichkeiten der Länder auf das Angebot an Entsorgungskapazitäten gehen aber noch viel weiter. Sie sind verpflichtet, Abfallwirtschaftspläne aufzustellen, in denen dargelegt sind:
"-   die Ziele der Abfallvermeidung und -verwertung sowie
-     die zur Sicherung der Inlandsbeseitigung erforderlichen Abfallbeseitigungsanlagen.
Die Abfallwirtschaftspläne weisen aus:
-     zugelassene Abfallbeseitigungsanlagen und

-   geeigneter Flächen für Abfallbeseitigungsanlagen zur Endablagerung von Abfällen (Deponien) sowie für sonstige Abfallbeseitigungsanlagen" (KrW-/AbfG §29(1)).

Bei der Auswahl der Standorte sind die in Verwaltungsvorschriften wie der TA Abfall festgelegten Anforderungen an die hydrologischen und geologischen Standortqualitäten zu beachten.

Für besonders überwachungsbedüftigen Abfall können die Länder Andienungs- und Überlassungspflichten bestimmen (KrW-/AbfG §13(4)). Diese können bis zur Einräumung eines Monopols gehen, wenn die Länder z.B. bei bestimmten Sonderabfallarten der Meinung sind, der hohe Kapitalbedarf für diese Anlagen erfordere eine Gewähr für die Auslastung der Kapazitäten (JUNG 1988 S. 179).

Als Ergebnis läßt sich festhalten, daß die Bedingungen für ein Angebot an Entsorgungskapazitäten viel restriktiver sind als bei anderen Gütern oder Dienstleistungen. Dies führt zu einer relativen Verknappung des Angebotes, was sich bei Produktionsabfall (Sonderabfall) in höheren Preisen niederschlagen dürfte. Kommunale Anbeiter dagegen können keine Knappheitsrente in ihre Gebühren einrechnen, da sie nur betriebswirtschaftliche Kosten ansetzen dürfen (s.o.). Diesbezügliche Knappheitssignale können von den Gebühren damit nicht ausgehen.

In dieselbe Richtung gehen Einschränkungen für Exporte von Abfall. Nach dem KrW-/AbfG sind Abfälle grundsätzlich im Inland zu entsorgen (§10(3)).

3.1.2 Beeinflussung der betrieblichen Deponierungskosten

Die betrieblichen Deponierungskosten werden beeinflußt von Anforderungen an die Deponierung. Auch eine Deponieabgabe, wie sie vom Umweltministerium geplant war, könnte die Deponierungskosten erhöhen.

3.1.2.1 Anforderungen an die Deponierung

Die Bundesregierung erließ 1991/92 Verwaltungsvorschriften über Anforderungen an die Entsorgung von Abfällen nach dem Stand der Technik. Es handelte sich dabei um die TA Abfall mit den beiden Teilen TA Sonderabfall und TA Siedlungsabfall. Grundlegende Philosphie der TA Abfall ist das Multi-Barrieren-Konzept, welches vorsieht, durch gleichzeitige Anforderungen an die Deponieanlage, den Untergrund und vor allem die eingelagerten Stoffe eine Gefährdung der Umwelt auszuschließen. Es werden folgende Anforderungen festgelegt:

- Anforderungen an die Abfälle,

- Standortanforderungen,

- bauliche Anforderungen und

- Anforderungen zur Nachsorge. (STIEF 1986).

Die Standortanforderungen schließen eine Reihe von möglichen Standorten aus, verringern damit das potentielle Angebot an Deponiekapazitäten und wurden in diesem Zusammenhang schon in Kapitel 3.1.1 erwähnt. Alle anderen Anforderungen verteuern die Beseitigungskosten. Während bauliche Anforderungen und Anforderungen an die Nachsorge die Kosten für den Deponiebetreiber erhöhen, führen die Anforderungen an die Abfälle, die in die neue TA Abfall (Sonderabfall und Siedlungsabfall) erstmalig eingeführt wurden, dazu, daß Vorbehandlungen der zu deponierenden Abfälle notwendig werden. In der Terminologie der modelltheoretischen Betrachtung in Kapitel 2 sollen auch diese Kosten unter die Deponiekosten fallen, auch wenn es sich bei ihnen hauptsächlich um Verbrennungskosten handeln dürfte. Die Grenzwerte für den Glühverlust von Abfällen, der einen (nicht ganz unumstrittenen) Anhaltspunkt für die ökologische Gefährlichkeit des Abfalls darstellen soll, sind nämlich nur dann einzuhalten, wenn organische Abfälle vorher einer Verbrennung unterzogen wurden (SCHINCK 1993 S. 475).

Ziel dieser Anforderungen ist es, nur noch Abfälle oberirdisch zu lagern, die auch auf lange Sicht keine negativen Auswirkungen auf die Umwelt befürchten lassen (BMU 1992 S. 352). Man spricht dann auch von inerten Abfällen, die mit der Umwelt nicht mehr reagieren, ihren Zustand nicht mehr verändern. Allerdings gewährt z.B. die TA Siedlungsabfall eine Übergangszeit von zwölf Jahren für die Einhaltung dieser Auflagen.

3.1.2.2   Der Referentenentwurf für ein Abfallabgabengesetz von 1991

1991 legte der Bundesminister für Umwelt, Naturschutz und Reaktorsicherheit einen Referentenentwurf zur Erhebung einer Abfallabgabe vor, welche die Kosten für die Beseitigung von Abfällen erhöhen sollte. Dabei sollten alle Abfälle,die endgültig deponiert werden (auch im Ausland) einer Deponieabgabe unterliegen, die je nach Schädlichkeit des Abfalls gestaffelt ausfiel. Zusätzlich wurde auf alle nicht stofflich verwerteten Abfälle bestimmter Kategorien eine Vermeidungsabgabe erhoben (vgl. Tab. 3), so daß z.B. auch Abfälle, die zur Verbrennung gebracht wurden, mit ihrem vollen Gewicht der Vermeidungs- abgabe unterlagen. Die später zu deponierenden Aschen sollten dann jedoch nur noch hinsichtlich der Deponieabgabe abgabepflichtig sein. Die Abgabesät- ze sollten mit der Zeit ansteigen.

```
                                        Vermeidungs-    Deponie-
                                        abgabe          abgabe

Kategorie A:  Besonders überwa-
              chungsbedürftige                          75 DM/t
              Abfälle                   100 DM/t        100 DM/t*

Kategorie B:  Massen- und
              Industrieabfälle          25 DM/t         50 DM/t

Kategorie C:  Bauschutt, Bodenaus-
              hub, Straßenaufbruch      entfällt        15 DM/t

Kategorie D:  Sonstige Abfälle          entfällt        25 DM/t
```

Quelle: Referentenentwurf, aus MICHAELIS (1993 S. 44)

Tab.3 Anfängliches Niveau der im AbfAG vorgesehenen Abgabesätze

Dieser Referentenentwurf wurde jedoch von der Bundesregierung nicht weiter verfolgt.[47] Er ist hier deshalb aufgeführt, weil er einen interessanten Versuch der bewußten Veränderung von Deponiepreisen darstellt und als solcher auch Gegenstand der ökonomischen Analyse des Abfallrechts im vierten Kapitel ist.

3.2 Die Rücknahmeverpflichtung als Instrument zur Anlastung von Produktentsorgungskosten

Wir haben in Kapitel 2 gesehen, daß eine Internalisierung von Produktentsorgungskosten nicht erfolgt, wenn die Verantwortung für die Entsorgung der Produkte beim Konsumenten liegt. Dem trägt § 22 KrW-/AbfG Rechnung, der die Bundesregierung ermächtigt zu bestimmen, welche Verpflichteten die Produktverantwortung zu tragen haben. Für diese Verpflichteten kann die Bundesregierung entsprechend §24 KrW-/AbfG nach Anhörung der beteiligten Kreise Rechtsverordnungen erlassen, die bestimmen, daß

- bestimmte Erzeugnisse nur bei Eröffnung einer Rückgabemöglichkeit abgegeben oder in Verkehr gebracht werden dürfen,
- bestimmte Erzeugnisse zurückzunehmen und die Rückgabe durch geeignete Maßnahmen, insbesondere durch Rücknahmesysteme oder durch Erhebung eines Pfandes, sicherzustellen ist,
- bestimmte Erzeugnisse zurückzunehmen sind,
- gegenüber dem Land, der zuständigen Behörde oder den Entsorgungsträgern Nachweis zu führen ist über Art, Menge, Verwertung und Beseitigung der zurückgenommenen Abfälle (KrW-/AbfG §24(1)).

Zu berücksichtigen sind bei der Festlegung von Pflichten vor allem die Verhältnismäßigkeit der Anforderungen und die Festlegungen des EU-Rechts zum freien Warenverkehr (§22(3) KrW-/AbfG). Von den eben genannten Pflichten soll die Verpflichtung zur Rücknahme in Kapitel 5 näher untersucht werden.[48]

---

47 Allerdings haben einige Bundesländer auf eigene Faust ein Abfallabgabengesetz verabschiedet.

48 Für die anderen Pflichten vgl. HECHT (1993 S.484)

3.3 Ordnungsrechtliche Eingriffe in das Verhalten des Abfallerzeugers

Nach dem Bundesimmissionsschutzgesetz (BImSchG) §5 Abs. 1 Punkt 3 müssen genehmigungsbedürftige Anlagen so betrieben werden, daß Abfälle vermieden werden, "es sei denn, sie werden ordnungsgemäß und schadlos verwertet oder, soweit Vermeidung und Verwertung technisch nicht möglich oder unzumutbar sind, als Abfälle ohne Beeinträchtigung des Wohls der Allgemeinheit beseitigt, ...". Somit sind die Abfallerzeuger zu Verwertung oder Vermeidung verpflichtet, solange diese technisch möglich und zumutbar sind.

Der Länderausschuß für Immissionsschutz (LAI) hat im Oktober 1992 erstmalig für drei Anlagenarten Verwertungs- und Vermeidungsmaßnahmen festgelegt, die den Anforderungen des BImSchG genügen. Diese Musterverwaltungsvorschriften konkretisieren und benennen u.a. die Zumutbarkeit und Vermeidungsrate der technisch möglichen Vermeidungs- und Verwertungsmaßnahmen sowie für jede einzelne Maßnahme die Voraussetzungen und den Anwendungsbereich (BMU 1993 S. 108). Damit ist natürlich nur ein kleiner Ausschnitt aller Anlagen erfaßt. Für den verbleibenden Teil existiert nur eine norminterpretierende und verfahrensregelnde Muster-Verwaltungsregelung, die in einer Reihe von Bundesländern geltendes Recht darstellt (BMU 1993 S. 107).

Ein erheblicher Teil des Abfalls wird jedoch außerhalb genehmigungsbedürftiger Anlagen produziert. In einer Untersuchung für Hessen wurde festgestellt, daß immerhin 50% des Aufkommens an gewerblichem Abfall aus nicht-genehmigungsbedürftigen Anlagen stammten (SRU 1990 S. 65). Ebenfalls gibt es in der Bundesrepublik z.B. 30.000 Lackierbetriebe, die ein erhebliches Sonderabfallproblem darstellen, von denen jedoch nur 300 nach BImSchG genehmigungspflichtig sind (SUTTER 1993). Für nicht-genehmigungsbedürftige Anlagen galt bis 1996 nur das Abfallgesetz.

Im KrW-/AbfG werden zwar auch die Betreiber von nicht-genehmigungspflichtigen Anlagen den Vorschriften des Bundesimmissionsschutzgesetzes hinsichtlich der Vermeidung, Verwertung und Beseitigung unterstellt (§9 KrW-/AbfG). Inwieweit diese Bestimmungen im Bereich der nicht-genehmigungsbedürftigen Anlagen jedoch vollzogen werden können, ist zur Zeit noch unbekannt.

3.4 Zusammenfassung

Zusammenfassend läßt sich sagen, daß die Entsorgungspreise für *Produktionsabfall* auf Grund von Wettbewerbsbeschränkungen häufig über den betriebswirtschaftlichen Kosten liegen dürften. Aussagen über das Verhältnis zu den volkswirtschaftlichen Kosten beinhaltet dies aber nicht, da die betrieblichen Kosten mit den gesellschaftlichen Kosten nicht identisch sein müssen. Im Bereich des *Produktabfalls* (d.h. des "Hausmülls") fallen die Kosten meist als Abfallgebühren an und sind damit Durchschnittskosten, die in vielen Fällen nicht die gesamten volkswirtschaftlichen Kosten erfassen dürften. Ursächlich hierfür sind in der Regel Länderbestimmungen in den Kommunalabgabengesetzen, die durchaus veränderbar sind.

Der kurze Überblick über die rechtlichen Regelungen, die auf abfallwirtschaftliche Entscheidungen wirken, hat gezeigt, daß es eine Reihe von Versuchen gibt, das Ergebnis privatwirtschaftlichen Handelns mit dem sozial erwünschten Ergebnis zusammenzubringen. Es gibt eine Reihe von Regelungen, die zu einer Erhöhung der betrieblichen und einer Verringerung der gesellschaftlichen Deponierungskosten führen. Ebenso wird versucht, die Hersteller und Vertreiber von Produkten in die Produktverantwortung zu nehmen. Verwertungs- und Vermeidungsgebote signalisieren allerdings, daß der Gesetzgeber nicht der Meinung ist, daß die Änderungen der Rahmenbedingungen ausreichen, um das gesellschaftlich erwünschte Verhalten zu induzieren. In den folgenden Kapiteln soll versucht werden, dieser Frage genauer nachzugehen.

4   Zur Diskussion um die Einführung einer Abfallabgabe

Die folgenden Kapitel 4 - 6 stellen die Verknüpfung zwischen den Ergebnissen des Kapitels 2.4 und des dritten Kapitels dar. Hier sollen die wichtigsten Instrumente der Abfallpolitik auf ihre Effizienz hin überprüft werden. Unter Effizienz wird dabei im allgemeinen Pareto-Optimalität verstanden, d.h. die Fähigkeit eines Instrumentes, gleichzeitig optimale Aktivitätsniveaus im Sinne einer Wohlfahrtsmaximierung sowie minimale Kosten herbeizuführen. Wenn aber die Pareto-Optimalität nicht erreicht wird, sollen die angewendeten Instrumente immerhin noch nach ihrer Wirkung auf die Kosteneffizienz, d.h. die Minimierung der volkswirtschaftlichen Kosten, untersucht werden.

Aus dem zweiten Kapitel hatten wir zwei Faktoren aufgenommen, die Marktversagen verursachen können. Es handelt sich dabei um die unvollständige Internalisierung von Deponierungskosten und um die fehlende Anlastung von Produktentsorgungskosten. Um die Anlastung der Deponierungskosten zu verbessern, wurde vom Umweltministerium eine Abfallabgabe vorgeschlagen. Sie soll im vierten Kapitel beurteilt werden. Voraussetzung für die Legitimation einer Abfallabgabe ist das Auseinanderfallen ovn privaten und gesellschaftlichen Kosten der Deponierung. Deshalb beginnt das Kapitel mit dem Versuch eines Vergleiches zwischen privaten und gesellschaftlichen Deponierungskosten, bevor eine Beurteilung des Abfallabgabengesetzes im Detail erfolgt. Für die Frage, ob private und gesellschaftliche Kosten auseinanderfallen, spielen auch die Auflagen an die Deponierung von Abfällen eine wichtige Rolle. Sie werden deshalb in Kapitel 4 ebenfalls untersucht.

Die Anlastung von Produktentsorgungskosten versucht man in der Bundesrepublik Deutschland durch Rücknahmeverpflichtungen zu erreichen. Sie stehen im Mittelpunkt des fünften Kapitels.

Wie bereits erwähnt, versucht der Staat in der Bundesrepublik aber nicht nur, die Rahmenbedingungen für unternehmerische Entscheidungen zu ändern, sondern er nimmt auf diese Entscheidungen durch ordnungsrechtliche Vorgaben, hier Vermeidungs- und Verwertungsgebote, auch ganz direkt Einfluß.

Die Beurteilung dieser Gebote ist Aufgabe des sechsten Kapitels. Im siebenten Kapitel werden die Ergebnisse der einzelnen Kapitel dann gemeinsam betrachtet.

Aufgabe des vorliegenden vierten Kapitels ist demnach eine ökonomische Bewertung des Referentenentwurfs zum Abfallabgabengesetz, wie in Kapitel 3 vorgestellt. Vor einer Beurteilung von Detailregelungen des geplanten Abfallabgabengesetzes soll zuerst die Notwendigkeit einer Abfallabgabe diskutiert werden, die sich nur aus dem Auseinanderfallen von privaten und gesellschaftlichen Deponierungskosten ergeben kann. Als Gründe für ein Auseinanderfallen dieser Kosten werden in der Literatur sowohl ökologische als auch intertemporale Knappheitskosten genannt (MICHAELIS 1991 S.75). Kapitel 4.1. beginnt mit einer Diskussion des Knappheitskonzeptes, das der Deponierung von Abfällen zugrunde gelegt werden muß, um auf diese Weise die intertemporalen Knappheitskosten und ihren Verlauf bestimmen zu können. Es schließt mit Plausibilitätsüberlegungen über die Berücksichtigung dieser Kosten in den Deponiepreisen bzw. -gebühren.

4.1. Abfalldeponierung als intertemporales Problem

Deponiestandorte müssen geologischen und hydrogeologischen Anforderungen genügen, die in Deutschland nur an bestimmten Orten erfüllt sind. Insofern liegt es nahe, Deponieraum als eine endliche, nicht-erneuerbare Ressource zu betrachten. Dies ist der Hintergrund, vor dem einige Ökonomen seit längerem die Einführung einer Abfallabgabe fordern, um die Knappheitskosten erschöpflichen Deponieraums zu internalisieren.[49]

Wird die Deponiekapazität als endliche Ressource interpretiert, so liegen die Kosten der Deponierung von Abfall nicht nur in den reinen Handlungskosten (Transport, Sicherung, Ablagerung etc.), sondern auch in zusätzlichen volkswirtschaftlichen Kosten, die dadurch entstehen, daß die Verfüllung von Deponiekapazität heute die verfügbare Deponiekapazität für zukünftige Perioden

---

49 vgl. z.B. FABER/STEPHAN/MICHAELIS (1989) und MICHAELIS (1991).

verringert. Nach dieser Interpretation wird zukünftigen Generationen ein Nutzenverzicht aufgebürdet, der als sogenannte Nutzungskosten einen Bestandteil der volkswirtschaftlichen Kosten der Deponieverfüllung bildet und internalisiert sein sollte.

In diesem Kapitel soll dagegen gezeigt werden, daß es sich bei der Deponierung nicht um ein Problem endlicher, physisch begrenzter, Ressourcen handelt, sondern daß die intertemporale Allokationsproblematik in erster Linie aus der Bestandsabhängigkeit der gesellschaftlichen Deponierungskosten resultiert. Dieses Konzept läßt auch die bisherige Auflagenpolitik in einem anderen Licht erscheinen und beeinflußt die Aussagen zur Internalisierung von Nutzungskosten in Entsorgungspreisen und -gebühren.

4.1.1 Konzepte intertemporaler Knappheit

Die oben erwähnten Autoren legen ihrer Argumentation ein Modell zugrunde, das in der Ressourcenökonomie als das sogenannte cake-eating-Modell für nicht-erneuerbare Ressourcen bekannt ist. Dieses Modell geht zurück auf das Ressourcenmodell von Hotelling und noch weiter zurück auf Überlegungen zur Ernährung der Menschheit mit vorgegebenem Bodenbestand bei Malthus, so daß bei endlichem Ressourcenbestand auch von einer Malthus-Knappheit gesprochen wird (HALL/HALL 1984 S. 365). Von den oben angeführten Autoren wird das Malthus-Modell in einer speziellen Ausprägung verwendet, der sogenannten Malthusian Stock Scarcity (MSS).[50] Dieses Modell unterstellt, die Abbaugrenzkosten seien sowohl unabhängig von der zu jedem Zeitpunkt abgebauten Menge als auch von der Summe der bereits abgebauten Mengen.

Eine grundlegend andere Variante intertemporaler Knappheiten wird mit dem sogenannten Ricardo-Modell beschrieben. Ricardo berücksichtigte bei seinen Überlegungen zur Landwirtschaft - die er später auch auf den Kohlebergbau übertrug -, daß man bei Ausweitung des Bedarfs auch auf Böden (oder Vorkommen) schlechterer Qualität zurückgreifen kann, die jedoch mit höheren

---

50 Vgl. CAIRNS (1990 S. 746).

Kosten verbunden sind. Heute spricht man bei Ressourcen von einer sogenannten Ricardo-Knappheit, wenn der Abbau der Ressource mit bestandsabhängigen steigenden Kosten verbunden ist, ohne daß eine physische Erschöpfung
erreicht wird (HALL/HALL 1984 S. 365).

CAIRNS (1990 S. 746f) hat diese Konzepte weiter differenziert und systemati-
siert. Er unterscheidet insgesamt acht Knappheitskonzepte nach den Kriterien

- absolute Begrenztheit der Ressource (Malthus),
- restbestandsabhängige Kosten (Ricardo) und
- extraktionsratenabhängige Kosten

(vgl. Tab. 4).

	Endlicher Vorrat?	Konstante Kosten in der Periode?	Konstante Kosten über die Perioden?
Malthusian Stock Scarcity (MSS)	Ja	Ja	Ja
Malthusian Flow Scarcity (MFS)	Ja	Nein	Nein
Ricardian Flow Scarcity (RFS)	Nein	Nein	Ja
Ricardian Stock Scarcity (RSS)	Nein	Nein	Nein

Quelle: CAIRNS, 1990, S. 746.

Tab. 4: Systematik der Konzepte intertemporaler Knappheit nach CAIRNS

Extraktionsratenabhängige Kosten liegen dann vor, wenn mit steigendem Res-
sourcenabbau in einem Lager (oder hier in einer Periode) die Grenzkosten
steigen. Dieser Punkt ist jedoch für das grundlegende Verständnis der Auswirkungen unterschiedlicher Knappheiten nicht von Bedeutung. In vielen
Modellen wird der Einfachheit halber eine Konstanz der extraktionsratenabhängigen Grenzkosten angenommen.

Im folgenden soll zuerst versucht werden, das Deponieproblem einem dieser Knappheitskonzepte zuzuordnen. Mit Hilfe des ausgewählten Konzeptes können dann die Auswirkungen von Anforderungen an die Beschaffenheit und die Lagerung von Abfällen auf eine effiziente intertemporale Allokation untersucht werden. Ebenfalls lassen sich die Bedingungen zeigen, unter denen aus intertemporaler Sicht auf den Einsatz zusätzlicher umweltpolitischer Instrumente, wie einer Abfallabgabe, verzichtet werden kann.

4.1.2 Auswahl des relevanten Knappheitskonzeptes für die Abfalldeponierung

Der Systematik von CAIRNS entsprechend, erfolgt die Einordnung der Entsorgungsalternativen anhand der Kriterien: endlicher und nicht vermehrbarer Vorrat sowie verfüllungs- (d.h. restbestands-)abhängige Kosten. Das Kriterium extraktionsratenabhängiger Kosten wird zur Unterscheidung nicht herangezogen, da es keine wesentlichen Änderungen der Konzepte hervorruft. Zudem sind nur Plausibilitätsüberlegungen über den tatsächlichen Verlauf der extraktionsratenabhängigen Kosten möglich. Soweit relevant, werden in den folgenden Modellen konstante extraktionsratenabhängige Kosten angenommen.

4.1.2.1 Zur Endlichkeit möglicher Deponiestandorte

In der neueren abfallwirtschaftlichen Literatur, die intertemporale Aspekte der Abfalldeponierung betrachtet, wird das Deponieproblem als ein Problem endlicher Vorräte aufgefaßt.[51] MICHAELIS (1991 S. 40), der als erster diese Sichtweise vertrat, führt vor allem "objektive" Standortanforderungen und politisch-ökonomische Randbedingungen als Begründung an. Beide Begründungen lassen jedoch nicht auf eine physische Endlichkeit schließen. Insbesondere bei den politisch-ökonomischen Randbedingungen handelt es sich um Durchsetzungsprobleme von Deponien. Aber auch die "objektiven Standortfaktoren"

---

51 Vgl. zusätzlich zu der zwei Fußnoten vorher angegebenen Literatur z.B. SIEGLER (1993), EBERT (1992).

können einerseits, so schreibt MICHAELIS selbst, "in begrenztem Umfang durch zusätzliche Abdichtungsmaßnahmen ausgeglichen werden" (ebda S. 39). Zudem ergeben sich die "objektiven Standortfaktoren" so SCHENKEL (1987 S. 11) vom Umweltbundesamt aus der Forderung, "daß freigesetzte Schadstoffe sich nur relativ langsam, auf jeden Fall aber vorhersagbar ausbreiten können und empfindliche Ziele nur in tolerierbarer Verdünnung erreichen können." Sie folgen somit aus Überlegungen zu ökologischen Auswirkungen an unterschiedlichen Standorttypen. Demnach hängen die Standortanforderungen nicht ursächlich mit der Deponierung zusammen, sie begrenzen vielmehr die ökologischen Kosten, die mit der Deponierung verbunden sind und können so als Ergebnis einer impliziten politischen Kosten-Nutzen-Abwägung interpretiert werden. Politisch wurde festgelegt, daß die Nutzen von Deponien, die bestimmte geologische und hydrologische Anforderungen nicht erreichen, zumindest zum heutigen Zeitpunkt einen geringeren Stellenwert haben als ihre (vor allem ökologischen) Kosten.[52]

Das Volumen an potentiellen Deponiestandorten ist demnach nicht physisch begrenzt. Deponiekapazitäten können theoretisch auch durch Erweiterungen in Höhe und Tiefe vergrößert werden. Es sind Überlegungen über die Kosten, vor allem in Form von Umweltschäden, die dazu führen, daß dies nicht geschieht und nur bestimmte Standorte als geeignet für Deponien angesehen werden. Damit handelt es sich bei der Abfalldeponierung nicht um eine Malthus-Knappheit.

4.1.2.2 Bestandsabhängige Verfüllungskosten

Aus dem oben Gesagten geht hervor, daß es eine Vielzahl von Deponiestandorten gibt, deren Verfüllung mit unterschiedlichen volkswirtschaftlichen Kosten verbunden ist. Volkswirtschaftliche Kosten sind die Summe aus internen, betriebswirtschaftlichen Kosten und externen Kosten, insbesondere Umweltkosten. Es gibt Deponien, die auf Grund ihrer günstigen geologischen Beschaffenheit

---

52 Hier soll nicht unterstellt werden, diese Entscheidung sei gesellschaftlich rational. Aber auch wenn Interessenkonflikte über das Ergebnis entscheiden, gehen Kosten und Nutzen in diesen Konflikt ein.

auch ohne größere technische Maßnahmen kaum Umweltauswirkungen befürchten lassen. Hier sind also sowohl interne als auch externe Kosten gering. Andere Deponiestandorte erfordern umfangreiche technische Maßnahmen, um intolerable negative ökologische Folgen zu verhindern.

Zudem läßt sich das Risiko über die Behandlung des Abfalls verringern. Es ist möglich, Abfälle zu verbrennen oder anderweitig vorzubehandeln und die Rückstände zum Beispiel in Glas einzuschmelzen und damit weitgehend inert zu machen. Ein inerter Stoff reagiert nicht mehr mit der Biosphäre und kann deshalb praktisch überall gelagert werden. Gelingt es, die Emissionen zmindest soweit zu reduzieren, daß auch ohne besondere Anforderungen an die geologische oder hydrologische Beschaffenheit von Deponien Gefährdungen für die Umwelt praktisch ausgeschlossen werden können, so liegen die ökologischen Kosten nahe Null. Ehemals externe Umweltkosten sind zu internen Behandlungskosten geworden.

Eine solche Inertisierung bringt bei den zuerst genannten Deponiestandorten, die geologisch und hydrologisch besonders günstige Eigenschaften aufweisen, kaum Vorteile. Bei anderen Standorten jedoch, an denen trotz technischer Maßnahmen eine langfristige Emission von Abfallinhaltsstoffen z.B. ins Grundwasser nicht ausgeschlossen werden kann, wird dieses durch die Inertisierung möglich, so daß hohe ökologische Kosten vermieden werden. Damit lassen sich - abgesehen von Bewertungsproblemen - grundsätzlich für jede Deponie die Sicherungs- und Behandlungsmaßnahmen bestimmen, die über eine Verringerung der ökologischen Kosten die Gesamtkosten minimieren würden. Diese minimalen Kosten variieren zwischen Deponien. Am geringsten sind sie weiterhin für die Deponien, bei denen auch ohne technische Maßnahmen und Abfallbehandlung keine nennenswerten Umweltschäden auftreten.

Wie aus der Ressourcenökonomie bekannt, ist es unter der Annahme extraktionsratenunabhängiger Kosten für die Gesellschaft rational, zuerst diejenigen Vorräte abzubauen, die mit geringeren Kosten verbunden sind.[53] Dadurch kommt es bei unterschiedlichen Ressourcenlagern zur Modellierung bestands-

---

53 Vgl. z.B. ENDRES/QUERNER (1993 S. 46 f).

abhängiger Kosten. Wenn zuerst die kostengünstigen Vorräte abgebaut werden, bleiben mit zunehmendem Abbau nur noch die teureren Vorräte übrig. Analog gilt dies auch für die Deponieproblematik. Hier gibt es ebenfalls bestandsabhängige Deponiekosten, die ceteris paribus zumindest bei optimaler Nutzung der Deponiekapazität zu einem Anstieg der Deponiekosten mit bereits verfüllter Menge führen sollten.[54]

Auch eine vollständige Inertisierung verhindert den Anstieg der Deponierungskosten jedoch nicht. Auch inerte Abfälle müssen abgelagert werden. Diese Lagerung beansprucht Platz, so daß die Opportunitätskosten der Flächennutzung mit zunehmendem Bestand an bereits vorhandenen Deponien ansteigen: Ist es zuerst noch möglich, Abfälle auf Flächen abzulagern, für die kaum konkurrierende Nutzungsansprüche vorliegen, so wird dies von Mal zu Mal schwieriger. Auch der prinzipiell mögliche Bau von immer höheren Deponien würde neben den steigenden Erstellungskosten erhebliche externe Kosten (in Form von Landschaftszerstörung, Ästhetikverlusten) mit sich bringen, die um so größer werden, um so höher Deponien gebaut werden und um so mehr Deponien in landschaftlich wertvollen oder dichter besiedelten Standorten aufgestellt werden müssen. Allerdings dürfte dieser Anstieg der Deponierungskosten deutlich niedriger ausfallen als ein Anstieg aufgrund von zunehmenden ökologischen Schäden, die bei einer Deponierung ohne Behandlung mit der Zeit auftreten würden. Abbildung 9 verdeutlicht diesen Sachverhalt. Der lineare Verlauf der Funktionen wurde nur der Einfachheit halber gewählt.

4.1.2.3 Abfalldeponierung als intertemporales Ricardoproblem

Zusammenfassend läßt sich sagen, daß wir es bei der Abfalldeponierung nicht mit einem Problem endlicher Deponiereserven zu tun haben. Die intertemporale Problematik entsteht vielmehr über bestandsabhängige Verfüllungsgrenzkosten, die über die Zeit steigen. Für die Abfalldeponierung ist deshalb in inter-

---

54 HECHT (1991 S. 146f) weist darauf hin, daß bereits ohne die Berücksichtigung externer Kosten die Deponierungskosten in der Zeit gestiegen sind, und vermutet für die volkswirtschaftlichen Kosten der Deponierung einen weiteren Anstieg über die Zeit.

temporaler Hinsicht das Konzept der Ricardoknappheit relevant. Die Bestands-abhängigkeit dieser Kosten rührt dabei in erster Linie aus den ökologischen Kosten, die bei Nutzung weniger geeigneter Deponiestandorte erheblich steigen werden, wenn die Abfälle nicht inertisiert werden. Dies ist auch durch Depo-niesicherungsmaßnahmen nur teilweise zu verhindern. Anders sieht die Situa-tion aus, wenn es gelingt, über Abfallbehandlung die Abfälle weitgehend zu inertisieren. Dann treten auch bei geologisch ungünstigeren Standorten kaum ökologische Schäden auf. Bestandsabhängige Verfüllungskosten rühren in diesem Fall im wesentlichen nur noch aus Nutzungskonkurrenzen und eventuell ästhetischen Verlusten. Diese Kosten und ihr Anstieg dürften deutlich niedriger ausfallen als bei unbehandeltem Abfall.

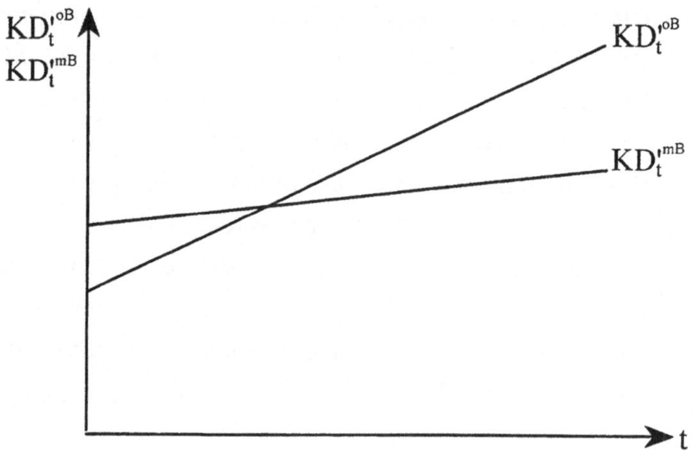

Abb. 9: Verlauf der Deponierungsgrenzkosten über die Zeit mit und ohne Abfallbehandlung

Dabei sind:

$KD_t^{'oB}$ Deponierungsgrenzkosten ohne Behandlung

$KD_t^{'mB}$ Deponierungsgrenzkosten mit Behandlung

4.1.3 Auswirkungen der Wahl des Knappheitskonzeptes auf die optimale intertemporale Allokation

Um die Auswirkungen der unterschiedlichen Knappheitskonzepte aufzuzeigen, sollen im folgenden die Optimalitätsbedingungen unter beiden Ansätzen verglichen werden. Für diesen Vergleich wird hier ein endliches und periodendiskretes Modell betrachtet.

Der Vorteil dieser Vorgehensweise liegt darin, daß man das Problem intertemporaler Allokation über einfache Lagrange-Funktionen lösen kann und nicht auf die Kontrolltheorie zurückgreifen muß, ohne daß die Ergebnisse an Aussagekraft einbüßen.[55]

Gleichzeitig soll hier aus Gründen der Vereinfachung angenommen werden, daß die Grenzkosten der Verfüllung innerhalb einer Periode unabhängig von der in dieser Periode verfüllten Menge sind.

4.1.3.1 Eigenschaften des Optimums im Fall der Malthusian Stock Scarcity

In diesem Modell besteht eine physische Knappheit: Nicht alle Perioden können im gewünschten Maße von der Ressource profitieren. Die Nutzungskosten entstehen dadurch, daß durch den Verbrauch der Ressource in der Periode t die letzten Perioden entsprechend auf Ressourcen verzichten müssen, die ihnen einen positiven Nettonutzen gebracht hätten. Diese Nutzungs-(grenz-) kosten werden von der Periode t verursacht und müssen für eine optimale Allokation von ihr gemeinsam mit den Abbaugrenzkosten (oder den Verfüllungsgrenzkosten im Deponiefall) dem Nutzen aus dem heutigen Abbau jeder weiteren Ein-

---

55 Dies entspricht der Vorgehensweise von MICHAELIS. Zu weiteren Vorteilen und Problemen dieser Vorgehensweise vgl. MICHAELIS (1991 S. 19 f). Zur grundlegenden Berechtigung, dynamische Allokationsprobleme mit dem Lagrangeansatz anzugehen, vgl. CHOW (1992).

heit gegenübergestellt werden. Dabei geht der Nutzenverzicht zukünftiger Perioden allerdings nur in abdiskontierter Form in die Gegenüberstellung ein.[56]

Die folgende Darstellung stellt insofern eine vereinfachte Variante der Ausführungen von MICHAELIS (1991) dar, als Zeiträume, die zur Erschließung neuer Deponien notwendig sind, nicht berücksichtigt werden. Diese haben für die Unterscheidung zwischen Malthus- und Ricardo-Knappheit keine Bedeutung und würden die Analyse unnötig verkomplizieren. In Anlehnung an das Vorgehen von MICHAELIS kann das Modell dann folgendermaßen beschrieben werden:

Es ist die folgende intertemporale Wohlfahrtsfunktion zu maximieren:

$$\sum_{t=1}^{T} (1+\sigma)^{1-t} \ (W[D(t)]) - KD[d(t)]) \tag{58}$$

wobei

σ	die soziale Diskontrate,
W[d(t)]	die gesellschaftliche Wohlfahrtsvermehrung durch die Nutzung von Deponieraum in der Periode t und
KD[d(t)]	die mit der Nutzung verbundenen Deponiekosten darstellt.
T	gibt den Zeithorizont an.

Ein endlicher Zeithorizont entspricht dem Ausschluß einiger Generationen aus der Zielfunktion. Der Fehler, den man hierbei macht, ist jedoch gering, wenn man die Annahme einer positiven Diskontrate akzeptiert. Dann geht der Nutzen späterer Generationen für Perioden in der fernen Zukunft gegen Null. Da gleichzeitig T beliebig weit in die Zukunft geschoben werden kann, erscheint die o.a. Annahme eines endlichen Zeithorizontes aufgrund der Vorteile in mathematischer Hinsicht als gerechtfertigt.

---

56 Wir unterstellen hier, wie in der Ressourcenökonomie üblich, eine positive Diskontrate. Zur Diskussion über die Legitimation dieser Vorgehensweise vgl. z.B. HAMPICKE (1991) sowie STRÖBELE (1991).

Unter den Kosten der Deponierung sollen hier unaufgeschlüsselt alle Kostenarten zusammengefaßt werden, so z.B. auch Erschließungs- und Transportkosten sowie ökologische Kosten. Wie bereits unter 2.3 diskutiert, werden die Grenzkosten der Deponierung in Abhängigkeit von der Verfüllungsrate als konstant angenommen. Dies entspricht dem Hotelling-Modell.

Wenn ausgeschlossen wird, daß Abfall unkontrolliert außerhalb von Deponien abgelagert wird, handelt es sich bei der Wohlfahrtsmehrung, die durch die Beanspruchung des Deponieraumes erfolgt, nicht um vermiedene ökologische Schäden, sondern um eingesparte Vermeidungs- oder Verwertungskosten. Etwas vereinfacht kann man sich Vermeidungskosten zum Beispiel vorstellen als den Nutzenverzicht, der sich aus einer geringeren Produktion und damit Deponierung von Gütern ergeben würde.

Für den Grenznutzen (W') gilt (wie bei MICHAELIS (1991))

$$W'[d(t)] > 0 \qquad \lim_{[d(t)] \to 0} W'[d(t)] = \infty \qquad W''[d(t)] < 0 \qquad (59)$$

Da eine Produktion ohne die Erzeugung von Abfall, der dann deponiert werden muß, nicht vorstellbar ist, handelt es sich bei der Deponiefläche sozusagen um einen unverzichtbaren Produktionsfaktor.

Für die oben angeführte Zielfunktion gilt folgende Nebenbedingung:

$$\Omega(0) - \sum_{\tau=1}^{t} d(\tau) \geq 0 \qquad (60)$$

$\Omega(0)$ stellt dabei den Anfangsbestand an potentiell verfügbaren Deponiestandorten dar. Damit stellt diese Bedingung sicher, daß die Summe aller bisher verbrauchten Deponiekapazitäten in keiner Periode größer als der Anfangsbestand an potentiellen Deponieflächen wird.

Aus der Einbeziehung dieser Nebenbedingung in die Zielfunktion ergibt sich folgende Lagrange-Funktion:

$$L = \sum_{t=1}^{T} (1+\sigma)^{1-t} (W[d(t)] - KD[d(t)])$$
$$+ \sum_{t=1}^{T} z1(t) \ (\Omega(0) - \sum_{\tau=1}^{t} d(\tau)) \tag{61}$$

Die Kuhn-Tucker-Bedingungen lauten:

$$\frac{\delta L}{\delta d(t)} = (1+\sigma)^{1-t}(W'[d(t)] - KD'[d(t)]) - \sum_{\tau=t}^{T} z1(\tau) \leq 0 \tag{62}$$

$$\frac{\delta L}{\delta z1} = \Omega(0) - \sum_{\tau=t}^{T} d(\tau) \geq 0 \tag{63}$$

$$\frac{\delta L}{\delta d(t)} \cdot d(t) = 0; \quad d_t \geq 0 \tag{64}$$

$$\frac{\delta L}{\delta z1} \cdot z1 = 0; \quad z1 \geq 0 \tag{65}$$

Wie bereits aus Gleichung (59) bekannt, handelt es sich bei der Deponiefläche um einen "unverzichtbaren Produktionsfaktor", für den der Grenznutzen gegen unendlich geht, wenn die Menge sich Null nähert. Daraus folgt:

$$d(t) > 0 \quad \textit{für alle} \ t, \tag{66}$$

so daß gilt:

$$\frac{\delta L}{\delta d(t)} = 0 \ \textit{für alle} \ t. \tag{67}$$

Wenn in jeder Periode Deponiekapazität genutzt wird, ist die Restriktion in allen Perioden t < T größer Null, denn erst in T wird der Bestand aufgebraucht.

$$z1(t) = 0 \quad \textit{für alle } t < T. \tag{68}$$

Daraus folgt wieder

$$\sum_{\tau=t}^{T} z1(\tau) = z1(T) \ \textit{für alle } t. \tag{69}$$

Aus Gleichung (62) und (67) folgt

$$z1(T) = (1+\sigma)^{1-T} \cdot (W'[d(T)] - KD'[d(T)]) \tag{70}$$

z1(T) sind die auf die erste Periode abdiskontierten Nutzungsgrenzkosten des Deponieflächenbestandes, da sie dem abdiskontierten Nettogrenznutzen entsprechen, den die letzte Periode bei der Nutzung einer Einheit zusätzlicher Deponiefläche realisieren könnte. Weiter ergibt sich aus (69) für alle Perioden:

$$z1(T) = (1+\sigma)^{1-t} \cdot (W'[d(t)] - KD'[d(t)]) \tag{71}$$

Demnach sind die abdiskontierten Nettogrenznutzen im Optimum in allen Perioden identisch und gleich den abdiskontierten Nutzungsgrenzkosten der letzten Periode. Diese Bedingung läßt sich umformen in:

$$z1(T) \ (1+\sigma)^{t-1} = (W'[d(t)] - KD'[d(t)]) \tag{72}$$

Die nominellen Nutzungsgrenzkosten müssen demnach in jeder Periode den Nettogrenznutzen entsprechen, ein aus der Ressourcenökonomie bekanntes Ergebnis, das sich wiederum umformen läßt in:

$$(W'[d(t)] = KD'[d(t)]) + z1(T) \ (1+\sigma)^{t-1} \tag{73}$$

In jeder Periode muß der nominelle Nettogrenznutzen gleich der Summe aus nominellen Deponiegrenzkosten und nominellen Nutzungsgrenzkosten sein.

Die periodenrelevanten Grenzkosten, die mit der Deponierung verbunden sind, setzen sich also aus Deponiekosten und Nutzungsgrenzkosten zusammen. Über die zeitliche Entwicklung dieser Kosten und die damit verbundene Nutzungsmenge lassen sich unter Verwendung von (71) ebenfalls Aussagen machen Es gilt:

$$z1(T) = (1+\sigma)^{1-t} \cdot (W'[d(t)] - KD'[d(t)]) \tag{74}$$

und ebenfalls:

$$z1(T) \quad (1+\sigma)^{2-t} \cdot (W'[d(t-1)] - KD'[d(t-1)]) \tag{75}$$

Daraus folgt:

$$(1+\sigma)^{1-t}(W'[d(t-1)] - KD'[d(t)]) = (1+\sigma)^{2-t}(W'[d(t-1)] - KD'[d(t)]) \tag{76}$$

und

$$(W'[d(t)] - KD'[d(t)]) = (1+\sigma)(W'[d(t-1)] - KD'[d(t-1)]) \tag{77}$$

Das Ergebnis ist aus der Ressourcentheorie gut bekannt: Die nominellen Nettogrenznutzen und damit die nominellen Nutzungsgrenzkosten steigen im Optimum von Periode zu Periode mit dem Zinssatz. Unter der Annahme sinkender Grenznutzen und konstanter Grenzkosten kann diese Bedingung ceteris paribus nur erfüllt sein, wenn die pro Periode genutzte Deponiemenge entsprechend sinkt.[57] Diese Ausssagen können graphisch wie in Abbildung 10 dargestellt werden.

Die Nutzungsgrenzkosten sind es, die nach Ansicht von FABER/STEPHAN/MICHAELIS (1989) oder MICHAELIS (1991) nicht bzw. nur unzureichend internalisiert sind. Daraus ergibt sich dann ein zu hoher heutiger Verbrauch

---

57 vgl. z.B. ENDRES/QUERNER (1993 S. 31ff).

von Deponiekapazität, der mit Preisschocks bestraft wird, wenn die Erschöpfung der Ressource unmittelbar bevorsteht.[58]

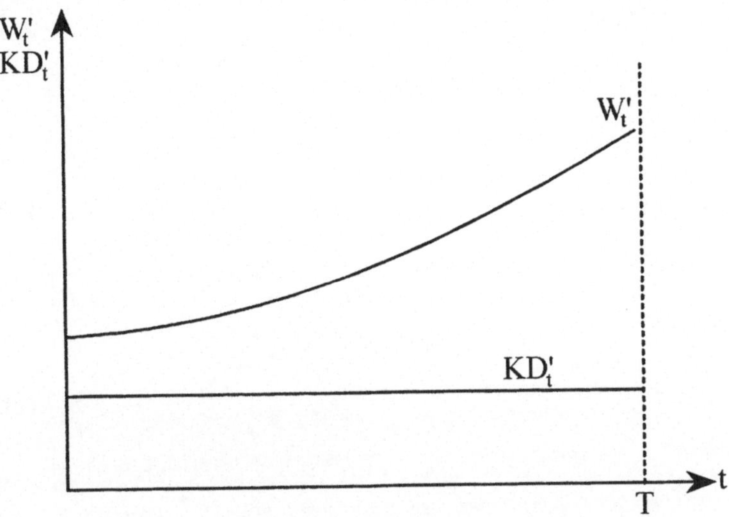

Abb.10: Hotelling-Pfad mit Nutzungsgrenzkosten (W$_t'$ - KD$_t'$)

4.1.3.2 Die optimale intertemporale Allokation im Falle einer Ricardo-Knappheit

Im folgenden sollen die Optimalitätsbedingungen für die intertemporale Allokation einer Ressource mit bestandsabhängig steigenden Verfüllungsgrenzkosten und ohne relevante physische Begrenzung betrachtet werden. Aus Kapitel 4.1.2. ging hervor, daß dieses die relevante Modellierung des intertemporalen Knappheitsproblems der Deponierung darstellt.

---

58 Vgl. FABER/STEPHAN/MICHAELIS (1989 S. 134 ff), die diese Auswirkungen für Baden-Württemberg zu berechnen versuchten.

Die Kosten seien eine Funktion des Bestandes an bereits verfüllten Deponievolumen (B). Die zu maximierende Zielfunktion lautet dann:

$$Z = \sum_{t=1}^{T} (1+\sigma)^{1-t} [W(d(t)) - KD(B(t))] \tag{78}$$

mit

$$B(t) = B(t-1) + d(t) \tag{79}$$

so daß

$$B(t) = \sum_{\tau=1}^{t} d(\tau) \tag{80}$$

Daraus ergibt sich folgende Lagrange-Funktion:

$$L = \sum_{t=1}^{T} (1+\sigma)^{1-t} [W(d(t)) - KD(B(t)) \\ + \lambda(t)(B(t) - B(t-1) - d(t))] \tag{81}$$

Es resultieren folgende Optimalbedingungen:

$$\frac{\delta L}{\delta d(t)} = W'(d(t)) - \lambda(t) = 0 \tag{82}$$

$$\frac{\delta L}{\delta B(t)} = (\frac{1}{1+\sigma})^{t-1} [-KD'(B(t)) + \lambda(t) - \frac{1}{1+\sigma}\lambda(t+1)] = 0 \\ \text{für } t=0,1\ldots T-1 \tag{83}$$

$$\frac{\delta L}{\delta B(T)} = -KD'(B(T)) + \lambda(T) = 0 \tag{84}$$

Das Gleichungssystem (83) läßt sich nach Division durch $(1+\sigma)^{1-t}$ und Umformung nach $\lambda(t)$ auflösen und folgendermaßen schreiben:

$$\lambda(t) = \frac{1}{1+\sigma}\lambda(t+1) + KD'(B(t))$$
$$\lambda(t+1) = \frac{1}{1+\sigma}\lambda(t+2) + KD'(B(t+1)) \qquad (85)$$

.

.

Dieses läßt sich schreiben als:

$$\lambda(t) = (\frac{1}{1+\sigma})^2\lambda(t+2) + KD'(B(t)) + \frac{1}{1+\sigma}KD'(B(t+1)) \qquad (86)$$

Bei Berücksichtigung aller Perioden ergibt sich somit:

$$\lambda(t) = (\frac{1}{1+\sigma})^{(T-t)}\lambda(T) + \sum_{t=\tau}^{T-1}(\frac{1}{1+\sigma})^{\tau-t}KD'(B(\tau)) \qquad (87)$$

Gleichung (84) läßt sich umformen zu:

$$\lambda(T) = KD'(B(T)) \qquad (88)$$

und in (87) einsetzen. Bei gleichzeitiger Verwendung von (82) folgt:

$$W'(d(t)) = \sum_{\tau=t}^{T}(\frac{1}{1+\sigma})^{(\tau-t)}KD'(B(\tau)) \qquad (89)$$

KD'(B(τ)) gibt dabei die Veränderung der Kosten in der Periode τ an, welche durch eine Veränderung der Verfüllungsmenge in t herbeigeführt wird.

Die Kosten heutiger Deponieverfüllung, die zukünftigen Generationen aufgebürdet werden, liegen im Falle der Ricardo-Knappheit in der Erhöhung der Deponiekosten für alle zukünftigen Perioden. Der Grenznutzen einer weiteren verfüllten Einheit in Periode t muß hier also einerseits die Verfüllungsgrenzkosten der jeweiligen Periode (t) und zum anderen die Summe der abdiskontierten Erhöhung der Deponiekosten aller zukünftigen Perioden decken, die hier "Zukunftsgrenzkosten" genannt werden sollen. Sie werden in der Literatur in der

Regel ebenso wie im Malthus-Fall als Nutzungskosten (user costs) bezeichnet, weil sie Kosten aus der Nutzung der Ressource darstellen. Mit dem hier verwendeten Begriff sollen die Kosten aus dem physischen Mangel an der Ressource (Nutzungskosten) von den Kosten aus dem Anstieg der Verfüllungskosten (Zukunftskosten) abgegrenzt werden.

Im folgenden sollen Aussagen über den Verlauf von Zukunftsgrenzkosten, Grenznutzen und Output über die Zeit abgeleitet werden. Ausgangspunkt ist die Überlegung, daß K(B(t)) abhängig ist von der bisher deponierten Menge.

Für die Bestimmung der optimalen Veränderung des Nettogrenznutzens macht man sich zunutze, daß die Ableitungen nach d(t) und d(t-1) im Optimalpfad jeweils gleich Null und damit identisch sind. So ergibt sich:

$$
\begin{aligned}
&W'(d(t)) - KD'(B(t)) - \sum_{\tau=t+1}^{T} (1+\sigma)^{t-\tau}\ \frac{\delta KD(B(\tau))}{\delta d(t)} \\
&= W'(d(t-1)) - KD'(B(t-1)) - \sum_{\tau=t}^{T} (1+\sigma)^{t-1-\tau}\ \frac{\delta KD(B(\tau))}{\delta d(t-1)}
\end{aligned}
\tag{90}
$$

Daraus folgt für den Zeitpfad des Nettogrenznutzens:

$$
\begin{aligned}
&W'(d(t)) - KD'(B(t)) \\
&= W'(d(t-1)) - KD'(B(t-1)) - (1+\sigma)^{-1}\ \frac{\delta KD(B(t))}{\delta d(t-1)} \\
&\quad + \sum_{\tau=t+1}^{T} (1+\sigma)^{t-\tau}\ \left(\frac{\delta KD(B(\tau))}{\delta d(t)} - (1+\sigma)^{-1}\frac{\delta KD(B(\tau))}{\delta d(t-1)}\right)
\end{aligned}
\tag{91}
$$

Ob der in der Periode anfallende Nettogrenznutzen von Periode t-1 auf t steigt oder fällt, hängt davon ab, in welchem Größenverhältnis die beiden letzten Summanden der Gleichung zueinander stehen. Da KD(B(t)) abhängig ist von der Summe der bisher deponierten Einheiten, nicht jedoch von ihrer zeitlichen Verteilung, so gilt

$$\frac{\delta KD(B(\tau))}{\delta d(t)} = \frac{\delta KD(B(\tau))}{\delta d(t-1)} \ . \qquad\qquad (92)$$

Beide Terme sind positiv.

Damit läßt sich der letzte Summand zusammenfassen zu

$$\sum_{\tau=t+1}^{T} (1+\sigma)^{t-\tau}(1-(1+\sigma)^{-1}) \ \frac{\delta KD(B(\tau))}{\delta d(t-1)} \qquad\qquad (93)$$

$(1-(1+\sigma)^{-1})$ ist für positive Diskontraten ebenfalls positiv, jedoch bei plausiblen Werten für die soziale Diskontrate klein. Entsprechend gelten bei positiven Diskontraten auch für den Summanden positive Werte. Je mehr sich jedoch t+1 an T annähert, um so kleiner wird sein Wert.

Der vorletzte Summand dagegen nimmt im Zeitablauf zu, wenn die Grenzkosten der Deponierung mit bereits verfüllter Menge steigen, wie dies im Ricardo-Modell angenommen wird. Eine eindeutige Aussage dazu, zu welchem Zeitpunkt der vorletzte Summand größer als der letzte ist, kann nicht gemacht werden. Das heißt, es ist möglich, daß der Nettogrenznutzen über den gesamten Zeitverlauf sinkt, mindestens aber tut er dieses gegen Ende des Zeithorizontes.[59]

Im optimalen Malthus-Pfad sinken die verfüllten Mengen unter der Annahme einer über die Zeit unveränderten Nachfragefunktion. Um auch für den Ricardo-Pfad unter diesen Annahmen Aussagen über die Veränderung der optimalen Menge an deponiertem Abfall machen zu können, soll die Entwicklung des Grenznutzens auf dem Optimalpfad betrachtet werden. Da der Grenznutzen ceteris paribus mit steigender deponierter Menge fällt, läßt sich unter der

---

59 Auch LEVHARI/LIVIATAN (1977 S. 185) weisen in ihrer kontrolltheoretischen Behandlung der Ricardo-Knappheit darauf hin, daß der Nettogrenznutzen global sinken muß, da in allen Perioden außer der letzten der Bruttogrenznutzen im Optimum um die Zukunftskosten größer sein muß als die Grenzabbaukosten, so daß in allen Perioden außer der letzten ein positiver Nettogrenznutzen entsteht. In der letzten Periode aber erfordert die Optimalbedingung aufgrund des Fehlens von Zukunftskosten einen Nettogrenznutzen von Null.

Annahme einer für alle Perioden identischen Nutzenfunktion über die Entwicklung des Grenznutzens auf die Entwicklung der optimalen Menge rückschließen.

Aus der Umformung von (91) ergibt sich

$$W'(d(t)) = W'(d(t-1)) + KD'(B(t)) - KD'(B(t-1)) - (1+\sigma)^{-1}\frac{\delta KD(B(t))}{\delta d(t-1)}$$
$$+ \sum_{\tau=t+1}^{T} (1+\sigma)^{t-\tau} \left(\frac{\delta KD(B(\tau))}{\delta d(t)} - (1+\sigma)^{-1}\frac{\delta KD(B(\tau))}{\delta d(t-1)}\right)$$

$$(94)$$

Es zeigt sich, daß für den Fall eines nicht endlichen Vorrates und steigender Grenzkosten keine eindeutigen Aussagen über die optimale zeitliche Entwicklung des Grenznutzens und damit der Menge an behandeltem Abfall gemacht werden können:

Der zweite Term auf der rechten Seite (KD'(B(t))-KD'(B(t-1))) ist im Ricardo-Modell mit verfüllungsratenunabhängigen Grenzkosten immer größer Null, da die Grenzkosten nur in Abhängigkeit der bereits verfüllten Deponiekapazität steigen. Diese hat von t-1 auf t zugenommen. Der dritte Term ist immer positiv, verursacht also für sich genommen eine Senkung des Grenznutzens im Zeitablauf. Der vierte Term ist sowohl unter der Annahme konstanter als auch steigender bestandsabhängiger Deponierungsgrenzkosten positiv, verringert sich allerdings aufgrund der abnehmenden Zahl zu berücksichtigender Perioden im Zeitablauf.[60] Dementsprechend sind sowohl steigende, konstante als auch sinkende zeitliche Verläufe mit den Optimalbedingungen vereinbar.[61]

---

60 Vgl. die Berechnungen zu diesem Term in der Gleichung (87).

61 Wieder kommen LEVHARI/LIVIATAN (1977, S. 186) zu einem ähnlichen Ergebnis: " We may find that output is increasing over time in the first phase. In fact, output may increase continually up to the point of termination".

Sinkende Verläufe sind nur möglich, wenn es nicht zu einer ökonomischen Erschöpfung der Ressource kommt. Am Ende des Zeithorizontes sind die Grenzkosten der letzten deponierten Einheit zwar gleich den Grenznutzen für diese Einheit, aber die Grenznutzen für die erste in jeder Periode zu deponierende Einheit liegen über diesen Grenzkosten. Nur dann ist es denkbar, daß in vorangegangenen Perioden bei einem höheren Preis eine niedrigere, aber positive Nachfrage befriedigt wurde. Bei einem "unverzichtbaren Produktionsfaktor", als den man die Deponierung bezeichnen kann,[62] ist eine ökonomische Erschöpfung auch nicht vorstellbar. Dies bedeutet jedoch nicht notwendig langfristig eine physische Erschöpfung, denn es gibt, wenn auch zu immer höheren Kosten, unendlich viele Möglichkeiten, Abfälle abzulagern.

Die Abb. 11 stellt einen einfachen Fall für die Entwicklung der Zukunftsgrenzkosten über die Zeit dar, in dem diese kontinuierlich abnehmen. Wie dargelegt ist dieser kontinuierliche Verlauf nicht zwingend, mindestens aber gegen Ende der Nutzungszeit müssen die Zukunftsgrenzkosten sinken, um am Ende des Zeithorizontes zu verschwinden.

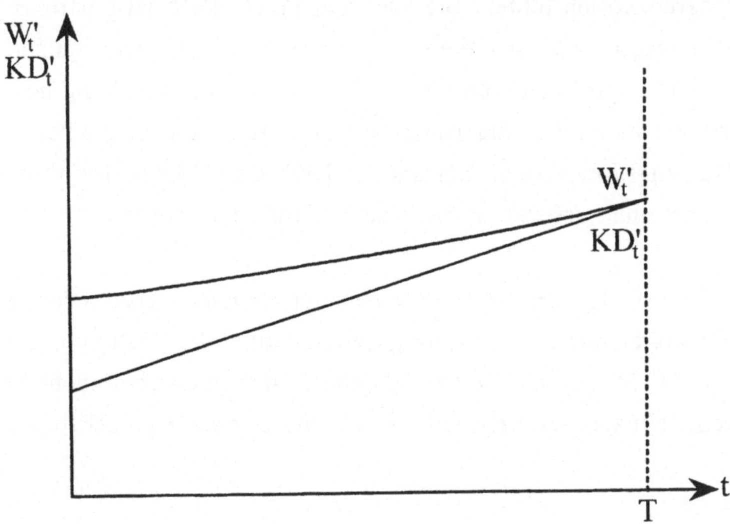

Abb. 11: Beispiel für die Entwicklung der Zukunftsgrenzkosten über die Zeit

---

62 Vgl. MICHAELIS (1991 S. 22).

Abbildung 11 macht zwei wesentliche Unterschiede zum Hotelling-Modell deutlich. Bei diesem rühren alle Preissteigerungen über die Zeit nur aus den Nutzungsgrenzkosten. Die Abbau- oder im Deponiefall Verfüllungsgrenzkosten bleiben über die Zeit konstant. Gleichzeitig aber nehmen die Nutzungsgrenzkosten kontinuierlich zu und erreichen im Zeitpunkt der Erschöpfung der Ressource ihren höchsten Wert.[63] Dieser ergibt sich (undiskontiert) bei endlichem Zeithorizont und unendlich hohem Prohibitivpreis aus dem verfügbaren Bestand, der Nachfragefunktion und den Abbaugrenzkosten.

Zur abfallpolitischen Bedeutung dieses Unterschiedes läßt sich folgendes sagen: Sollten die intertemporalen Knappheitskosten externe Kosten sein, die über eine Abgabe zu decken wären, so müßte diese Abgabe im Fall einer Malthus-Knappheit mit der Zeit steigen. Im Falle einer Ricardo-Knappheit dagegen könnte sie mit der Zeit sinken. Wichtiger noch ist jedoch der Umstand, daß sich die Höhe der User-costs zu jedem Zeitpunkt im Malthus-Modell bei gegebenen Zinssatz und Zeithorizont über die Nachfragefunktion und das Volumen an potentieller Deponiekapazität bestimmt. Dabei würde eine verminderte Nachfrage bei gleichem Preis ceteris paribus sogar zu einem Anstieg der Nutzungsgrenzkosten führen. Bei gleichem Preis, der ceteris paribus mit gleichen Nutzungsgrenzkosten verbunden wäre, wäre das Deponievolumen am Ende des Zeihorizontes nicht verfüllt, so daß zur Aufrechterhaltung des Bestandsgleichgewichts Preise und Nutzungsgrenzkosten steigen müßten. Das heißt, die Nutzungsgrenzkosten können mit Hilfe der Abfallpolitik in einem Malthus-Kontext nicht gesenkt, sondern nur internalisiert werden.

Im Ricardo-Kontext dagegen werden die Nutzungsgrenzkosten zu jedem Zeitpunkt ganz erheblich durch die zukünftige Veränderung der Verfüllungsgrenzkosten beeinflußt. Steigen die Verfüllungsgrenzkosten in der Zeit nicht mehr, so gibt es keine Nutzungsgrenzkosten, die Verfüllung von Deponiekapazität in

---

63 Vgl. als Einführung in die Problematik erschöpflicher Ressourcen mit endlichem Bestand und über die Zeit konstanten Abbaugrenzkosten z.B. ENDRES/QUERNER (1993).

einer Periode hätte keinen Einfluß auf die Wohlfahrt zukünftiger Perioden.[64] Nun haben wir bereits gesehen, daß durch Veränderung der Eigenschaften des eingelagerten Abfalls der zukünftige Anstieg von Verfüllungskosten zwar nicht vollständig verhindert, aber dennoch erheblich vermindert werden kann. Um Aussagen über die Bedeutung von Zukunftsgrenzkosten in der Bundesrepublik Deutschland zu machen, bietet es sich demnach an, die Auflagenpraxis in Deutschland im Hinblick auf ihre intertemporale Relevanz näher zu untersuchen.

4.1.4 Zur Interpretation der heutigen Auflagenpolitik

Bis vor kurzem waren deponierungsrelevante Auflagen vorrangig auf geologische Anforderungen bzw. auf deponietechnische Sicherungsmaßnahmen gerichtet (SRU 1990 S. 434). Die Beschaffenheit der Abfälle spielte keine Rolle, solange es sich nicht um besonders überwachungsbedürftigen Abfall handelte, der nur gesondert abgelagert werden durfte. Die Auflagen an die Beschaffenheit von oberirdisch deponierten Abfällen sind in jüngster Zeit durch die TA Abfall verschärft worden. Die folgenden Ausführungen beginnen mit den geologischen bzw. hydrogeologischen Anforderungen.

4.1.4.1 Hydro-geologische Anforderungen

Wie bereits erwähnt, lassen sich die heute geltenden hydro-geologischen Anforderungen an Deponiestandorte nicht als Begrenzung für potentielle Deponiekapazitäten verstehen. Keine Gesellschaft wird sich freiwillig in eine Situation bringen, in der keine Produktion mehr möglich ist, nur um eine Erhöhung der gesamtwirtschaftlichen Kosten der Deponierung zu verhindern.

---

64 Auch bei endlichem Deponievolumen sind natürlich bestandsabhängige Verfüllungskosten denkbar. Hier würde aber eine Verhinderung des zeitlichen Anstiegs der Verfüllungsgrenzkosten keineswegs zu einem Verschwinden der Nutzungsgrenzkosten führen.

Um die Funktion der hydro-geologischen Auflagen im intertemporalen Kontext interpretieren zu können, ist es sinnvoll, sich noch einmal die optimale zeitliche Allokation unterschiedlicher Deponien zu vergegenwärtigen. Wie bereits angesprochen und analog aus der Ressourcenökonomie bekannt, ist es in der Regel gesellschaftlich optimal, zuerst die Deponien mit den geringsten Deponierungsgrenzkosten zu verfüllen. Es läßt sich ebenfalls zeigen, daß dies auch im Interesse gewinnmaximierender Unternehmen liegt, sofern private und gesellschaftliche Kosten identisch sind.[65]

Ohne Auflagen aber wären die Kosten der Deponierung weitgehend extern. Solange ein Unternehmen keine Rückwirkungen auf seine eigene Produktion zu befürchten hat, ist es betriebswirtschaftlich am günstigsten, den Abfall in unmittelbarer Nähe auf einem möglichst billigen Grundstück abzulagern. Die Kosten für die Gesellschaft wären immens hoch, obwohl es bei sorgfältiger Wahl des Standortes wahrscheinlich möglich wäre, Ablagerungsplätze zu finden, die zwar mit höheren betrieblichen aber niedrigeren gesellschaftlichen Kosten verbunden wären.

Die hydro-geologischen Anforderungen an Deponiestandorte kann man deshalb als Vorkehrungen interpretieren, die sicherstellen sollen, daß zu einem bestimmten Zeitpunkt nur die Deponien verfüllt werden, bei denen die gesamtwirtschaftlichen Kosten so gering wie möglich sind. Auf diese Weise wird im Prinzip ebenfalls sichergestellt, daß - wie volkswirtschaftlich optimal - zuerst die Deponien verfüllt werden, bei denen gesamtwirtschaftlich die niedrigsten Kosten anfallen.[66] Ihre ökonomische Legitimation erhalten die hydro-geologischen Anforderungen also durch die Existenz von externen Effekten.

Im intertemporalen Kontext allerdings erscheint es notwendig, diese Anforderungen irgendwann zu lockern, wenn keine Deponiestandorte mit den gewünschten Eigenschaften mehr vorhanden sind oder die Kosten der Erschlie-

---

65 Vgl. analog für das Ressourcenmodell z.B. ENDRES/QUERNER (1993 S. 40 ff)..

66 Natürlich gibt es auf Grund des politischen Prozesses immer Abweichungen von dieser idealistischen Sichtweise, dennoch kann die Argumentation im Kern aufrechterhalten werden.

ßung dieser Deponien aus anderen Gründen stark in die Höhe gehen. Dies würde ceteris paribus zu einem Anstieg der ökologischen Kosten führen, wie er heute noch als untolerierbar angesehen wird. Das heißt, hydro-geologische Anforderungen sorgen dafür, daß zuerst die Deponiestandorte mit den geringsten volkswirtschaftlichen Kosten genutzt werden. Sie führen damit erst zu dem Anstieg der volkswirtschaftlichen Kosten über die Zeit, der wie oben dargelegt, bei Vorhandensein unterschiedlicher Standorttypen volkswirtschaftlich optimal ist. Will man den Anstieg der Kosten über die Zeit verhindern, muß man jedoch zu anderen Instrumenten greifen.

Wie bereits erwähnt, können die ökologischen Folgekosten, die maßgeblich für den Anstieg der Verfüllungskosten über die Zeit verantwortlich sind, auch durch zusätzliche Sicherungsmaßnahmen am Deponiekörper oder Anforderungen an die abgelagerten Abfälle verringert werden. Grundsätzlich geht man jedoch davon aus, daß technische Maßnahmen geologische Mängel nur bedingt ersetzen können, da ihre Haltbarkeit begrenzt ist (SRU 1990 S. 434). Als wichtigste Möglichkeit zur langfristigen Verhinderung von ökologischen Schäden wird allgemein die Behandlung des Abfalls selbst gesehen (ebda S. 434). Die folgenden Ausführungen beziehen sich auf die Anforderungen an die Beschaffenheit des Abfalls, sie wären aber auch auf Sicherheitsanforderungen an Deponien übertragbar, wenn diese langfristige Sicherungen gewährleisten könnten.

4.1.4.2   Anforderungen an die Beschaffenheit der Abfälle

Nach der neuen TA-Abfall dürfen in Deutschland nach einer Übergangszeit von mehreren Jahren sowohl Sonderabfälle als auch Siedlungsabfälle nur noch oberirdisch gelagert werden, wenn sie auch auf lange Sicht keine negativen Auswirkungen auf die Umwelt befürchten lassen (BMU 1992 S. 352), d.h. weitgehend inert sind. Sickerwässer aus diesen Abfällen müssen demzufolge Grenzwerte einhalten, die zur Zeit nur über eine thermische Behandlung von Abfällen zu erreichen sind.Vorbild ist hier die Schweiz, in der bereits seit 1991 nach der Technischen Verordnung Abfall der Übergang auf "Inertstoffdeponien" vorgesehen (BACCHINI/BELEVI/LICHTENSTEIGER 1992 S. 44).

Diese Auflagen verändern sowohl die momentan mit der Deponierung verbundenen Kosten als auch ihren Verlauf über die Zeit. Während man bei unbehandeltem Abfall, wie bereits gesagt, davon ausgehen muß, daß eine Ausdehnung der Deponieräume auf geologisch weniger geeignete Flächen zu einem starken Anstieg der ökologischen Kosten führt, so ist dies bei inertem Abfall nicht mehr der Fall.

Wenn man unterstellen kann, daß die Inertisierung gelingt, so wird der zu erwartende Grenzkostenverlauf über die Zeit wesentlich flacher, weil auch beim Übergang auf andere Deponiestandorte kein großer Anstieg der ökologischen Kosten zu befürchten ist. Der verbleibende Anstieg der Deponierungskosten wird weitgehend auf andere Gründe zurückzuführen sein: Z. B. könnten die technischen Sicherungsmaßnahmen steigen, wenn in die Höhe oder in die Tiefe gebaut wird. Ebenso ist auf lange Sicht eine Konkurrenz in der Flächenbeanspruchung mit immer höherwertigen Nutzungen wahrscheinlich, die ebenfalls zu einer Steigerung der volkswirtschaftlichen Kosten für die Deponierung führen. Dieser Kostenanstieg dürfte aber sehr viel moderater ausfallen als der Anstieg der ökologischen Kosten ohne Behandlung. Dies wurde im Kapitel 4.1.2.2 bereits ausgeführt.[67]

Dementsprechend nehmen die Zukunftsgrenzkosten bei behandeltem Abfall keine sehr großen Werte mehr an, sie dürften weitgehend durch die Erhöhung der Grundstückspreise bestimmt sein. Die volkswirtschaftlichen Kosten der eigentlichen Deponierung von behandeltem Abfall liegen, sofern eine weitgehende Inertisierung gelingt, vor allem in den tatsächlichen Deponierungskosten, die weitgehend intern anfallen.

Nicht zu vergessen ist allerdings, daß die Behandlung als eine in diesem Fall unmittelbar mit der Deponierung verbundene Tätigkeit ihrerseits mit ökologischen Kosten in Form von Emissionen in die Luft oder Gewässer verbunden

---

67 Vgl. auch die Abb. 9.

ist. Solange diese nicht internalisiert sind, komt es auch bei fehlenden intertemporalen Knappheitskosten zu einer suboptimalen Allokation. Diesem Problem widmet sich das Kapitel 4.2.

Im intertemporalen Kontext gesehen, verringert die Behandlung von Abfällen also den Anstieg der ökologischen Kosten der Deponierung auch beim Übergang auf geologisch ungünstigere Standorte und verringert so auch die bei jeder heutigen Deponierung zu berücksichtigenden Zukunftskosten. Gleichzeitig führt sie jedoch auch zu einer Verschiebung externer Kosten auf andere Umweltmedien.

In dem Maße, in dem die Inertisierung von Abfällen immer besser gelingt, kann die heute noch starke Regulierung der Standortwahl entfallen.[68] Die Auflagen führen dazu, daß die gesamtwirtschaftlichen Kosten zum größten Teil betriebswirtschaftliche Kosten werden, so daß man von der privaten Seite eine genauso gute Allokation der Inanspruchnahme von Deponien über die Zeit erwarten kann wie von staatlicher Seite.[69] Dies gilt selbst dann, wenn die Auflagen suboptimal hoch sind. Bei einer weitgehenden Inertisierung der Abfälle fallen keine externen Kosten an. Zwar sind gesellschaftliche *und* betriebliche Kosten zu hoch, doch bleibt eine staatliche Regulierung der Standorte unnötig, wenn keine externen Effekte auftreten. Sicher bleiben Kontrollen und Regulierungen weiterhin notwendig, doch sollten sie sich in erster Linie auf die Beschaffenheit des Abfalls beziehen. Bei inertem Abfall verliert die Regulierung seines Verbleibs an Bedeutung.

Allerdings wird es Abfälle geben, die auch nach der Behandlung eine Gefahr für die Zukunft darstellen (z.B. Atom-Abfälle). Für diese können nur bestimmte Deponien eine weitgehende Sicherheit vor Gefahren bieten. Sind diese erschöpft, steigen die ökologischen Kosten der Ablagerung stark an, so daß hier auch relevante Zukunftsgrenzkosten zu berücksichtigen sind.

---

68 So auch SRU (1990 S. 94).

69 Dies schließt nicht aus, daß bestimmte Gebiete z.B. Wasserschutzgebiete, als "Abfallsperrzonen" definiert werden, in denen Ablagerungen auch weiter nicht gestattet sind.

4.1.5 Die Internalisierung von Zukunftskosten in den Abfallpreisen und -gebühren

Ausgangspunkt des vorliegenden Beitrags war die Frage, ob eine unvollständige Internalisierung von intertemporalen Knappheitskosten vorliegt. Es konnte gezeigt werden, daß es sich bei den zu internalisierenden Kosten um Zukunftskosten handelt, die aus dem bestandsabhängigen Anstieg der Deponierungskosten herrühren. Gleichzeitig wurde deutlich, daß dieser Anstieg durch entsprechende Abfallbehandlung stark verringert werden kann. Auf dieser Grundlage kann jetzt versucht werden, die Frage zu beantworten, inwieweit öffentliche und private Entsorger die Zukunftskosten in die Kalkulation einbeziehen werden.

HOTELLING (1931) hat gezeigt, daß Ressourcenbesitzer die Nutzungskosten in ihrer Entscheidungsfindung berücksichtigen. Nutzungskosten sind damit im intertemporalen Ressourcenmodell interne Kosten, so daß es im Modell der vollkommenen Konkurrenz zu einem Zusammenfallen der gesellschaftlich optimalen und gleichgewichtigen Allokation kommt. Dieses Ergebnis beruht jedoch auf der Annahme vollständiger Zukunftsmärkte. Da es diese Märkte für Deponien nicht gibt, bestehen hier (wie natürlich auch bei anderen Ressourcen) große Unsicherheiten über die zeitliche Entwicklung der Kosten. Aus diesem Grund erscheint es plausibel, anzunehmen, daß die Unternehmen ihren Entscheidungen einen wesentlich kürzeren Zeithorizont zugrundelegen als die Gesellschaft. Eine Planung auf lange Zeiträume lohnt sich bei starken Unsicherheiten nicht.

Empirische Aussagen zu der Kalkulation von Entsorgern gibt es nur wenige und wenn, dann meist über die öffentlichen, kaum über die privaten Entsorger. Es wurde in Kapitel 3 bereits dargelegt, daß öffentliche Entsorger keinen Gewinn machen dürfen und nur "nach betriebswirtschaftlichen Grundsätzen" ansatzfähige Kosten in der Kalkulation veranschlagen dürfen.[70] Zu diesen betriebswirtschaftlichen Kosten werden intertemporale Knappheitskosten nicht

---

70 Zur Diskussion um den Ermessensspielraum für Kommunale Abgabengebühren vgl. z.B. DAHMEN (1988), GROSS (1989), SIECKMANN (1994) und ZWEHL/KAUFMANN (1994).

gerechnet (Vgl. Kap. 3.1.1.2). Allerdings dürfen sie, wie ebenfalls bereits erwähnt, ihre Gebühren auf der Basis von Wiederbeschaffungskosten berechnen. VAN MARK/NELLESSEN (1993 S. 24) erklären sich die teilweise erheblichen Preissteigerungen in den letzten Jahren zu einem großen Teil aus dem Übergang zur Kalkulation auf Wiederbeschaffungskosten.

Private Anbieter sind prinzipiell frei in ihrer Preissetzung. Sie dürften demnach auch intertemporale Knappheitskosten in ihr Kalkül mit einbeziehen. Wie bereits erwähnt, ist jedoch damit zu rechnen, daß ihr Zeithorizont geringer als der gesellschaftliche Zeithorizont ist. Es erscheint plausibel anzunehmen, daß sie bei ihrer Preisfestlegung mit Wiederbeschaffungskosten kalkulieren. Eine Berücksichtigung später liegender Kostensteigerungen wird schon allein aufgrund mangelnder Informationen über diese Entwicklungen unterbleiben.[71]

Wie in Kapitel 3.1.1.2 dargelegt, sind die Entsorgungspreise (und -gebühren) keine Grenzkostenpreise. Durch den Ansatz von Durchschnittspreisen bei den öffentlichen Entsorgern kommt es zu Abweichungen nach unten. Private Deponiebetreiber übernehmen nur einen geringen Teil des Abfalls (SRU 1994 S. 200), der vorwiegend auf die eigenen Deponien geht. Als Fremdentsorger stehen sie auch in Konkurrenz zur öffentlichen Hand, die in vielen Bundesländern auch Sonderabfalldeponien betreibt. Damit kann davon ausgegangen werden, daß die privaten Anbieter, soweit es um die Deponierung von Abfällen geht, nur dann eine monopolartige Stellung innehaben, wenn Landespläne ihnen Abfall zuweisen. Dies dürfte aber wenigstens mit einer gewissen Kontrolle der Preise verbunden sein.Im folgenden soll dieser Aspekt jedoch zuerst einmal nicht weiter berücksichtigt werden. Die folgenden Betrachtungen beschränken sich auf die Frage, inwiefern Wiederbeschaffungskosten als ein guter Indikator für Zukunftskosten angesehen werden können, inwiefern also Grenzkostenpreise auf der Basis von Wiederbeschaffungskosten zu einer zufriedenstellenden Internalisierung der Zukunftskosten führen.

---

71 Ebenso erscheint es gerechtfertigt anzunehmen, daß in den Preisen für Deponiegrundstücke die Zukunftskosten nicht internalisiert sind. Eine solche Internalisierung scheitert in der Realität sowohl an Informationsproblemen als auch an der Möglichkeit der Enteignung.

Die Wiederbeschaffungskosten geben an, welche zukünftigen Kosten die Verfüllung einer Einheit heute verursacht. Sie sind damit ähnlich definiert wie die Zukunftskosten. Allerdings ist die Zukunft hier nur definiert bis zum Zeitpunkt der Inbetriebnahme einer neuen Deponie. Der Zeithorizont ist damit deutlich kürzer als er für gesellschaftliche Entscheidungen sein sollte. Auf der anderen Seite werden diese Wiederbeschaffungskosten in der Regel nicht diskontiert. So gehen sie, genügend Information vorausgesetzt, mit einem höheren Wert in die Kalkulation ein, als dies in volkswirtschaftlicher Betrachtungsweise bei Ansatz einer positiven sozialen Diskontrate wäre. Ob die Zukunftskosten höher oder niedriger als die Wiederbeschaffungskosten ausfallen, hängt vor allem von dem Anstieg der Deponierungskosten über die Zeit und von der sozialen Diskontrate ab.

Wie bereits oben erwähnt, dürfte sich der Anstieg der Deponierungskosten über die Zeit durch die Anwendung einer inertisierenden Abfallbehandlung deutlich verringern. Wiederbeschaffungskosten, welche die Anforderungen an Sicherungsstandards und hydro-geologische Charakteristika der neuesten Regelwerte korrekt antizipieren, dürften damit wesentliche Faktoren der Zukunftskosten erfaßt haben. Zwar ist dies nicht in Heller und Pfennig nachzurechnen, doch dürfte angesichts der Schwierigkeit einer Messung von Zukunftskosten mit dem Ansatz von Wiederbeschaffungskosten ein zufriedenstellender Internalisierungsgrad für die intertemporalen Knappheitskosten erreichbar sein. Es erscheint zumindest fraglich, ob staatliche Politik eine stärkere Annäherung an die optimalen Preise erreichen kann.

Die bisherigen Überlegungen gingen von Grenzkostenpreisen aus. Gibt man diese Annahme auf und erhöht den Realitätsgehalt der Annahmen, indem man kostendeckende Gebühren berücksichtigt, die dann den Durchschnittskosten entsprechen, so ist für das Ausmaß der daraus unter Umständen resultierenden Verzerrung der Verlauf von Durchschnitts- und Grenzkosten wichtig. Unzweifelhaft sind die Fixkosten für die Errichtung einer Deponie sehr hoch und durch die neuen Anforderungen an die Deponierung noch erheblich gestiegen. Dies führt dazu, daß der Anteil der Fixkosten an den durchschnittlichen Gesamtkosten relativ hoch ist. Die durchschnittlichen Fixkosten fallen mit zunehmender Menge. Hohe Fixkosten bedeuten deshalb, daß die Durchschnittskosten auch dann noch fallen, wenn die Grenzkosten schon lange steigen. Allerdings hängen diese Kosten in nicht unerheblichem Maße von der gewählten Deponiekapazität ab.

Für die reine Verfüllungstätigkeit pro Periode erscheinen steigende Grenzkosten und steigende Durchschnittskosten plausibel. Als Faktoren, die zu einem Anstieg der Grenzkosten bei steigender Verfüllungsmenge pro Periode führen, können z.B. Überwachungs- und Transportkosten auf dem Deponiegelände selbst gesehen werden.[72] Auch für Deponien gibt es also eine optimale Betriebsgröße, von der ab die Grenzkosten oberhalb der langfristigen Durchschnittskosten liegen. Da es allerdings auf Grund von relativ hohen Transportkosten regional begrenzte Märkte gibt,[73] ist es dennoch möglich, daß die optimale Betriebsgröße oberhalb der relevanten regionalen Nachfrage liegt.

Insofern ist es noch nicht einmal in jedem Fall eindeutig, daß die Durchschnittskosten für die einzelne Deponie unterhalb der Grenzkosten liegen. Nur in diesem Fall würden öffentliche Anbieter von Deponien, im wesentlichen die Kommunen, zu niedrige Gebühren verlangen.[74] Die Differenz ist aber weniger durch Zukunftskosten bestimmt, sondern vielmehr aus der Differenz zwischen Durchschnitts- und Grenzkosten. Um eine Abgabenhöhe zu bestimmen, die auf eine pareto-optimale Internalisierung zielt, müßte demnach zuerst empirisch die Höhe der Differenz zwischen Durchschnitts- und Grenzkosten bestimmt werden. Ob es hier zu einem relevanten Auseinanderfallen beider Größen kommt, die eine zusätzliche Abgabe rechtfertigen, ist noch völlig offen.

---

72 HECHT (1991 S. 161 f.) argumentiert mit der höheren Gefahr von Risiken bei Großanlagen um Grenzen der Balklung periodischer Nachfrage an einem Standort aufzuzeigen.

73 Vgl. hierzu HECHT (1991 S. 135ff) und S. 161f zum U-förmigen Verlauf der Kostenkurven für Deponien.

74 Diese Argumentation geht davon aus, daß es keine Ineffizienzen in der kommunalen Leistungserstellung gibt, welche zu c.p. überhöhten Deponierungsgebühren führen.

Allerdings gelten die Aussagen zur Internalisierung von Zukunftskosten durch den Ansatz von Wiederbeschaffungskosten nur für den Fall, daß eine Inertisierung der Abfälle weitestgehend gelingt. Erst dann kann man davon ausgehen, daß die Wiederbeschaffungskosten ein einigermaßen korrekter Indikator für die Nutzungsgrenzkosten sind. Gelingt eine Inertisierung nicht, dann dürften die externen Verfüllungsgrenzkosten in der Zukunft erheblich steigen, so daß Wiederbeschaffungskosten mit ihrem kurzen Zeithorizont und ihrer Beschränkung auf betriebliche Kostenaspekte nur einen Teil der Zukunftskosten reflektieren können. Da nicht alle Abfälle einer Inertisierung gleichermaßen gut zugänglich sind, so daß einige in speziellen Deponien gelagert werden müssen, kann auch bei diesen Abfällen eine Abgabe zur Internalisierung von externen Zukunftskosten beitragen.

4.1.6   Ergebnis

Im Verlauf dieses Kapitels konnte gezeigt werden, daß der relevante Ansatz zur ökonomischen Analyse der Abfalldeponierung das intertemporale Konzept der Ricardo-Knappheit ist. Im Ricardo-Modell bestimmen sich die Nutzungskosten - hier Zukunftskosten genannt - wesentlich aus den Kostensteigerungen in der Zukunft, die durch die heutige Verfüllung von Deponien verursacht werden. Je nach dem Verlauf dieser bestandsabhängigen Kosten sind unterschiedliche Verläufe für die Zukunftskosten, die Grenznutzen und damit den Output über die Zeit möglich. Ihnen allen ist aber gemeinsam, daß die Zukunftsgrenzkosten am Ende des Zeithorizontes verschwinden. Hier liegt ein wesentlicher Unterschied zu den Nutzungskosten im Konzept der Malthus-Knappheit.

Das intertemporale Konzept der Ricardo-Knappheit erlaubt eine Interpretation der heutigen Auflagenpolitik, die zur ökonomischen Legitimierung von Standortanforderungen führt. Gleichzeitig werden aber auch Möglichkeiten offenbar, den durch neue Auflagen - insbesondere der Technischen Verordnung Abfall in der Schweiz und der TA Abfall in der Bundesrepublik - veränderten Verhältnissen durch eine Aufweichung der bisherigen Standortanforderungen Rechnung zu tragen: Ökologische externe Effekte der Deponierung selbst sind für die meisten Stoffe durch die neuen Anforderungen an die oberirdische Ablagerung von Abfällen weitgehend ausgeschlossen. Damit treten durch privatwirtschaftliche Standortentscheidungen kaum noch externe Kosten auf. Auch wenn die Anforderungen an die Behandlung von Abfällen suboptimal hoch sein sollten, entfällt die Notwendigkeit, unternehmerische Entscheidungen über Standortanforderungen zusätzlich zu regulieren.

Die Frage, ob die Zukunftskosten in den Entsorgungspreisen genügend berücksichtigt werden können, läßt sich für die Mehrzahl der Stoffe - zumindest für die Zukunft - ebenfalls prinzipiell positiv beantworten. Die vorgesehene weitgehende Inertisierung der Abfälle führt einerseits dazu, daß auch beim Übergang auf geologisch bedenklichere Deponiestandorte, der auf die Dauer unumgänglich sein wird, die gesamtwirtschaftlichen Grenzkosten der Deponierung kaum zunehmen. Damit dürften die Zukunftsgrenzkosten durch Wiederbeschaffungskosten weitgehend erfaßt sein. Wiederbeschaffungskosten werden aber schon heute in vielen Gebührenkalkulationen von privaten und öffentlichen Deponiebetreibern angesetzt.[75] Intertemporale Knappheitskosten können damit in den Entsorgungspreisen weitgehend erfaßt werden. Allerdings gilt dies erst für die Preise, die sich aus einer weitgehenden Inertisierung ergeben. Eine Internalisierung setzt zudem voraus, daß insbesondere die öffentlichen Entsorger die ihnen gebotenen Möglichkeiten zur Einbeziehung von Wiederbeschaffungskosten in die Gebührenkalkulation tatsächlich nutzen.

Zudem wird es Stoffe geben, die einer Inertisierung nicht zugänglich sind. Wenn diese Stoffe, anders als zum Beispiel Bodenaushub, ökologisch gefährlich sind, dann müssen sie auch in Zukunft in besonderen Standorten deponiert werden, oder die Kosten werden ganz erheblich steigen. Für diese Stoffe kann nicht davon ausgegangen werden, daß Wiederbeschaffungskosten mit ihrem kurzen Zeithorizont die intertemporalen Kosten richtig erfassen.

---

75 Dem stehen zwar in der Regel keine Rückstellungen für Ersatzbeschaffungen gegenüber (SIEKMANN 1994 S. 446). was hinsichtlich des Kostendeckungsprinzips ein Problem darstellt. Die Kommune wird nämlich ihre Gebühren für zukünftige Nutzer nicht entsprechend senken. Aus allokationstheoretischer Sicht entspricht dieses Verhalten dem Erzielen einer Rente aufgrund intertemporaler Knappheit und ist von daher unproblematisch.

4.2 Ökologische Kosten der Beseitigung von Abfällen

Ökologische Kosten der Deponierung fallen zu einem großen Teil erst in der Zukunft an. Zwar kann der Deponiebetreiber auch dann nach Polizei- und Ordnungsrecht zur Gefahrenabwehr herangezogen werden (SRU 1989 S. 204ff). Doch kann er zum Zeitpunkt der Deponierung kaum abschätzen, zu welchen Sanierungsmaßnahmen er einmal herangezogen werden wird und welche Kosten dann auf ihn zukommen. Deshalb, und wegen teilweise fehlender rechtlicher Ermächtigung[76], kann man davon ausgehen, daß ökologische Kosten von den Kommunen nicht in die Gebührenfestlegung einbezogen werden. Aus der auf Emissionen gerichteten umweltökonomischen Debatte über die Vorteilhaftigkeit von Abgaben gegenüber Auflagen wissen wir jedoch, daß bei vollkommener Information optimale Auflagen festgelegt werden können, die dasselbe Emissionsniveau herbeiführen wie eine vollständige Internalisierung aller Kosten. Auch in der Abfallpolitik wird in der Bundesrepublik vor allem über Auflagen an die Beschaffenheit von Deponiekörpern (und neuerdings an die Beschaffenheit des Abfalls) versucht, negative ökologische Folgen zu vermeiden.

Im folgenden soll es nicht so sehr um die Frage gehen, ob die Auflagen optimal formuliert sind. Dies ist ohne eine empirische Evaluierung aller Kosten und Nutzen nicht festzustellen. Vielmehr soll untersucht werden, ob die Auflagen an die Sicherheit von Deponien, falls sie optimal gesetzt wären, auch zu einer optimalen Allokation im Abfallbereich führen würden.

4.2.1 Auswirkung optimaler Sicherungsstandards auf die Internalisierung ökologischer Kosten

MICHAELIS (1993 S. 19 f) zeigt, daß es selbst dann zu einer zu geringen Belastung der Abfallerzeuger kommt, wenn die Sicherungsstandards optimal

---

76 Vgl. Kap. 3.1.1.2.

festgelegt sind. Denn auch in diesem Fall werden nur die betrieblichen Deponierungskosten (KD_{pr}), nicht aber die ökologischen Kosten (KD_{ex}) als betriebswirtschaftliche Kosten umgelegt (vgl. Abb. 12)

Im folgenden soll die graphische Argumentation von MICHAELIS (1993) formal untermauert und etwas stärker differenziert werden. Wir verwenden dabei eine Formulierung, die dem Modell aus Kapitel 2 sehr ähnlich ist. Der einfacheren Darstellung wegen wird jedoch auf die Einbeziehung von Sekundärproduktion verzichtet. Dies ist insofern kein Problem für das Ergebnis, als die Optimalbedingungen für x und r bei allen Innenlösungen voneinander unabhängig sind und die Deponiekosten, um die es an dieser Stelle geht, nur von der Primärproduktion abhängen. Da in diesem Kapitel die Internalisierung ökologischer Kosten im Mittelpunkt der Analyse steht, sollen im folgenden die Deponierungskosten KD in KD_{pr} und KD_{ex} aufgeschlüsselt werden. Auf die Berücksichtigung von Nutzungsgrenzkosten sei hier verzichtet.

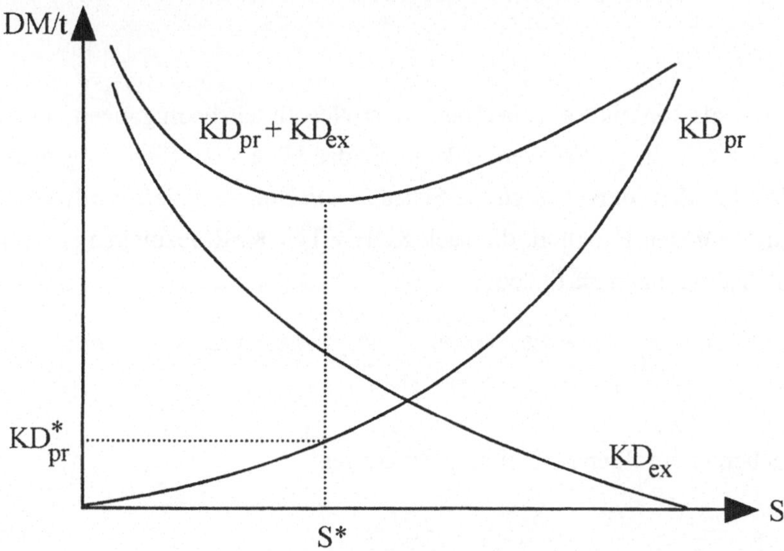

Abb. 12: Betriebswirtschaftliche Kosten beim volkswirtschaftlich effizenten Sicherungsniveau (leicht verändert übernommen aus MICHAELIS 1993 S. 19)

KD_{pr}, die direkten Kosten stellen alle die Kosten dar, die beim Deponiebetrieb unmittelbar anfallen. Im Gleichgewichtsmodell wären dies die internen Kosten der Deponiebetreiber. Sie sind sowohl abhängig von der abgelagerten Menge, nach dem Materialbilanzansatz also x, sowie den Sicherungsmaßnahmen S. Je höher das Sicherungsniveau ist, desto größer sind ceteris paribus die direkten Deponiekosten.

KD_{ex}, die ökologischen Kosten entsprechen den Kosten, die über Emissionen aus dem Abfall entstehen, vorwiegend also Emissionen ins Grundwasser. Auch diese sind sowohl von x als von S abhängig. Hier ist es jedoch so, daß KD_{ex} mit zunehmendem x steigt und mit zunehmendem S sinkt. Je höher die Sicherungsmaßnahmen, desto geringer die ökologischen Schäden jeder eingelagerten Einheit.

Es ergibt sich die folgende Zielfunktion:

$$W = ZB(x) - K_1(x) - KD_{pr}(x, S) + KD_{ex}(x, S) \qquad max! \qquad (95)$$

Wenn wir als Restriktion neben den Nicht-Negativitätsbedingungen noch einfügen, daß s nicht größer werden kann als das Niveau an Sicherungsmaßnahmen S^+, bei dem der ökologische Schaden auf Null reduziert wird, kommen wir zur folgenden Funktion, die nach KUHN-TUCKER abzuleiten ist, um die Optimalbedingungen zu finden:

$$L = ZB(x) - K_1(x) - KD_{pr}(x, S) - KD_{ex}(x, S) + z(S^+ - S) \quad max! \quad (96)$$

Es ergeben sich folgende Optimalbedingungen:

$$\frac{\delta L}{\delta x} = \frac{dZB}{dx} - \frac{dK_1}{dx} - \frac{\delta KD_{pr}}{\delta x} - \frac{\delta KD_{ex}}{\delta x} \leq 0 \qquad (97)$$

$$\frac{\delta L}{\delta x} \cdot x = 0; \quad x \geq 0 \qquad (98)$$

$$\frac{\delta L}{\delta S} = - \frac{\delta KD_{pr}}{\delta S} - \frac{\delta KD_{ex}}{\delta S} - z \leq 0 \qquad (99)$$

$$\frac{\delta L}{\delta S} \cdot S = 0; \quad S \geq 0 \qquad (100)$$

$$\frac{\delta L}{\delta z} = S^{+} - S \geq 0 \qquad (101)$$

$$\frac{\delta L}{\delta z} \cdot z = 0; \quad z \geq 0 \qquad (102)$$

Betrachten wir jetzt Innenlösungen, bei denen also das optimale Maß an Sicherungsmaßnahmen noch ökologische Schäden zuläßt:

Dann ist $z = 0$ und es gilt:

$$\frac{\delta KD_{pr}}{\delta S} = - \frac{\delta KD_{ex}}{\delta S} \qquad (103)$$

Für die Sicherungsmaßnahmen gilt die auch für Emissionsvermeidungsmaßnahmen bekannte Optimalitätsbedingung, daß ihr Niveau genau soweit ausgeweitet wird, bis die zusätzlichen privaten Kosten einer weiteren Einheit gleich den vermiedenen ökologischen Schäden sind. Die Primärproduktion wird im Optimum soweit ausgedehnt, bis die marginale Zahlungsbereitschaft gerade der Summe aus den mit den optimalen Sicherungsmaßnahmen verbundenen privaten und ökologischen Grenzkosten einer weiteren Primärprodukteinheit entspricht. Wir wollen die Werte der Innenlösung als s^{*} und x^{*} bezeichnen.

Jetzt nehmen wir an, daß eine (optimale) Gebühr als Grenzkostengebühr so festgelegt wird, daß sie den privaten Grenzkosten einer weiteren Abfall- bzw. Primärprodukteinheit bei optimaler Menge und optimalem Sicherungsniveau entspricht. Ihre Höhe sei mit $KD^{*'}$ bezeichnet. Es gilt dann für die privatwirtschaftliche Gewinnfunktion des Primärproduktherstellers:

$$G = P x - K_{1}(x) - KD^{*'} x \qquad \text{max!} \qquad (104)$$

Als Optimalbedingung gilt dann:

$$P = \frac{dK_1}{dx} + KD^{*\prime} \qquad\qquad (105)$$

Da in $KD^{*\prime}$ nur die privaten Grenzkosten enthalten sind, ergibt sich beim Vergleich dierser Bedingung mit dem sozialen Optimum, daß sich beide Bedingungen gerade um die ökologischen Grenzschäden unterscheiden. Wir können die Behauptung von Michaelis also folgendermaßen präzisieren: Gebühren, die den privaten Grenzkosten einer weiteren deponierten Einheit entsprechen, führen auch bei optimalen Sicherungsstandards zu einer zu hohen Verfüllungsmenge. Nur wenn die Gebühren in ihrer Höhe den gesamten Grenzkosten im Optimum entsprechen, wird das Optimum auch erreicht.

Im Falle von Produktionsabfall kommt es natürlich ebenfalls zu einer Fehlallokation, da die Deponiegebühren nicht die vollständigen Kosten erfassen. Für die Primärproduktion bedeutet dies, daß sie auch deshalb zu weit ausgedehnt wird, weil die Produktionskosten nicht vollständig internalisiert sind. Es wird sich aus zu niedrigen Deponiegebühren in aller Regel ebenfalls eine Verschlechterung der Wettbewerbsbedingungen für das Recycling von Produktionsabfällen ergeben, wenn die Deponierung mit zu niedrigen Kosten belastet wird. Auf diesen Punkt gehen wir formal jedoch erst im sechsten Kapitel ein.

Alle bisherigen Aussagen galten für eine Innenlösung. Es ist unmittelbar einleuchtend, daß es nicht mehr zu einer Fehlallokation kommt, wenn S^+ das optimale Sicherungsniveau ist, denn dann sind die ökologischen Grenzkosten einer weiteren Abfallablagerung gleich Null. Ist dies überhaupt denkbar?

In den umweltökonomischen Lehrbüchern wird das optimale Emissionsziel in der Regel positiv ausgewiesen.[77] Dies wird damit begründet, daß eine Produktion ohne Emissionen unmöglich ist. Die Kosten der Nullemission sind damit

---

77 Vgl. z.B. PEARCE/TURNER (1990 S. 63 ff).

unendlich hoch.[78] Damit verbunden muß auch ein gewisses Niveau an Schäden in Kauf genommen werden.[79]

Bezogen auf den Abfall sieht die Argumentation jedoch anders aus. Während es nach dem ersten und zweiten Hauptsatz der Thermodynamik unmöglich ist, ohne Abfall zu produzieren, ist es auf Grund der Behandlungs- und Transportmöglichkeiten für Abfall dagegen möglich, den ökologischen Schaden aus der Abfallablagerung auf einen Wert nahe Null zu reduzieren. Dies geschieht zu Kosten, die zwar hoch, aber nicht unendlich sind. Somit kann auch die vollständige Schadensverhütung aus der Abfallablagerung ein effizient gesetztes Ziel sein. Voraussetzung ist, wie sich aus der Gleichung (99) bei positivem z ergibt, daß bereits die erste Emissionseinheit, die aus dem Deponiekörper austritt, einen höheren Schaden verursacht als ihre Vermeidung in Form von gestiegenen direkten Kosten.

Wir haben jetzt also gesehen, daß Sicherungsmaßnahmen, die negative ökologische Effekte verhindern, optimal sein können und daß in diesem Fall Grenzkostengebühren, die den privaten Grenzkosten im Optimum entsprechen, auch zu einer optimalen Allokation führen. Solange aber ökologische Effekte verbleiben, führen auch optimale Auflagen hinsichtlich des Emissionsniveaus nicht zu einer optimalen Allokation. Der Grund dafür liegt darin, daß die Auflagen nur die Emissionen je Abfallmenge regeln, nicht jedoch das Niveau an Abfallmenge, also die ökonomische Aktivität und damit auch nicht das Emissionsniveau.

---

78 Das gilt natürlich nicht für jeden einzelnen Schadstoff, wohl aber für die Gesamtheit der Emissionen.

79 PEARCE/TURNER (1990) gehen allerdings davon aus, daß es möglich ist, die Emission auf ein Maß zu beschränken, das die Assimilationsfähigkeit der Umwelt unangetastet läßt und damit nur temporären Schaden hervorruft. Dieser Fall "kein langfristiger Schaden" kann dann durchaus optimal sein.

4.2.2   Externe ökologische Kosten in der Bundesrepublik Deutschland

In der Bundesrepublik sind die Sicherungsanforderungen für die Ablagerung von Abfällen in der TA Abfall verankert. Grundlegende Philosophie der TA Abfall ist, wie bereits erwähnt, das Multi-Barrieren-Konzept, welches vorsieht, durch gleichzeitige Anforderungen an die Deponieanlage, den Untergrund und vor allem die eingelagerten Stoffe eine Gefährdung der Umwelt auszuschließen.

Für oberirdische Ablagerungsstätten werden Anforderungen an Standortvoraussetzungen, das Deponieabdichtungssystem , Betrieb und Kontrolle, sowie Abschluß und Nachsorge festgelegt. Für unterirdische Deponien wurden diese Anforderungen grundsätzlich durch einen Langzeitsicherheitsnachweis ersetzt, durch den zu belegen ist, daß untertägig im Salzgestein abgelagerte Abfälle auch tatsächlich dauerhaft von der Biosphäre ferngehalten werden. (BMU 1990 S. 395 f). Die Anforderungen der TA Abfall gelten in erster Linie für Neuanlagen (d.h. neue Deponien), sollen jedoch nach einer Übergangszeit von 12 Jahren auch auf Altdeponien übertragen werden.

Ziel aller Anforderungen ist es, die Entsorgung so zu gestalten, daß "das Wohl der Allgemeinheit infolge einer Ablagerung auch langfristig nicht beeinträchtigt wird" (BMU ebda. S. 395). Einzelne Formulierungen, wie die bereits erwähnten Anforderungen an den Langzeitsicherheitsnachweis legen den Schluß nahe, daß keine Schäden durch Emissionen mehr geduldet werden sollen.

Wir haben bereits gesehen, daß diese Sicherungsbestimmungen dazu führen, die Zukunftsgrenzkosten ganz erheblich zu senken und somit eine Quelle für mögliche externe Effekte zu verschließen. Ebenso führt die Verhinderung aller ökologischen Kosten, die von diesem Regelwerk zumindest angestrebt ist, dazu, daß die Gebühren oder Deponiepreise, soweit sie den privaten Grenzkosten im Optimum entsprechen, alle volkswirtschaftlichen Kosten erfassen. Liegen die Durchschnittskosten über dieser optimalen Gebühr, weil z.B. die optimale Betriebsgröße nicht erreicht wird, dann ist es durchaus möglich, daß die an Durchschnittskosten orientierten Gebühren zu einer volkswirtschaftlich gesehen zu hohen Belastung der Deponierung führen.

4.2.3 Ökonomische Anreize durch Auflagen an die Deponierung

Auch wenn preisliche Anreize, wie sie von den Deponiegebühren ausgehen, nicht zu einer optimalen Anpassung führen, erreichen sie eine kostenminimale Vermeidung von zu beseitigenden Abfällen durch die Abfallbesitzer. Das gilt für jeden einzelnen Abfallbesitzer, aber auch für die Verteilung der Vermeidungsanstrengungen auf die verschiedenen Anlieferer ein und derselben Deponie. Da für alle die Beseitigung einer Einheit mit denselben Grenzkosten, nämlich den Abfallgebühren, verbunden ist, werden sie alle ihre Vermeidungsmaßnahmen soweit ausdehnen, bis sie dieselben Grenzvermeidungskosten erreicht haben, die der Gebühr entsprechen. In dieser Hinsicht wirken Gebühren wie Abgaben nach dem Preis-Standard-Ansatz (PSA).

Es gibt jedoch Unterschiede zwischen einer Gebühr und einer Abgabe nach dem Preis-Standard-Ansatz. Zum einen, und das ist nach dem vorhergesagten evident, ist die Gebühr nicht auf Lenkungsziele ausgerichtet. Es gibt keinerlei à priori festgelegtes Vermeidungsziel. Somit wird nicht ein vorgegebenes Ziel kosteneffizient erreicht, sondern die aus der Gebühr resultierende Vermeidung erfolgt kostenminimal. Auch das gilt allerdings nur für den Einzugsbereich einer Deponie. Zwischen den Deponien oder Verbrennungsanlagen variiert der Gebührensatz.

Dies würde dann der Idee des PSA entsprechen, wenn sich in diesen unterschiedlichen Kosten der Abfallablagerungen auch unterschiedliche Schäden je abgelagerter Abfalleinheit widerspiegeln würden (BAUMOL/OATES 1988 S. 170). Doch rühren diese Unterschiede im wesentlichen aus einer ungleichen Internalisierung externer Kosten. Dies ist besonders ausgeprägt zwischen alten und neuen Deponien. Wie wir gesehen haben, sollten bei neuen Deponien eigentlich gar keine ökologischen Schäden mehr anfallen. Damit kommt es zwischen den Zulieferern verschiedener Deponien zu unterschiedlichen Grenzvermeidungskosten je Abfalleinheit, die nicht über unterschiedliche Schäden dieser Abfalleinheiten begründet sind. Eine gesamtwirtschaftlichen Minimierung der Vermeidungskosten für Abfalldeponierung wird nicht erreicht.

Eine Abfallabgabe müßte, wenn sie die Emissionen aus Deponiekörpern kosteneffizient auf ein bestimmtes Niveau bringen sollte, diese Differenz in den Gebühren ausgleichen. Damit müßte eine Abgabe im Prinzip nach Deponien differenziert werden, grob gesprochen: je älter die Deponie, desto höher die Abgabe; je fortschrittlicher die Deponie, desto niedriger kann die ökologisch begründete Abfallabgabe ausfallen. Sollte die Abgabe die externen Schäden widerspiegeln, müßte sie noch stärker differenziert sein, da je nach Standort der Deponie die gleiche Emission unterschiedlichen Schaden hervorrufen könnte. Jede reale Abgabe kann höchstens eine Annäherung an diesen Optimalzustand bringen.

4.2.4 Externe ökologische Kosten der Verbrennung

Alle bisherigen Aussagen beziehen sich auf externe Kosten der reinen Deponierung. Wir haben im Kapitel 4.1.4.2 aber bereits festgestellt, daß die Behandlung von Abfällen, die heute weitgehend mit der Verbrennung identisch ist, mit externen ökologischen Kosten verbunden ist. Das heißt, bei der Deponierung von behandelten Abfällen zählen die internen Behandlungskosten zu den direkten Deponierungskosten, die Schäden durch Emissionen müßten den KD_{ex} zugerechnet werden. Auch für die Verbrennung von Abfällen gelten inzwischen sehr strenge Auflagen, die strenger sind als Auflagen an vergleichbare Feuerungsanlagen in der Industrie.[80] Dennoch bleiben ökologische Kosten, die zur gleichen Preisverzerrung bei Verbrennungspreisen führen, wie wir sie bei den Deponiegebühren bereits diskutiert haben. Allerdings besteht ein Unterschied darin, daß Behandlungsanlagen, insbesondere, wenn sie Sondermüll verbren-

---

80 Die Erklärung hierfür liegt u.U. in größeren öffentlichen Einspruchsmöglichkeiten. Es ist dabei nicht à priori gesagt, daß diese Auflagen eher einem pareto-optimalem Zustand entsprechen als die Auflagen an industrielle Anlagen. Eventuell ist es für den Staat angesichts großer Durchsetzungsschwierigkeiten eine second-best-Strategie, suboptimal strengen Auflagen zuzustimmen, um Anlagen durchsetzen zu können.

nen, vorwiegend von großen Unternehmen betrieben werden (s. Kap. 3.1.1.1). Aus diesem Grund ist es gut möglich, daß hier Preise erhoben werden, die oberhalb der Grenzkosten liegen und demnach eventuell sogar suboptimal hohe Vermeidungsanreize bieten.

4.2.5 Anforderungen an eine Abfallabgabe zur Internalisierung externer Kosten

Die bisherige Argumentation zu ökologischen Kosten der Deponierung läßt sich wie folgt zusammenfassen: Wenn die Anforderungen der TA Abfall überall eingehalten werden, dürfte es kaum noch externe ökologische Kosten der reinen Deponierung geben. Bis dahin aber existieren diese Kosten als negative externe Effekte, die je nach Deponie ganz unterschiedliche Höhen annehmen, so daß eine Abfallabgabe, die hier eine Kosteninternalisierung herbeiführen soll, zumindest nach Deponietyp differenziert werden müßte. Auch bei der Behandlung von Abfällen entstehen externe Kosten, so daß von Grenzkostenpreisen immer dann zu geringe Vermeidungsanreize ausgehen, wenn die Standards nicht zu streng formuliert sind. Allerdings ist wegen der Vermachtung im Bereich der Sonderabfallbehandlung nicht mit Grenzkostenpreisen zu rechnen, so daß hier eine zusätzliche Abgabe eventuell zu Fehllenkungen führt. Dasselbe gilt für kommunale Deponien, wenn unterhalb der optimalen Betriebsgröße gearbeitet wird.

Inwiefern entspricht der Referentenentwurf zum Abfallabgabengesetz den eben genannten Anforderungen an eine Differenzierung der Abgabenhöhe? Wie ist er insgesamt zu beurteilen?

4.3 Beurteilung des Entwurfs eines Abfallabgabengesetzes

Im folgenden sollen diejenigen Passagen des in Kapitel 3 kurz vorgestellten Entwurfs noch einmal ausführlicher dargestellt werden, die im folgenden einer ökonomischen Analyse unterzogen werden. Daran schließt sich eine zweistufige Beurteilung an. Zuerst erfolgt eine Beurteilung für eine Welt ohne weitere

Regulierungen des Verhaltens der Abfallbesitzer. Darauf folgen Überlegungen zur Wirkung des Entwurfes in der Bundesrepublik Deutschland,
in der die Abfallbesitzer durch ordnungsrechtliche Regelungen hinsichtlich Vermeidung und Verwertung in ihrer Entscheidungsfreiheit beschnitten sind.

Zwar wurde das AbfAG bis heute nicht in die Tat umgesetzt, nur einzelne Bundesländer haben eigene Abfallgesetze verabschiedet. Dennoch ist es möglich, daß die Abfallabgabe auch bundesweit noch einmal eine Renaissance erlebt. Insofern ist eine Beschäftigung mit Mängeln des Entwurfes sinnvoll. Sie kann dann eventuell Mängel eines neuen Entwurfes vermeiden helfen.

4.3.1 Die Bestimmungen im einzelnen

Für die Beurteilung dieses Gesetzesentwurfes stehen leider nur nicht autorisierte Quellen zur Verfügung, ein offizieller Gesetzesentwurf wurde nie öffentlich verbreitet.

Wie bereits erwähnt, werden zwei Arten von Abfallabgaben vorgeschlagen, die Deponieabgabe und die Vermeidungsabgabe. Die Deponieabgabe, die bei den Deponiebetreibern (bzw. Abfallexporteuren) eingezogen wird, wird auf alle zur endgültigen Ablagerung auf einer privaten oder öffentlichen Deponie bestimmten Abfälle bezogen. Die Vermeidungsabgabe wird beim Abfallerzeuger auf solche Abfälle erhoben, deren Entsorgung auf Grund ihrer Menge und Schädlichkeit als besonders problematisch erscheint. Sie entfällt in dem Maße, in dem die Abfälle nachgewiesener Maßen einer stofflichen Verwertung zugeführt werden. Bemessungsgrundlage für beide Abgabearten ist das Gewicht des Abfalls. Die Abgabesätze, deren Anfangswerte im Kapitel 3 genannt wurden, sind nach der ökologischen Problematik der Abfälle differenziert und dynamisiert.

Zur Vermeidung von Doppelbelastungen sind Rückstände aus der Behandlung von Abfällen (z.B. Schlacken aus der Müllverbrennung) von der Vermeidungsabgabe befreit. Ebenfalls befreit sind Abfälle aus der Altlastensanierung sowie Kleinmengen.

Weiterhin gelten eine Reihe von Ausnahmeregelungen, von denen hier die allokativ bedeutendsten aufgezählt werden sollen:

1) Die Vermeidungsabgabe auf Massen- und Industrieabfälle (nicht aber auf besonders überwachungsbedürftige Abfälle) kann bis zu fünf Jahren ganz oder teilweise erlassen werden, wenn der Abgabepflichtige nachweist, daß eine Vermeidung technisch nicht möglich und auf absehbare Zeit offensichtlich ausgeschlossen ist (§11 Abs. 3).

2) Gemäß §5 und §21 AbfAG vermindern sich die Abgaben für bis zu drei Jahren um 50 %, wenn der Abgabepflichtige Vermeidungs- und Verwertungsinvestitionen vornimmt, die die Abfallmengen um mindestens 25 % reduzieren werden.

Hiermit wären die wesentlichen Bestandteile des geplanten Bundesabfallgesetzes dargestellt, wenn man von der Verwendung der Abgaben absieht, die für die Frage des ökonomischen Anreizes dieser Abgabe nicht relevant sind.

Wie bereits erwähnt, soll der eben dargestellte Entwurf in zwei Stufen beurteilt werden. Im ersten Fall sollen die Auswirkungen eines Gesetzes, das dem Entwurf entspricht, in einer fiktiven Welt untersucht werden, in der die Abfallerzeuger keinen anderen Regulierungen unterworfen sind. In dieser Stufe wird damit die Frage beantwortet, ob von der Aballabgabe, wie sie konzipiert ist, die richtigen Anreize ausgehen. Dabei steht vor allem die Frage nach der Berechtigung der gewählten Differenzierung, die durch die Veranlagung zu zwei Abgabentypen noch erheblich verstärkt wird, im Mittelpunkt der Betrachtungen.

In der zweiten Beurteilungsstufe wird das regulative Umfeld, in dem sich die Abfallbesitzer in der Bundesrepublik Deutschland befinden, mit in die Beurteilung der Abfallabgabe einbezogen.

4.3.2 Beurteilung des Gesetzesentwurfes ohne Berücksichtigung zusätzlicher regulativer Eingriffe

Wir haben bei der Diskussion möglicher externer Effekte der Deponierung gesehen, daß eine Notwendigkeit zur Internalisierung von externen Kosten für die meisten Abfälle zumindest langfristig kaum gegeben ist, wenn eine Inertisierung der Abfälle erreicht werden kann. Damit ist fraglich, ob eine Abgabe, die nur für eine befristete Zeit positive Wirkungen entfalten kann, überhaupt implementiert werden sollte. Im folgenden wollen wir von dieser grundsätzlichen Problematik jedoch absehen und fragen, ob wenigsten in naher Zukunft bzw. in einer Situation, in der die Inertisierung der Abfälle nicht gelingt, von einem Abfallabgabengesetz, das dem o.a. Entwurf entspricht, die richtigen Anreize ausgehen.

Aus der Diskussion externer Kosten der Abfalldeponierung ergaben sich zwei Anforderungen für die Differenzierung einer Abfallabgabe:

Zur Berücksichtigung von Knappheitskosten müßte die Abgabe unterschieden werden in Abfälle, die nicht inertisiert werden können und ein hohes Schadstoffpotential haben und Abfälle, die entweder inertisiert werden können oder deren Schadstoffpotential nahe Null liegt. Hausmüll ist grundsätzlich einer Inertisierung zugänglich, bei Sonderabfällen dagegen wäre eine Differenzierung erforderlich, die sich von der bisherigen Kategorisierung von Abfällen vollkommen löst. Eine derartige Differenzierung ist in dem Referentenentwurf nicht einmal angedacht.

Zur Internalisierung der ökologischen externen Effekte wäre es notwendig, nach dem Sicherheitsstandard der Deponie zu unterteilen, der u.U. durch Differenzierung nach dem Kriterium der Einhaltung bestimmter Anforderungen berücksichtigt werden könnte oder in einer noch stärker vereinfachenden Version an das Alter der Deponie gekoppelt werden könnte. Auch diese Differenzierung fehlt vollkommen.

Stattdessen werden in dem Gesetzesentwurf diejenigen Abfälle mit einer besonders hohen Abgabe belastet, die besonders überwachungsbedürftig sind. Dies sind jedoch auch heute schon die Abfälle, an deren Deponierung die höchsten Anforderungen gestellt werden. Nur wenn die externen Effekte dennoch größer sind als bei den sogenannten "Massen- und Industrieabfällen" wäre eine solche Differenzierung gerechtfertigt. Im Rahmen einer ökonomischen Arbeit kann diese Frage nicht beantwortet werden, es können aber zumindest Zweifel an dem Sinn dieser Differenzierung angebracht werden.

Auch Abfälle, die "der Gesetzgeber aufgrund ihrer großen Menge als besonders problematisch einstuft" (MICHAELIS 1993 S. 41) werden mit einer höheren Abgabe belegt. Hierfür gibt es aus ökonomischer Sicht keine Begründung. Maßgeblich für die Schäden aus der Abfalldeponierung ist die Gesamtmenge des Abfalls, nicht aber die Frage, ob bestimmte Abfälle,die sich in ihrem Schadstoffgehalt nicht von anderen unterscheiden, in besonders großer Menge vorkommen.

Eine weitere Differenzierung ergibt sich noch aufgrund der Erhebung von zwei Abgabentypen. Die Deponieabgabe wird nur auf die reine Deponierung erhoben. Würde sie alleine wirken, wäre die Belastung für Abfälle, welche verbrannt werden, auf Grund der Volumenreduzierung deutlich geringer als für Abfälle, die direkt deponiert werden. Damit wären alle externen Effekte der Verbrennung nicht durch eine Abgabe erfaßt. Mit Hilfe der Vermeidungsabgabe wird auch die Verbrennung einer Abgabe ausgesetzt, was sich aufgrund der Emissionen in die Luft rechtfertigen läßt.
Allerdings werden auch von anderen Anlagen zur industriellen Produktion Schadstoffe ausgestoßen, die keiner Abgabe unterzogen werden. Wir haben zudem gesehen, daß bereits heute die Anforderungen an die Verbrennung von Abfällen höher sind als an andere vergleichbare Anlagen. Eine Vermeidungsabgabe würde diese Diskrepanz ungerechtfertigter Weise noch weiter verschärfen.

Eine Erhöhung der Beseitigungskosten wirkt für Primärstoffe genauso wie eine Erhöhung der Produktionskosten in Richtung einer Verringerung der Produktion. Für die Entscheidung über den Umfang der Sekundärproduktion sind dagegen die Deponiekosten nicht relevant. Damit führt die ungleiche Behandlung von Emissionen aus Abfallverbrennungsanlagen und anderen Produktionsprozessen zu einer ceteris paribus ungerechtfertigten Bevorteilung der Sekundärproduktion.

MICHAELIS (1993 S.47) kritisiert ebenfalls, daß sowohl private als auch staatliche Abfallentsorger unter die Abfallabgabe fallen. Seiner Meinung nach besteht im Bereich der privaten Entsorgung keine Notwendigkeit für eine Abgabe. Dem ist nach den obigen Ausführungen zumindest für die Abfallverbrennung zuzustimmen.

Zusammenfassend läßt sich festhalten, daß die Differenzierung der Abgabensätze einer ökonomischen Betrachtung nicht standhält. Dies gilt stärker noch für wichtige Ausnahmeregelungen des Referentenentwurfs. Diese sollen, da sie eng mit den Regulierungen für die Verwertung und Vermeidung von Abfällen verknüpft sind, im folgenden Abschnitt näher diskutiert werden.

4.3.3 Beurteilung des Gesetzesentwurfs unter Berücksichtigung des geltenden Ordnungrechts

Um die Anreizwirkungen des Gesetzesentwurfes im Rahmen bestehender Gebote zur Abfallvermeidung und -verwertung zu untersuchen, sollen die Regulierungen, die in diesem Zusammenhang relevant sind, im folgenden zuerst noch einmal dargestellt werden.

4.3.3.1 Das regulative Umfeld einer Abfallabgabe

Damit die Abgabe ihre lehrbuchmäßige Wirkung entfalten kann, muß der Abfallerzeuger die Freiheit haben, sich entsprechend seiner Kosten an die Abgabe anzupassen. In der Bundesrepublik ist der Abfallerzeuger jedoch bereits durch eine Reihe von Vorschriften nach dem Kreislaufwirtschaftsgesetz (KrW-/AbfG) bzw. dem Bundesimmissionsschutzgesetz (BImSchG) (bei genehmigungspflichtigen Anlagen) zur Vermeidung und Verwertung von Abfällen verpflichtet. Nach §9 KrW-/AbfG werden in Zukunft nicht-genehmigungspflichtige Anlagen den genehmigungspflichtigen gleichgestellt.

Nach dem BImSchG kann die Vermeidung von Abfall im Rahmen von Produktionsverfahren angeordnet werden, "es sei denn, sie werden ordnungsgemäß und schadlos verwertet oder, soweit Vermeidung und Verwertung technisch nicht möglich oder unzumutbar sind, als Abfälle ohne Beeinträchtigung des Wohls der Allgemeinheit beseitigt, ...". Somit sind die Abfallerzeuger zu Verwertung oder Vermeidung verpflichtet, solange diese technisch möglich und zumutbar sind. Wenn man davon ausgehen kann, daß auch bei gleichzeitiger Wirkung einer Abgabe kaum ein Abfallerzeuger unzumutbare Maßnahmen freiwillig durchführen wird, so bleiben nach dem Wortlaut des Gesetzes nur nicht-technische Maßnahmen, die durch eine Abgabe induziert werden könnten. Zu technischen Maßnahmen sind die Erzeuger ohnehin verpflichtet.

Allerdings bleibt die Frage, ob es den Behörden wirklich gelingen kann, alle technisch machbaren und zumutbaren Maßnahmen durchzusetzen. Bisher existieren erst wenige Verwaltungsvorschriften, die konkretisieren, was die Behörde durchsetzen kann. So hat der Länderausschuß für Immissionsschutz (LAI) im Oktober 1992 erstmalig für drei Anlagenarten Verwertungs- und Vermeidungsmaßnahmen festgelegt, die den Anforderungen des BImSchG genügen. Diese Musterverwaltungsvorschriften konkretisieren und benennen u.a. die Zumutbarkeit und Vermeidungsrate der technisch möglichen Vermeidungs- und Verwertungsmaßnahmen sowie für jede einzelne Maßnahme die Voraussetzungen und den Anwendungsbereich (BMU 1993 S. 108). Damit ist natürlich nur ein kleiner Ausschnitt aller Anlagen erfaßt. Es existiert allerdings noch eine norminterpretierende und verfahrensregelnde Muster-Verwaltungsregelung, die in einer Reihe von Bundesländern geltendes Recht darstellt. (BMU 1993 S. 107.)

In dem Maße, in dem anlagenspezifische Verfahrensvorschriften zunehmen, wird es für die Behörde zunehmend schwerer werden, andere als in den Regelwerken genannte Verfahren durchzusetzen. Hier gäbe es also einen Entscheidungsspielraum für die Unternehmen. Mögliche Kosteneinsparungen werden allerdings dadurch gemindert, daß alternative Verfahren aller Wahrscheinlichkeit nach nur zusätzlich zu den in den Verwaltungsvorschriften festgelegten Verfahren eingesetzt werden können.

Nachdem auchh nicht-genehmigungsbedürftige Anlagen unter §5 des BImSchG fallen, haben die Behörden grundsätzlich auch auf diese Anlagen einen Zugriff. Aus der Sicht der Abfallpolitik ist das sehr wichteig, denn es existieren sehr viele solcher Anlagen. Nach Angaben von SUTTER gibt es in der Bundesrepublik z.B. 30.000 Lackierbetriebe, die ein erhebliches Sonderabfallproblem darstellen, von denen jedoch nur 300 nach BImSchG genehmigungspflichtig sind (SUTTER 1993). Diese große Anlagenzahl stellt allerdings ihrerseits ein Vollzugsproblem dar. Kann es gelingen, eine solche große Anzahl von Anlagen zu kontrollieren?

Somit sind bei den nicht-genehmigungspflichtigen Anlagen Vollzugslücken zu erwarten, die Spielraum für eine eigenständige Wirkung von Abgaben bieten.

4.3.3.2 Mögliche Wirkungen einer Abfallabgabe in der Bundesrepublik Deutschland

Zum heutigen Zeitpunkt kann eine Abgabe gesamtwirtschaftlich nicht zu einer kostenminimalen Verteilung der Vermeidungsleistungen zwischen allen Abfallerzeugern führen. Dem stehen die bisher durchsetzbaren Auflagen entgegen. Trotzdem bleiben folgende mögliche Wirkungen:

1) Sie kann den Bereich erhöhen, in dem die Abfallerzeuger selber nach einer Verwertungs- oder Vermeidungsmöglichkeit suchen.
2) Bei den Unternehmen, bei denen die Gebote nicht vollzogen werden, kann sie zu einer kostenminimalen Aufteilung der Vermeidungsleistung führen. Hier wirkt sie als eigenständiges Instrument.
3) Sie kann den Vollzug des ordnungsrechtlichen Instrumentariums verbessern.

4.3.3.2.1 Erhöhung des Eigenanreizes

Die Einführung einer Abfallabgabe würde kein gänzlich neues Instrument in die Abfallwirtschaft einbringen, denn auch bisher schon geht von den Entsorgungskosten ein ökonomischer Anreiz zur Abfallvermeidung aus. Eine Abgabe führt aber zu einer Erhöhung der bestehenden Deponierungs-, Behandlungs- oder Verwertungskosten. Damit erhöht sie den Bereich, in dem die Unternehmen selbst nach Abfallvermeidungsmöglichkeiten suchen.

Auswirkungen kann dies jedoch nur haben, wenn den Unternehmen noch eigenständige Vermeidungsmaßnahmen zur Verfügung stehen, zu denen sie nicht per Auflage verpflichtet werden konnten. Aus dem bisher Gesagten folgt, daß es vor allem nicht-technische oder nicht zumutbare Maßnahmen sind, welche von den Aufsichtsbehörden nicht vorgeschrieben werden können. Hier läge demnach der wichtigste eigenständige Anreiz einer Abgabe. Bei der Abfallabgabe, die das Umweltministerium in die Diskussion gebracht hatte, sollte die Abgabenlast gerade dann verringert werden, wenn Vermeidung technisch nicht machbar wäre. Käme es zu einer derartigen Ausgestaltung der Abfallabgabe, so würde man praktisch jede eigene Anreizwirkung der Abgabe verhindern, so daß sie in diesem Bereich mit fortschreitenden Vollzugserfolgen zu einem reinen Finanzierungsinstrument würde.[81]

Doch auch eine Abgabe ohne diese Art von Ausnahmeregelung kann nicht mehr zu einer kostenminimalen Verteilung der Vermeidungsleistung auf unterschiedliche Abfallproduzenten führen, wie bereits bei der Diskussion um das Abwasserabgabengesetz von MEYER-RENSCHHAUSEN (1990) gezeigt wurde: Wenn durch eine Abgabe einzelne Abfallproduzenten zu einer Vermeidung über die Auflagen hinaus veranlaßt werden, so dürfen deshalb die anderen mit höheren Grenzvermeidungskosten nicht weniger vermeiden, es kommt nicht zu einer Annäherung der Grenzvermeidungskosten. Dasselbe gilt auch für einen Abfallproduzenten, der technische und nicht technische Maßnahmen treffen kann. Auch wenn er nicht-technische Maßnahmen trifft, bis GVK = t, so kann er deshalb dennoch nicht die Maßnahmen einschränken, bei denen auf Grund von Auflagen die Grenzvermeidungskosten über dem Steuersatz liegen (vgl. Abb.13).

---

81 MICHAELIS (1993 S. 49) weist zusätzlich darauf hin, daß eine derartige Abgabe wahre "disincentives" für die Suche nach Vermeidungstechnologien beinhaltet.

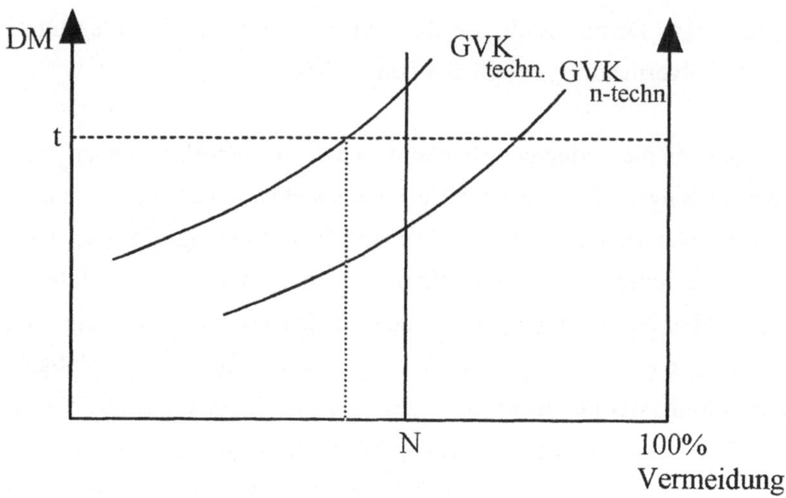

Abb. 13 Einzelwirtschaftliche Ineffizienzen bei einer Kombination von Auflagen und Abgaben (analog MEYER-RENSCHHAUSEN 1990 S. 48).

Technische und nicht-technische Vermeidungsmaßnahmen sind zudem häufig nicht voneinander unabhängig. So ist es fraglich, ob nicht-technische Maßnahmen nach der Durchführung der vorgeschriebenen technischen Maßnahmen überhaupt noch den Umfang an Abfallvermeidung erreichen können, bei dem die Abgabenersparnis die zusätzlichen Kosten kompensiert. Folgendes Beispiel soll die Relevanz dieser Überlegungen verdeutlichen:

Eine technische und eine nicht-technische Maßnahme vermeiden im Zustand ohne Vermeidungsmaßnahme die gleiche Menge an Abfall. Die Durchschnittskosten der nicht-technischen Maßnahme liegen dabei unterhalb des Abgabensatzes, die der technischen Maßnahme darüber. Unterliegt das Unternehmen nur einer Abgabe, wird die nicht-technische Maßnahme durchgeführt. Wird aber gleichzeitig durch eine Auflage die technische Maßnahme vorgeschrieben, verringern sich die durch die nicht-technische Maßnahme vermeidbaren Abfalleinheiten, z.B. weil die nicht-technische Maßnahme die Anzahl der Produkte betraf, durch die technische Maßnahme aber der Abfallanteil pro Produkt reduziert wurde. In diesem Fall steigen die Durchschnittskosten der nicht-technischen Maßnahme bezogen auf die Abfalleinheit. Sie können soweit steigen, daß der Anreiz zur Durchführung der nicht-technische Maßnahme, der ursprünglich von der Abgabe ausging, verlorengeht.

4.3.3.2.2   Eigenständige Wirkung

Wie oben festgestellt wurde, besteht bei nicht-genehmigungspflichtigen Anlagen ein großes Vollzugsproblem. Dies liegt an der großen Anzahl der Anlagen, die eine Befassung mit jedem einzelnen Fall unmöglich erscheinen lassen. Dieser Vollzugsproblematik muß auch eine Abgabe Rechnung tragen, die in diesem Bereich eine eigenständige Wirkung entfalten soll. Sie darf nicht vom Abfall-erzeuger zu entrichten sein, um den Verwaltungsaufwand in einem angemesse-nen Rahmen zu halten. Die Abgabe sollte stattdesssen vom Deponiebetreiber entsprechend den von ihm entgegengenommenen Abfallmengen entrichtet werden. Sie wird dann bei den Abfallproduzenten voll wirksam, wenn der Deponiebetreiber die Abgabe verursachergerecht überwälzt. In der Realität wird dies allerdings nicht immer der Fall sein,[82] so daß mit Abstrichen an der vorgesehenen Anreizwirkung zu rechnen ist. Dennoch ist bei den bis heute weitgehend unregulierten nicht-genehmigungspflichtigen Anlagen eine deutliche Zunahme von Vermeidungsaktivitäten zu erwarten. Dies gilt selbst dann, wenn die Abgabe relativ niedrig ausfällt, da die Grenzvermeidungskosten in diesem Bereich ebenfalls niedrig sein dürften. Eine Abgabe könnte somit bei diesen Anlagen zu einem wichtigen Motor für Verwertungs- und Vermei-dungsmaßnahmen werden und zudem alle eigenständigen Funktionen einer Abgabe, wie z.B. den Ausgleich der Grenzvermeidungskosten zwischen den Verursachern, übernehmen. Dann gelten allerdings die Kritikpunkte, die im ersten Teil der Bewertung vorgebracht wurden.

---

82 So berichten VAN MARK/NELLESSEN (1993 S. 24) von internen Gebührensub-ventionen bei öffentlichen Deponiebetreibern.

4.3.3.2.3   Vollzugsunterstützung

Auch wenn eine Abgabe wenig eigenständige Wirkung entfaltet, wie bei den genehmigungspflichtigen Anlagen zu erwarten, so kann sie doch vollzugsunterstützend wirken. Bestes Beispiel hierfür ist die Abwasserabgabe, bei der die Vollzugsunterstützung durch die Koppelung des Abgabensatzes an die Einhaltung des ordnungsrechtlichen Instrumentariums erreicht wurde.[83]

Eine so direkte Bindung zwischen Auflagen und Abgaben ist im Abfallbereich zur Zeit jedoch nicht möglich, da es keine Mindestanforderungen gibt, welche in Form von Grenzwerten existieren. Einzige mögliche konkrete Anknüpfungspunkte wären die technischen Maßnahmen, die in den o.a. geplanten Verwaltungsvorschriften für bestimmte Anlagen vorgesehen sind. Sie definieren für den konkreten Fall die technisch machbaren und zumutbaren Maßnahmen. Eine Koppelung von Abgabe und Auflage müßte also an diesen Bedingungen festgemacht werden.

Betrachtet man jetzt den Vorschlag einer Abfallabgabe, welche aus dem Umweltministerium gekommen ist, zeigt sich, daß hier offensichtlich eine Koppelung von Ordnungsrecht und Abgabe geplant war: Grundsätzlich sollte sich für den problematischen Teil des Abfalls die Abgabe aus Deponie- und Vermeidungsabgabe zusammensetzen. Es war jedoch, wie bereits erwähnt, vorgesehen, Abfall von der Vermeidungsabgabe für längstens fünf Jahre zu befreien, wenn seine Vermeidung technisch nicht machbar ist. Im Umkehrschluß wäre das so zu interpretieren, daß der Abfall, der trotz Durchführung der behördlich angeordneten Maßnahmen entsteht, als mit technischen Maßnahmen nicht vermeidbar gilt. Er wäre also von der Vermeidungsabgabe zu befreien.

Die Durchführung der von den Behörden verlangten Maßnahmen würde nach dem Entwurf des Abfallabgabengesetzes also nicht nur die Bemessungsgrundlage für die Abgabe verringern, sondern auch den verbleibenden Abfall von der Vermeidungsabgabe befreien. Damit erhöhen sich die möglichen Vorteile aus

---

83 Vgl. z.B. HOLM (1988 Kap. 1).

der Durchführung der ordnungsrechtlich vorgesehenen Maßnahmen, so daß Vollzugsverbesserungen zu erwarten sind.

In einer Situation ohne konkrete Festlegung von bestimmten anzuordnenden Maßnahmen, wäre es allerdings ebenfalls denkbar, daß eine solche Ausnahmeregelung nicht vollzugsunterstützend wirken würde, sondern im Gegenteil nur zu verstärkten gerichtlichen Auseinandersetzungen über die technische Machbarkeit bestimmter Verfahren im Einzelfall geführt hätte. Zudem besteht ein wesentlicher Unterschied zwischen dem Abfall- und dem Wasserbereich insofern, als es sich bei den Auflagen im Wasserbereich um Emissionsgrenzwerte und nicht um die Verpflichtung zur Durchführung bestimmter technischer Maßnahmen handelt. Für den Vollzug des ordnungsrechtlichen Instrumentariums mag das unerheblich sein. Der Abgabe nimmt es jedoch die letzten Möglichkeiten, einen Anreiz zur Kostenminimierung und zu technischem Fortschritt zu bieten.

Etwas anders ist die zweite oben erwähnte Ausnahme von der Abgabenpflicht gestaltet. Wer seine Abfallmenge um mehr als 25 % reduziert, zahlt bis zu drei Jahren nur noch die Hälfte der Abgabe. Die Unternehmen sollen durch diese Regelung dazu veranlaßt werden, mehr zu tun, als bei einem einheitlichen Abgabensatz ökonomisch vorteilhaft wäre. Hier besteht eine sehr große Ähnlichkeit zum Abwasserabgabengesetz (AbwAG), wo der Abgabensatz dann erheblich verringert wird, wenn die Auflagen an die Einleitung von Abwässern eingehalten werden. Die Auswirkungen wurden im Zusammenhang mit dem Abwasserabgabengesetz von MEYER- RENSCHHAUSEN (1990) untersucht. Die Zielwerte (im AbwAG die Auflagen, hier die 25 %ige Verminderung) werden mit großer Wahrscheinlichkeit erreicht. Es kommt aber zu Effizienzverlusten. Ein Unterschied zum AbwAG besteht im Referentenentwurf insofern, daß es keine ordnungsrechtliche Möglichkeit gibt, eine 25 %ige Reduktion der Abfallmengen hervorzurufen. Die Zweiteilung der Abgabentarife ermöglicht es hier, einen (vielleicht vorläufigen) Zielwert schneller zu erreichen, ohne den Abgabensatz auf die Grenzvermeidungskosten am Zielwert zu erhöhen. Das verringert die u.U. unerwünschten Verteilungswirkungen einer Abgabe, aber auch ihre Effizienz.

4.4 Fazit

Die Beurteilung der Legitimation einer Abfallabgabe hängt davon ab, ob die mit der TA Abfall angestrebte Inertisierung der Abfälle gelingt. In diesem Fall wären zumindest nach einer Übergangszeit von vielleicht 10 - 15 Jahren mit der reinen Deponierung für die meisten Stoffe keine externen Effekte mehr verbunden. Externe Effekte würden dann in erster Linie aus Emissionen bei der Behandlung von Abfällen herrühren, ein Problem, das im Rahmen der Wasser- und Luftreinhaltepolitik zu lösen wäre. Es gäbe dann nur noch eine geringe Menge von Abfällen, deren Ablagerung die Gefahr von Emissionen einschließt, so daß sie in besonderen (heute unterirdischen Deponien) verwahrt werden müssen, wenn man die Gefahr sehr hoher ökologischer Schäden vermeiden will. Eine Abgabe wäre dann nur noch für diese Abfälle gerechtfertigt.

In dem anderen Fall, daß eine Inertisierung von Abfällen auch durch die neuen Regelwerke nicht durchgesetzt werden kann, wäre eine Abfallabgabe ein taugliches Instrument zur Internalisierung intertemporaler und ökologischer externer Effekte. Die intertemporalen Effekte rühren allerdings nicht aus einer physischen Knappheit von potentieller Deponiekapazität, sondern aus bestandsabhängigen Deponiekosten. In diesem Falle wäre eine Differenzierung der Abfälle einerseits nach ihrem ökologischen Schadstoffgehalt nach Behandlung notwendig, wenn man davon ausgeht, daß die Behandlung von Abfällen weiter über das Ordnungsrecht zu fordern ist.[84] Verbleiben Unterschiede zwischen den Sicherungsmaßnahmen der einzelnen Deponien, so wäre dies der zweite Ansatzpunkt für eine Differenzierung.

Der 1991 vorgelegte Referentenentwurf zu einem Abfallabgabengesetz muß deshalb auch dann abgelehnt werden, wenn eine Abfallabgabe grundsätzlich gerechtfertigt wäre. Besonders negativ in diesem Entwurf sind aus Effizienzgründen die verschiedenen Ausnahmen zu sehen. Während bei der zweiten diskutierten Ausnahme der Halbierung des Abgabensatzes, dem Effizienzverlust wenigstens eine Entlastung der Unternehmen ohne weitgehenden Verlust auf

---

[84] Angesichts der Schwierigkeiten des Haftungsrechtes bei langfristigen Schäden erscheint diese Aussage vertretbar. Vgl. auch MICHAELIS (1993 S. 16f).

ökologische Ziele gegenübersteht, so führt die erste Ausnahme (Verzicht auf Vermeidungsabgabe) zum einen in statischer Sicht zu einer zu starken Konzentration auf technische Vermeidungsmaßnahmen. Der Verzicht auf Produktion kann unter diesen Umständen sogar in solchen Fällen unterbleiben, in denen er volkswirtschaftlich sinnvoll wäre. In dynamischer Hinsicht hält diese Regelung zumindest die Unternehmen, bei denen Abfall entsteht, dessen Vermeidung zur Zeit technisch noch nicht machbar ist, davon ab, nach neuen Techniken zur Vermeidung zu suchen.

Gleichzeitig hat die Diskussion möglicher Auswirkungen einer Abfallabgabe im regulativen Umfeld gezeigt, daß geänderte Rahmenbedingungen durch eine zusätzliche Abgabe nur in sehr abgeschwächtem Maße auch zu Verhaltensänderungen führen, wenn das Verhalten über ordnungsrechtliche Vorgaben bestimmt ist. Diese ordnungsrechtlichen Vorgaben sollen im sechsten Kapitel auf ihre Effizienzwirkungen hin untersucht werden.

5 Die Rücknahmeverpflichtung als Instrument zur Internalisierung von Produktentsorgungskosten

In der Umweltpolitik wurden bisher vor allem Ge- und Verbote, Subventionen und Abgaben eingesetzt. Als ein weiterer Weg zur Bewältigung der Umweltprobleme wird in der auf Coase aufbauenden Literatur die Definition von problemadäquaten Eigentumsrechten angeregt. Auch die Rücknahmeverpflichtung, die, wie in Kapitel 3 erwähnt, als neues Instrument in das Abfallgesetz aufgenommen wurde, kann als eine Neuverteilung von Eigentumsrechten interpretiert werden, von der eine Verbesserung der Abfallsituation erwartet wird. Nach §24 KrW-/AbfG kann der Produzent oder Vertreiber von bestimmten Stoffen oder Produkten dazu verpflichtet werden, diese ganz oder teilweise wieder zurückzunehmen.

Soweit Verordnungen zur Rücknahmeverpflichtung erlassen werden, kann sich der Hersteller (oder Vertreiber) durch den Verkauf nicht mehr des von ihm erzeugten bzw. vertriebenen Produktes entledigen. Nach Beendigung der Nutzung erhält er das Produkt zurück. Damit endet seine Verantwortung nicht beim Verkauf des Produktes, sondern erstreckt sich auch auf die Entsorgung des Gutes. Die Fragen, welche positiven Aspekte von dieser Umdefinition von Eigentumsrechten zu erwarten sind und welche Probleme dabei auftreten, sind Gegenstand des vorliegenden Kapitels.

Es beginnt mit Überlegungen zu den Auswirkungen der bisherigen Praxis, in der die Produktentsorgungskosten von der Allgemeinheit getragen werden. Daran schließt sich eine modelltheoretische Analyse der Veränderung des gleichgewichtigen Produktionsniveaus von Primär- und Sekundärproduktion an, die durch die allgemeine Einführung von Rücknahmeverpflichtungen hervorgerufen wird. Im Kapitel 5.3 folgt eine weitgehend verbale Argumentation über Verzerrungen in der Anreizstruktur bei unterschiedlichen Adressaten der Rücknahmeverpflichtung, wenn die Annahmen des vorangehenden Abschnittes gelockert werden. Kapitel 5.4 ist der Verpackungsverordnung gewidmet, dem bisher bedeutendsten Versuch, eine Rücknahmeverpflichtung umzusetzen.

5.1 Allokationswirkungen der bisherigen Praxis

Während die Regulierung des Produktionsabfalls (Abfall im engeren Sinne sowie Emissionen) eine lange Tradition hat,[85] bieten die bestehenden Gesetze nur eine geringe Handhabe zur Beeinflussung von Menge und Zusammensetzung des Produktabfalls. Dabei ist spätestens seit den Veröffentlichungen von AYRES/KNEESE (1969) zum Material-Balance-Approach deutlich, daß jedes Produkt am Ende seiner Nutzungszeit zu Abfall wird und die produzierten Güter einen erheblichen Teil des unerwünschten Outputs aus dem ökonomischen System darstellen.[86]

Die einzige gesetzliche Handhabung zur Regulierung des Produktabfalls im deutschen Recht findet sich im Chemikaliengesetz bezüglich neuer Stoffe, die auch unter Abfallgesichtspunkten beurteilt werden können.[87] Zudem existiert noch eine VDI-Richtlinie "Recyclinggerechtes Design", doch wird diese kaum angewendet (HOFFMANN-KROLL 1992 S. 311). Da ohne Rücknahmeverpflichtung nach dem Verkauf die Entsorgung des Produktes nicht mehr den Produzenten obliegt, haben sie keinen Anlaß, die Kosten der Produktentsorgung in ihre Angebotsfunktion einzubeziehen.

Dies muß allerdings nicht zu einem Problem führen, denn es ist theoretisch für das Marktergebnis unerheblich, ob die Entsorgungskosten in die Nachfragefunktion oder in die Angebotsfunktion eingehen. Trägt der Konsument die Entsorgungskosten des Produktes, wird das Unternehmen unter idealen Marktbedingungen aufgrund der Nachfrage so produzieren, daß die Gesamtkosten minimiert werden. Ein Unternehmen, das dieses nicht tut, fällt aus dem Markt, weil der Konsument ebenfalls die Kosten von Produkterwerb und Produktent-

---

85 Zur Beurteilung der Instrumente zur Reduzierung der Emissionen aus dem Produktionsprozeß vgl. z.B. ENDRES (1985 Teil B).

86 Im deutschen Sprachraum weist ARNOLD schon 1976 (S. 103) darauf hin, daß wegen des Gesetzes der Erhaltung der Masse der Konsumakt nur einen Transformationsprozeß darstellt, so daß sich das Problem der Abfälle analog zum Produktionsprozeß ergibt.

87 Vergleiche hierzu RAT VON SACHVERSTÄNDIGEN FÜR UMWELTFRAGEN (1990 S. 59).

sorgung addiert und (bei in der Nutzung homogenen Gütern) das Gut wählen wird, bei dem die Gesamtkosten am niedrigsten sind. Das setzt allerdings voraus, daß die Konsumenten die Entsorgungskosten auch wirklich tragen und dem Produkt zurechnen (können). Wie ist es darum bestellt?

Das wesentliche Charakteristikum von Abfall ist seine Kompaktheit, die eine Externalisierung von Entsorgungskosten des Abfalls schwieriger macht, als dies bei Emissionen der Fall ist. De facto führt aber das System der Hausmüllentsorgung dazu, daß die Entsorgungskosten vom Nachfrager bei seiner Kaufentscheidung nicht oder nur unzureichend berücksichtigt werden:[88] Die Bemessungsgrundlage für die Abfallgebühren ist kaum verursachungsbezogen. Selbst bezüglich der Menge findet sich für den Haushalt in der Regel nur eine schwache Beziehung zwischen Aufkommen und Gebühr. Bezüglich der Stoffe, die in den Hausmüll gelangen, erfolgt überhaupt keine Differenzierung. Einziges Instrument zur Beeinflussung der Schädlichkeit des Hausmülls ist der Appell an umweltbewußtes Verhalten.

Einer preislichen Steuerung des Konsumentenverhaltens bezüglich des Produktabfalls stehen jedoch gravierende Probleme entgegen. Zwar haben bisherige Pilotversuche eine Reihe von Möglichkeiten aufgezeigt, die *Menge* an Hausmüll, die der einzelne Haushalt zu entsorgen hat, über preisliche Anreize zu steuern. Grenzen dieses Ansatzes liegen allerdings dort, wo bei sehr hohen Gebühren die Gefahr illegaler Abfallbeseitigung droht, die aufgrund der hohen Kontrollkosten nur schwer zu verhindern sind.[89] Unter heutigen Umständen kaum realisierbar erscheint es dagegen, Anreize zu setzen, die das Verhalten der Haushalte in bezug auf die *Struktur* des Hausmülls beeinflussen.[90] Zwar ist es theoretisch z.B. denkbar, eine Code-Karte zu entwickeln, die den Müllcontainer öffnet, und auf der der sensorisch erfaßte Inhalt des Abfalls verbucht und die entsprechenden Kosten dem Besitzer angelastet werden. Solange dieses

---

88 Für die folgende Argumentation wird vereinfachend unterstellt, es handele sich bei den Nachfragern immer um Haushalte, bei dem Gut also um ein Konsumgut.

89 FABER/STEPHAN/MICHAELIS (1988 S. 124) gehen z.B. für den Fall nicht mehr vermehrbarer Deponieflächen von einer notwendigen Vervierfachung der Deponiegebühren aus. Entsprechend steigen die Anreize für illegales Verhalten.

90 So auch HECHT (1991 S. 227).

jedoch Gedankenspielerei bleibt, erscheint es nicht möglich, unterschiedliche Gebühren z.B. für unterschiedliche Kunststoffe zu erheben oder überhaupt zwischen Glas, Holz und Kunststoffen zu differenzieren.

Bleibt das Eigentum der Produkte nach Ablauf ihrer Nutzungsdauer bei den Konsumenten, so ist demnach eine adäquate Berücksichtigung der Entsorgungskosten in der Nachfragefunktion nicht zu erwarten. Dies gilt selbst dann, wenn sicherlich vorhandene Verbesserungsmöglichkeiten in Richtung auf eine verursachungsbezogene Kostenbelastung ergriffen werden. Wie bereits erwähnt, spiegeln sich die Kosten der Produktentsorgung auch nicht in der Angebotsfunktion wider. Als Folge wird zum einen zuviel produziert, zum anderen werden gesellschaftlich rentable Möglichkeiten, die Produktentsorgungskosten zu verringern, nicht realisiert.

Um die Produzenten mit den Entsorgungskosten der Produkte zu konfrontieren, wurde in das Abfallgesetz der Bundesrepublik Deutschland 1986 die Möglichkeit zur Erlassung von Rücknahmeverpflichtungen aufgenommen. Der §14 AbfG regelte seitdem den Erlaß von Rücknahmeverpflichtungen. Inzwischen sind eine Reihe von Verordnungen entweder verabschiedet oder in Vorbereitung. Verabschiedet wurden die Lösemittelentsorgungsverordnung und die Verpackungsverordnung. Fortgeschritten, aber noch nicht in Kraft sind die Altpapierverordnung, die Batterieverordnung, die Altautoverordnung und die Elektroschrott-Verordnung (SRU 1994 S. 199).

Im Mittelpunkt der folgenden Überlegungen steht jedoch nicht eine spezielle Verordnung, sondern das Konstrukt einer Rücknahmeverpflichtung, das sich folgendermaßen fassen läßt: Der Hersteller (oder Vertreiber oder beauftragter Dritter) ist verpflichtet, die Produkte nach Ablauf ihrer Nutzungszeit zurückzunehmen. Allerdings soll am Ende der abstrakten Überlegungen zu möglichen Auswirkungen unterschiedlicher Ausprägungen dieses Konstruktes noch kurz auf die Verpackungsverordnung als der wichtigsten, bisher implementierten Rücknahmeverordnung eingegangen werden.

5.2 Modellhafte Analyse der Auswirkungen einer Rücknahmeverpflichtung auf Primär- und Sekundärproduktion

Die Rücknahmeverpflichtung kann als eine Art Mietvertrag mit einmaliger Zahlung interpretiert werden. Die Ablösung des Kaufvertrags durch den Mietvertrag wird von Vertretern einer Strategie der Dauerhaftigkeit schon seit einigen Jahren gefordert, um die Abfälle konzentriert beim Hersteller anfallen zu lassen und eine Internalisierung der Entsorgungskosten beim Hersteller statt einer Externalisierung über den Hausmüll zu erreichen (nach WAGNER 1992 S. 503). Zwar zeigt WAGNER (1992), daß Miete und Verkauf zu den gleichen pareto-optimalen Ergebnissen führen, wenn der Konsument die Entsorgungskosten kennt und trägt, doch ist dies, wie oben ausgeführt, gerade nicht der Fall.

Im Modell der vollkommenen Konkurrenz, auf das hier, wie auch bereits im zweiten Kapitel zurückgegriffen werden soll, spielt es keine Rolle, ob als Adressat einer Rücknahmeverpflichtung der Hersteller oder der Vertreiber gewählt wird. Wenn im folgenden vom Hersteller die Rede ist, so gelten die getroffenen Aussagen im Kontext des Modells ebenfalls für eine Vertreiberverpflichtung. Auf Unterschiede in der realen Welt gehen wir in Kapitel 5.3 noch näher ein. Auch im Modell der vollkommenen Konkurrenz macht es natürlich einen Unterschied, ob der Adressat der Rücknahmeverpflichtung sich zur Erfüllung seiner Pflichten eines Dritten bedienen kann, denn dadurch könnten die Kosten sinken. Wir wollen diese Möglichkeit hier jedoch nicht weiter untersuchen und auf Möglichkeiten der Beauftragung Dritter ebenfalls im folgenden Abschnitt 5.3 eingehen. Auf die formalen Eigenschaften der Ergebnisse hat dies keinen Einfluß, nur die Höhe der Kostenparameter hängt von dieser Einschränkung ab.

Durch die Rücknahme kommt der Hersteller der Produkte wieder in den Besitz der Produkte, für deren Entsorgung er jetzt aufkommen muß. Er hat zwei Möglichkeiten, auf die Rücknahmeverpflichtung zu reagieren. Zum einen kann er sein Produkt so umgestalten, daß er eine Kostenminimierung über den gesamten Produktlebenszyklus erreicht. Dies wird in Kapitel 5.3 genauer betrachtet.

Der vorliegende Abschnitt befaßt sich mit der zweiten Möglichkeit des Herstellers: Er kann sich auch mit der Menge des angebotenen Produkts an die neue Kostensituation anpassen. Es ist aber zu erwarten, daß sich in der Volkswirtschaft nicht nur die Kosten für die Produkte erhöhen, was zu einer Preiserhöhung bei verringerter Menge führen würde, sondern durch die Vermarktung recycelter Produkte auch zusätzliches Angebot an Sekundärprodukten entsteht, welches seinerseits auf die Preise drückt. Die Zusammenhänge zwischen Primär- und Sekundärproduktion und Rücknahmeverpflichtung sind somit nicht ganz einfach zu durchschauen, so daß sich hier zum grundsätzlichen Verständnis eine modelltheoretische Analyse anbietet. Zu beantworten ist dabei die Frage, ob eine Rücknahmeverpflichtung zum optimalen Niveau an Primär- und Sekundärproduktion führt.

Die Analyse erfolgt für das bereits aus dem zweiten Kapitel bekannte Modell einer Wirtschaft, in der die Produzenten gleichzeitig zwei homogene Güter herstellen, ein Primärprodukt in der Menge x und ein Sekundärprodukt im Umfang r. Wir haben gezeigt, daß das Niveau des zu beseitigenden Abfalls gerade der Menge an Primärprodukten entspricht.[91]

Die Bedingungen für das optimale Niveau an Primär- und Sekundärproduktion sind uns aus dem zweiten Kapitel bekannt. Wenn die Restriktion über das maximale Recycling-Potential nicht bindet, lauten sie:

$$\frac{\delta ZB}{\delta x} = \frac{dK_1}{dx} + \frac{dKD}{dx} \qquad (106)$$

und

$$\frac{\delta ZB}{\delta r} = \frac{dK_2}{dr} \qquad (107)$$

---

91 Vgl. Kap. 2.2.1

Auch die Bedingungen eines konkurrenzwirtschaftlichen Gleichgewichts bei externen Produktentsorgungskosten wurden bereits in Kapitel 2 abgeleitet. Sie lauten (ebenfalls für die Innenlösung):

$$p = \frac{dK_1}{dx} \qquad (108)$$

$$p = \frac{dK_2}{dr} \qquad (109)$$

Im Ergebnis ist, wie bereits gezeigt, im Vergleich zum Optimum bei nicht internalisierten Produktentsorgungskosten die Primärgutmenge zu hoch und die Sekundärgutmenge zu niedrig. Diese Ergebnisse sollen jetzt mit den gleichgewichtigen Ergebnissen im Modell der vollkommenen Konkurrenz unter einer Rücknahmeverpflichtung verglichen werden. Wie auch schon in den Modellen des zweiten Kapitels wird weiterhin zur Vereinfachung angenommen, daß die Produzenten gleichzeitig homogene Primär- und Sekundärprodukte herstellen. Für die folgenden formalen Ableitungen wird unterschieden zwischen dem Fall einer Verpflichtung zu 100%iger Rücknahme und der Verpflichtung zu teilweiser Rücknahme über die Festlegung von Quoten.

In der Praxis ist es möglich (und üblich), daß auch bestimmte Verwertungsquoten vorgeschrieben werden, d.h. von den eingesammelten Produkten oder auch von allen Abfallprodukten muß ein bestimmter Teil verwertet werden. Damit werden nicht nur andere Rahmenbedingungen geschaffen, indem der Produzent wieder in den Besitz seiner gebrauchten Produkte kommt, sondern es wird unmittelbar in sein Verhalten eingegriffen. Im hier verwendeten Modell würde sich das so auswirken, daß er nicht mehr nach betrieblichen Rentabilitätserwägungen entscheiden kann, wieviel Sekundärproduktion er aufnimmt, sondern zu einer bestimmten Mindestsekundärproduktion verpflichtet wird.

Es ist unmittelbar einleuchtend, daß dies nur zu einer Verschlechterung der Effizienz führen kann, wenn keine externen Kosten vorliegen, die zu Preisverzerrungen führen und ein staatliches Eingreifen rechtfertigen könnten. Im folgenden Modell, wie auch schon in Kapitel 2, werden alle Kosten bis auf die

Produktentsorgung als intern angenommen, die gesellschaftlichen Deponiekosten entsprechen den privaten. Deshalb soll an dieser Stelle von Verwertungsquoten abgesehen werden. Es wird vielmehr unterstellt, daß der Hersteller für den zurückgenommenen Produktabfall nach seinem Gewinnmaximierungskalkül entscheiden kann, wieviel er zur Produktion von Sekundärprodukten verwendet und wieviel er beseitigt. Im folgenden soll zuerst der Fall behandelt werden, daß alle Produkte zurückgenommen werden müssen (100%-ige Rücknahmeverpflichtung). Die zweite Betrachtung thematisiert dann die Setzung von Rücknahmequoten.[92]

5.2.1 100%ige Rücknahmeverpflichtung

Bei einer 100%igen Rücknahmeverpflichtung trägt der Produzent sowohl die Verwertungs- als auch die Deponierungskosten seiner Produktion. Zudem ist er gezwungen, alle von ihm hergestellten Produkte wieder einzusammeln, was mit Sammelkosten von a DM je produzierter Einheit verbunden sei.[93] Diese Sammelkosten sollen zusätzliche Kosten darstellen, die nur durch die Rücknahme der Produkte verursacht werden. Wird der Abfall direkt deponiert, fallen sie nicht an. Bei diesen Kosten handelt es sich vor allem um Sortier- und Transportkosten, mit denen erreicht wird, daß jeder Produzent seinen Abfall zurückerhält. Wenn man sich die Wege vorstellt, welche die Produkte vom Hersteller zum Konsumenten zurücklegen und nun als Abfall in umgekehrter Richtung überbrücken müssen, wird deutlich, daß allein die Transportkosten ein vielfaches dessen ausmachen, was für die Deponierung in unmittelbarer Nähe der Konsumenten aufgewendet werden müßte.[94]

---

92 Im folgenden Modell erfolgt zusätzlich zu den bisher bereits erwähnten Annahmen eine weitere Vereinfachung durch die Annahme, daß keine Kosten bei den Haushalten berücksichtigt werden. In der Realität ist es für eine Sortierung von Produkten nach ihren Herstellern natürlich notwendig, daß die Haushalte die gebrauchten Produkte sortieren und lagern.

93 In der Realität wird es nie zu einer 100%igen Rückgabe aller Produkte kommen. Dies soll hier aber vernachlässigt werden.

94 Vertreiberverpflichtungen und Beauftragung Dritter können diese Sammelkosten senken. Auf sie wird in Kapitel 5.3 näher eingegangen.

Wichtig für die folgenden Aussagen ist, daß sich die Rücknahmeverpflichtung sowohl auf Primär- als auch auf Sekundärprodukte bezieht. Bei punktuellen Verordnungen, wie sie zur Zeit für die Realität in der Bundesrepublik Deutschland typisch sind, kommt es insofern zu leicht veränderten Ergebnissen. Hierauf wird in Kapitel 5.4 ebenfalls eingegangen.

Durch die Rücknahmeverpflichtung erhöhen sich also die aufgrund des Primärgutes anfallenden Kosten um die Sammelkosten ax. Für die Produktion des Sekundärgutes ist es auch ohne Rücknahmeverpflichtung notwendig, Altprodukte einzusammeln und zurückzuführen. Im folgenden soll zuerst einmal unterstellt werden, durch die Rücknahmeverpflichtung entstünden bezüglich der Verwertung gar keine zusätzlichen Kosten. Das würde bedeuten, auch ohne Rücknahmeverpflichtung hätte der Produzent soviel Altprodukte zurückgeholt, wie er für die Sekundärproduktion brauchte und dabei auf alle Regionen zurückgegriffen. Realistischer erscheint es allerdings, daß er ohne Rücknahmeverpflichtung die notwendigen Altprodukte aus der näheren Umgebung, eventuell auch Altprodukte anderer Hersteller, geholt hätte. Dann würden sich durch die Rücknahmeverpflichtung des Herstellers nicht nur die Kosten für die Primärproduktion, sondern auch die Kosten für die Sekundärproduktion erhöhen. Die Auswirkungen dieser Möglichkeit werden in einer Modellerweiterung dargestellt.

Zuerst einmal sei jedoch angenommen, daß die Sammel- und Sortierkosten bereits Teil der Herstellungskosten K_2 sind. Somit verändert sich bei einer hundertprozentigen Rücknahmeverpflichtung die Kostenfunktion für die Sekundärprodukte nicht. Die Gewinnfunktion für unseren Primär- und Sekundärprodukthersteller lautet dann folgendermaßen:

$$G = p(x+r) - ax - K_1(x) - K_2(r) - KD(x) \tag{110}$$

Wieder gilt die Restriktion
xs/(1-s) - r $\geq$ 0 aus dem Grundmodell, so daß die Lagrangefunktion lautet:

Hierzu gehören die folgenden Kuhn-Tucker-Bedingungen:

$$L = p(x+r) - ax - K_1(x) - K_2(r) - KD(x) + z(xs/(1-s)-r) \tag{111}$$

$$\frac{\delta L}{\delta x} = p - a - \frac{\delta K_1}{\delta x} - \frac{\delta KD}{\delta x} + zs/(1-s) \leq 0 \tag{112}$$

$$\frac{\delta L}{\delta x} \cdot x = 0 \; ; \quad x \geq 0 \tag{113}$$

$$\frac{\delta L}{\delta r} = p - \frac{\delta K_2}{\delta r} - z \leq 0 \tag{114}$$

$$\frac{\delta L}{\delta r} \cdot r = 0; \quad r \geq 0 \tag{115}$$

$$\frac{\delta L}{\delta z} \cdot z = 0; \quad z \geq 0 \tag{116}$$

Im folgenden betrachten wir wieder nur die Innenlösung, die wie folgt aussieht:

$$p = \frac{\delta K_1}{\delta x} + \frac{\delta KD}{\delta x} + a \tag{117}$$

$$p = \frac{dK_2}{dr} \tag{118}$$

Den Vergleich zwischen den sozial optimalen und den gewinnmaximierenden Ausbringungsmengen bei 100%iger Rücknahmeverpflichtung ermöglicht die Abbildung 14. Die Funktionen $A(x)_{int}$ und $A(r)_{int}$ stellen dabei die in Kapitel 2 beschriebene Situation bei einer vollständigen Internalisierung aller Produktentsorgungskosten dar, bei der die Kosten für Primär- und Sekundärproduktion sowie Deponierung minimiert sind. $A(x)^{100}$ und $A(r)^{100}$ stellen demgegenüber die eben dargelegte Situation bei einer 100%igen Rücknahmeverpflichtung dar, bei der alle Primärprodukte unabhängig von ihrem weiteren Entsorgungsweg gesammelt werden müssen.

Wir sehen: Bei einer 100%igen Rücknahmeverpflichtung kommt es zu einer zu geringen Primärproduktion und einer zu hohen Sekundärproduktion. Die Ursache für die Linksverschiebung der Angebotsfunktion liegt in der vorgeschriebenen Sammlung aller Güter. Hierdurch kommt es zu einer volkswirtschaftlich unnötigen Kostenerhöhung, da für die Deponierung eine Sammlung nicht notwendig ist. Während im hier untersuchten Fall angenommen wurde, daß die Rücknahmeverpflichtung nur die Kosten der Primärproduktion erhöhe, wodurch sich die Ausdehnung der Sekundärproduktion über das Optimum hinaus zwangsläufig ergab, soll im folgenden Abschnitt die realistischere Annahme zusätzlicher Kosten bei beiden Produktionen getroffen werden.

Wie bereits erwähnt, muß zwar für die Sekundärproduktion auf jeden Fall Altmaterial sortiert, gesammelt und zum Hersteller gebracht werden. Es ist allerdings möglich, daß jeder Hersteller das Altmaterial verwendet, das in seiner näheren Umgebung vorhanden ist. Insofern erscheint es plausibel anzunehmen, daß die Kosten für die Sekundärproduktion ebenfalls durch die Rücknahmeverpflichtung zunehmen und zwar um br mit $0 < b < a$. B entspricht damit der auch für die Verwertung unnötigen Kostenerhöhung aufgrund der Rücknahmeverpflichtung.

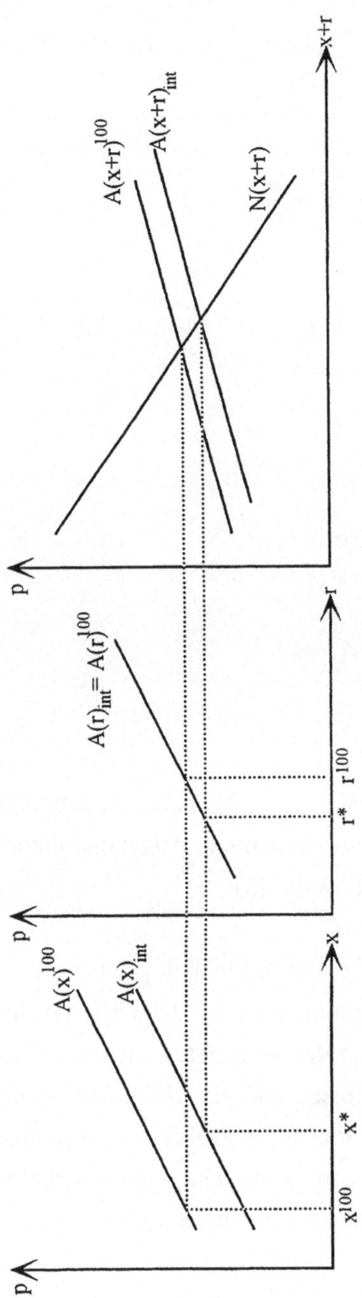

Abb. 14: Auswirkungen einer 100%igen Rücknahmeverpflichtung - Fall 1

In diesem Fall gilt die folgende Gewinnfunktion:

$$G = p(x+r) - ax - K_1(x) - br - K_2(r) - KD(x) \qquad (119)$$

mit der Innenlösung

$$\frac{\delta G}{\delta x} = p - a - \frac{dK_1}{dx} - \frac{dKD}{dx} = 0 \qquad (120)$$

$$\frac{\delta G}{\delta r} = p - b - \frac{\delta K_2}{\delta r} = 0 \qquad (121)$$

Daraus ergibt sich

$$p = \frac{dK_1}{dx} + \frac{dKD}{dx} + a \qquad (122)$$

$$p = \frac{dK_2}{dr} + b \qquad (123)$$

Wir sehen, daß in diesem Fall sich beide Angebotsfunktionen nach links ver-schieben. Die gesamtwirtschaftliche Angebotsfunktion liegt noch weiter links als im ersten Fall (vgl. Abb. 15)

Die Summe an x und r, die tatsächlich produziert wird, liegt damit ebenfalls noch weiter vom Optimum entfernt. Jetzt ist allerdings nicht mehr zu sagen, wie sich die Reduktion des Angebotes auf die beiden Produkte verteilen. Es kommt hier auf die Kosten und Nachfragefunktionen genauso an wie auf die Differenz zwischen a und b. Je größer die "unnötigen" Kosten sind, die von der Rücknahmeverpflichtung ausgehen, um so größer ist auch die Abweichung vom Optimum für x und r gemeinsam.

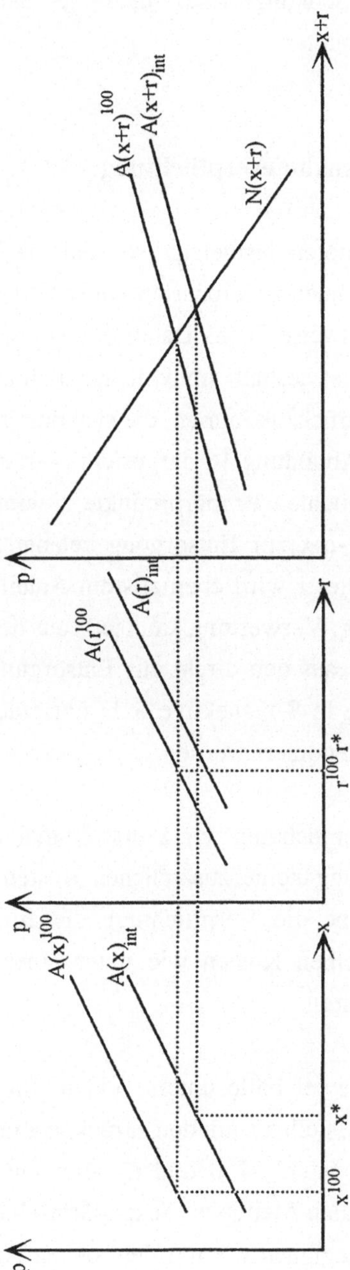

Abb. 15: Auswirkungen einer 100%igen Rücknahmeverpflichtung - Fall 2

Eine Möglichkeit zur Senkung dieser "unnötigen Kosten" liegt in der Festsetzung von Rücknahmequoten.

5.2.2 Teilweise Rücknahmeverpflichtung

Werden Rücknahmequoten festgelegt, so sind die Unternehmen nicht mehr verpflichtet, alle von ihnen produzierten Güter zurückzunehmen, sondern nur einen Teil q, beispielsweise 70%. Dadurch stellt sich die Situation sehr viel komplizierter dar. Es ist deshalb sinnvoll, noch einmal auf die Kreislaufabbildung vom Kapitel 2 zurückzukommen, die sich durch die anteilige Rücknahmeverpflichtung wie in Abbildung 16 dargestellt, verändert.

Die Menge der gebrauchten Primärprodukte x wird zu einem Anteil q in S gesammelt, so daß $(1-q)x$ zur Entsorgung gelangt. Von der Menge der gebrauchten Sekundärgüter r wird ebenfalls ein Anteil q gesammelt, und $(1-q)r$ gelangt zur Entsorgung. Verwertung kann jetzt aus den gesammelten Produkten erfolgen (r_1) und/oder aus den direkt zur Entsorgung gelangten Altprodukten (r_2). Die Mengen, die in S respektive R,D übrigbleiben $(q(x+r)-r_1$ resp. $(1-q)(x+r)-r_2)$, müssen deponiert werden.

Der Einfachheit halber nehmen wir zuerst einmal wieder an, daß durch die Rücknahmeverpflichtung keine zusätzlichen Kosten für die Verwertung entstehen, d.h., daß ohne die Verpflichtugn die zur Verwertung bestimmten Altprodukte zu denselben Kosten wie unter einer Rücknahmeverpflichtung gesammelt worden wären.

Hier kann man jetzt zwei Fälle unterscheiden. Im ersten Fall wird weniger Sekundärprodukt hergestellt als mit den zurückgenommenen Produkten möglich wäre. In diesem Fall ist r2 = 0 und r1 = r. Im zweiten Fall reichen zur Produktion der optimalen Menge an Sekundärprodukt die zurückgenommenen Produkte nicht aus. Beginnen wir mit dem ersten Fall:

Der Produzent trägt jetzt nur noch einen Teil q $(q<1)$ der Sammelkosten, also qax für die Primärproduktion und qar für die Sekundärproduktion. Gleichzeitig trägt er auch nur noch einen Teil der Deponierungskosten $(KD(qx-(1-q)r)$, weil r1 =r). Diese von x und r abhängige Deponiemenge wollen wir u(x,r) nennen. Solange wir annehmen, daß sein Recycling aus den bereits eingesammelten Produkten erfolgt, sinken seine Produktionskosten für das Sekundärprodukt um ar, denn wenn er die Produktion des Sekundärproduktes starten will, liegen die Produkte schon gesammelt vor. Eine Sammlung ist für die Verwertung jetzt nicht mehr notwendig. Es gilt demnach folgende Gewinnfunktion:

$$G = p(x+r) - K_1(x) - qax - (K_2(r) - ar) - qar - KD(u(x,r)) \qquad (124)$$

Dies läßt sich umformen zu:

$$G = p(x+r) - K_1(x) - qax - K_2(r) + (1-q)ar - KD(u(x,r)) \qquad (125)$$

Für den Fall, daß $r = r_1$, daß also im Optimum weniger Sekundärprodukt hergestellt wird, als mit den zurückgenommenen Produkten möglich wäre, ist eine Restriktion definitionsgemäß nicht relevant, so daß man eine einfache Lagrange-Ableitung vornehmen kann, die zu den folgenden Optimalbedingungen führt:

$$\frac{\delta G}{\delta x} = p - \frac{dK_1}{dx} - qa - \frac{dKD}{du}\frac{\delta u}{\delta x} = 0 \qquad (126)$$

$$\frac{\delta G}{\delta r} = p - \frac{dK_2}{dr} + (1-q)a - \frac{dKD}{du}\frac{\delta u}{\delta r} = 0 \qquad (127)$$

Diese lassen sich umformen zu

$$p = \frac{dK_1}{dx} + qa + \frac{dKD}{du}\frac{du}{dx} \qquad (128)$$

mit

$$u = q(x+r) - r \qquad \frac{du}{dx} = q \qquad (129)$$

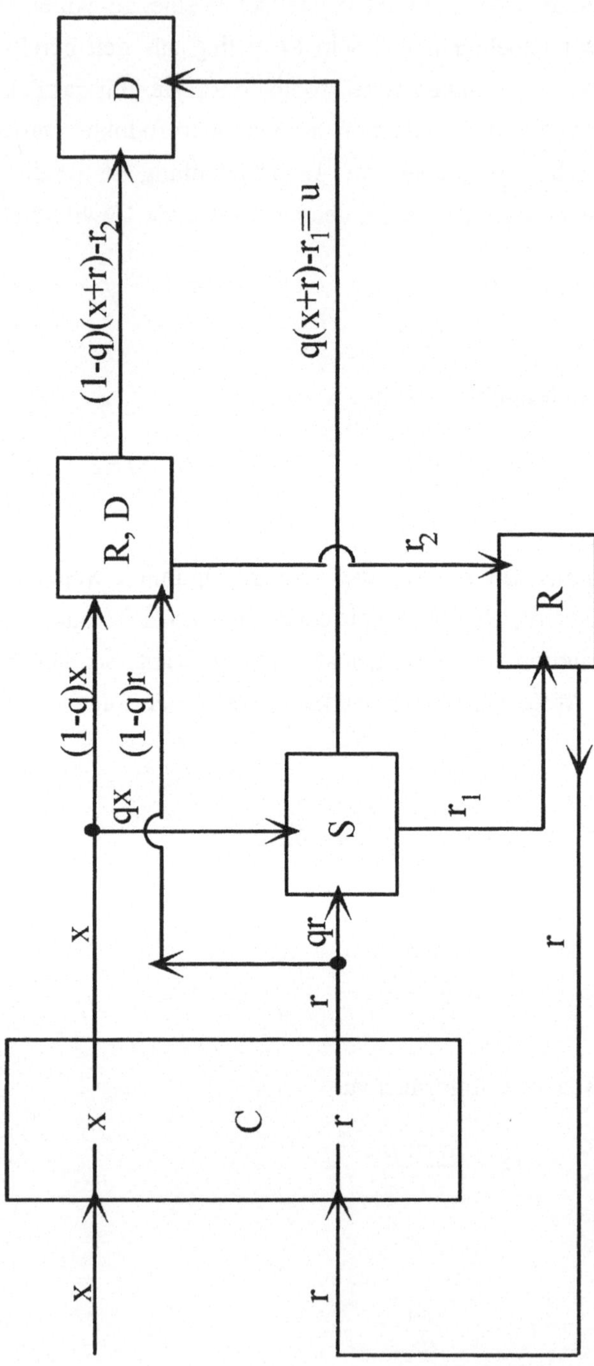

Abb. 16: Materialbilanzschema für eine teilweise Rücknahmeverpflichtung

und

$$p = \frac{dK_2}{dr} - (1-q)\,a + \frac{dKD}{du}\frac{du}{dr} \tag{130}$$

mit

$$u = q(x+r) - r = qx - (1-q)\,r \qquad \frac{du}{dr} = -(1-q) \tag{131}$$

Wir sehen folgendes: Über die Festlegung einer Rücknahmequote lassen sich die zusätzlichen Kosten verringern, die der Produktion des Primärproduktes angelastet werden. Statt a muß der Preis nur noch qa kompensieren. Zugleich werden der Primärproduktion nicht mehr die vollen Deponierungskosten angelastet. Für die Sekundärproduktion gilt jetzt sogar, daß der Preis nicht mehr die vollen Produktionskosten ausgleichen muß. Bei der Produktion von r fallen die Sammelkosten nicht mehr an, gleichzeitig trägt aber jedes Sekundärprodukt nur noch einen Anteil der Sammelkosten. Zugleich kommt jetzt noch ein zweiter Aspekt hinzu. Es bleibt im hier betrachteten Fall ein zu deponierender Rest. Dieser ist aber abhängig von r. Je mehr Sekundärprodukt produziert wird, desto geringer fällt der vom Unternehmen zu deponierende Rest aus. Somit senkt die Sekundärproduktion jetzt auch die Deponierungskosten für das Unternehmen, so daß die Grenzproduktionskosten für das Sekundärprodukt auch um die hier marginal eingesparten Kosten über dem Preis liegen können.

Woher rührt diese Fehlanlastung? Bei der Rücknahmeverpflichtung werden der Primärproduktion Sammelkosten auferlegt, die eigentlich nur für die Verwertung notwendig sind. Zwar mindert die Sammlung von x auch die Kosten der Sekundärproduktion, so daß in der Totalbetrachtung die Sammelkosten für x mit den eingesparten Sammelkosten für die Sekundärproduktion verrechnet werden. Da jedoch im Fall 1 nicht alle eingesammelten Produkte für die Sekundärproduktion benötigt werden, stehen den letzten eingesammelten Primärprodukten keine eingesparten Kosten gegenüber. In der Marginalbetrachtung bleiben dann nur noch die zusätzlich je Produkt aufzuwendenden Sammelkosten übrig.

Gleichzeitig kommt der Produzent nicht mehr für alle Deponierungskosten auf. Das heißt, wenn er jetzt verwertet, reduzieren sich seine Deponiekosten sofort um eine Einheit. Diese wird ihm zwar später, wenn das Sekundärprodukt ebenfalls zu Abfall geworden ist, auch zusätzliche Deponierungskosten verursachen, aber nicht mehr in vollem Umfang, so daß eine Restersparnis bleibt, die sich in der Optimalbedingung niederschlägt.

Im folgenden soll wieder der Fall untersucht werden, daß durch die Rücknahmeverwertung auch für die Verwertung zusätzliche Kosten entstehen. Wir hatten diesen Fall eben mit Kosten von b ($0 < b < a$) modelliert, die sich daraus ergaben, daß die bereits in K_2 enthaltenen Sammelkosten kleiner waren als die Sammelkosten a, die jetzt je Produkt auftreten. Für die teilweise Rücknahmeverpflichtung ist es sinnvoller, nicht b, sondern die tatsächlich eingesparten Sammelkosten c in das Modell aufzunehmen. Dabei sind c die für die Verwertung notwendigen Sammelkosten, die jetzt nicht mehr augebracht werden müssen. Wenn a unnötige Sammelkosten in Höhe von b enthält, dann belaufen sich die notwendigen Sammelkosten c gerade auf a-b.
Es gilt dann die folgende Gewinnfunktion:

$$G = p(x+r) - K_1(x) - qax - (K_2(r)-cr) - qar - KD(u(x,r)) \tag{132}$$

Diese läßt sich umformen zu:

$$G = p(x+r) - K_1(x) - qax - K_2(r) - (qa-c)r - KD(u(x,r)) \tag{133}$$

Definitionsgemäß ist die Restriktion nicht relevant, so daß als Optimalbedingungen gelten:

$$\frac{\delta G}{\delta x} = p - \frac{dK_1}{dx} - qa - \frac{dKD}{du} \cdot \frac{\delta u}{\delta x} = 0 \tag{134}$$

und

$$\frac{\delta G}{\delta r} = p - \frac{dK_2}{dr} - (qa-c) - \frac{dKD}{du} \cdot \frac{\delta u}{\delta r} = 0 \tag{135}$$

Da sich u nicht verändert hat, bleiben auch die Ableitungen von u nach x und r unverändert. Es gilt demnach:

$$p = \frac{dK_1}{dx} + qa + q\,\frac{dKD}{du} \qquad\qquad (136)$$

$$p = \frac{dK_2}{dr} + (qa-c) - (1-q)\,\frac{dKD}{du} \qquad\qquad (137)$$

Wir sehen, daß die Berücksichtigung zusätzlicher Sammelkosten auch bei der Verwertung nichts daran ändert, daß eingesparte private Deponiekosten die Produktion des Sekundärproduktes attraktiver machen als dies gesellschaftlich erwünscht ist. Wenn die zusätzlichen Sammelkosten so gering sind, daß qa < c, so wird die Sekundärproduktion zusätzlich noch um eingesparte Nettosammelkosten entlastet. Das grundsätzliche Problem einer Fehlanlastung der Kosten bleibt bestehen. Die Sekundärproduktion bleibt im Vergleich zu den sozial optimalen Bedingungen in den meisten Fällen zu günstig. Die einzige Ausnahme besteht in dem Fall, daß (qa - c) $\geq$ (1-q)dKD/du ist. Dies ist am ehesten bei großem q der Fall, wir nähern uns dann den Bedingungen einer 100%igen Rücknahmeverpflichtung.

Bei einer teilweisen Rücknahmeverpflichtung kann also im hier betrachteten Fall eine Quotensetzung unter Umständen dazu führen, daß der Preis für die Primärproduktion gerade den von der Primärproduktion tatsächlich verursachten marginalen Produktions- und Deponiekosten entspricht. Es ist theoretisch möglich, die durch die Sammelkosten verursachten "zu hohen" Kosten der Primärproduktion durch eine Unteranlastung der Deponiekosten zu kompensieren. Sollte eine Quote festgelegt werden können, die gerade dazu führt, daß die Primärproduktion das optimale Niveau erreicht, so ist immer noch fraglich, ob diese Quote zur Einhaltung der Optimalbedingungen für die Sekundärproduktion führt. Hier sind zwei Fälle zu unterschieden:

Fall 1 ($r = r_1$, $r_2 = 0$)
Im ersten, eben beschriebenen Fall, werden im Gewinnmaximimum nur bereits eingesammelte Abfälle verwertet. Dann bleibt in aller Regel das Problem, das

bei einer nur teilweisen Rücknahmeverpflichtung die Sekundärproduktion im Vergleich zum gesellschaftlichen first best Optimum zu weit ausgedehnt wird, weil durch die Verwertung private Deponirungskosten eingespart werden. Das bedeutet, daß auch durch die Rücknahmeverpflichtung keine First-Best-Situation zu erreichen ist. Bei 100%iger Verpflichtung fallen die Kosten für das Primärprodukt zu hoch aus, bei teilweiser Freistellung wird zu viel vom Sekundärprodukt hergestellt.

Fall 2 ($r > r_1$, $r_2 > 0$)

Der zweite Fall wurde anhand der Abbildung 16 schon kurz angesprochen: Es ist möglich, daß im Optimum mehr Sekundärprodukt erzeugt wird, als mit den pflichtgemäß eingesammelten Altprodukten möglich ist. In diesem Fall ist $r > r_1$ und $r_2 > 0$. Dieser Fall kann insbesondere bei niedrigen Quoten eintreten. Als Entscheidungsvariablen stehen dem Produzenten dann x und r_2 zur Verfügung. Für ihn gilt die folgende Gewinnfunktion:[95]

$$G = p(x+r_1+r_2) - K_1(x) - qax$$
$$- (K_2(r_1+r_2) - ar_1) - qa(r_1+r_2) - KD(u(x,r_1,r_2) \qquad (138)$$

Wir wollen davon ausgehen, daß im Optimum nicht alle verwertbaren Altprodukte verwertet werden, d.h., daß die aus Kapitel 2 bekannte Restriktion für die maximale Verwertungsmenge nicht bindet. Allerdings bindet eine ähnliche Restriktion jetzt für r_1, denn im zweiten Fall werden alle verwertbaren gesammelten Altprodukte verwertet, d.h. von allen in S gesammelten Altprodukten wird der Anteil s zur Sekundärproduktion verwendet. Es gilt also

$$r_1 = sq(x + r_1 + r_2) \qquad (139)$$

---

95 Zuerst sei wieder angenommen, daß bei der Sekundärproduktion keine zusätzlichen Sammelkosten entstehen.

Umgeformt ergibt sich daraus

$$(1-sq)\, r_1 \, - \, sq(x + r_2) \, = \, 0 \qquad (140)$$

Dies führt zu der folgenden Lagrange-Funktion, die nach Kuhn-Tucker zu lösen ist:

$$L = p(x+r_1+r_2) \, - \, K_1(x) \, - \, qax \, - \, (K_2(r_1+r_2)-ar_1) \qquad (141)$$
$$- \, qa(r_1+r_2) \, - \, KD(u(x,r_1,r_2)) \, + \, z(sq(x+r_2) \, - \, (1-sq)\,r_1)) \quad \text{max!}$$

Als Kuhn-Tucker-Bedingungen ergeben sich:

$$\frac{\delta L}{\delta x} = p \, - \, \frac{dK_1}{dx} \, - \, qa \, - \, \frac{dKD}{du} \cdot \frac{\delta u}{\delta x} \, + \, zsq \leq 0 \qquad (142)$$

$$\frac{\delta L}{\delta x} \cdot x = 0; \quad x \geq 0 \qquad (143)$$

$$\frac{\delta L}{\delta r_2} = p \, - \, \frac{dK_2}{dr_2} \, - \, qa \, - \, \frac{dKD}{du} \cdot \frac{\delta u}{\delta r_2} \, + \, zsq \leq 0 \qquad (144)$$

$$\frac{\delta L}{\delta r_2} \cdot r_2 = 0; \quad r_2 \geq 0 \qquad (145)$$

$$\frac{\delta L}{\delta z} = q(x+r_2) \, - \, (1-q)\,r_1 = 0 \qquad (146)$$

$$z > 0 \qquad (147)$$

Wenn r_1 alle verwertbaren Altprodukte umfaßt, läßt sich u neu schreiben:

$$u = (1-s)\,q(x+r_1+r_2) \qquad (148)$$

Daraus folgt:

$$\frac{\delta u}{\delta x} = (1-s)\,q \tag{149}$$

$$\frac{\delta u}{\delta r_2} = (1-s)\,q \tag{150}$$

Auch hier wollen wir davon ausgehen, daß die Restriktion für r_2 nicht ausgeschöpft wird und daß x und r_2 positive Werte annehmen, so daß als betriebliche Optimalbedingungen gelten:

$$p = \frac{dK_1}{dx} + qa + (1-s)\,q\,\frac{dKD}{du} - zsq \tag{151}$$

und

$$p = \frac{dK_2}{dr_2} + qa + (1-s)\,q\,\frac{dKD}{du} - zsq \tag{152}$$

In dem hier betrachteten Fall muß der Preis für das Produkt sowohl beim Primär- als auch beim Sekundärprodukt Produktionsgrenzkosten plus anteilige Sammelgrenzkosten plus anteilige Deponierungskosten minus den Kosten tragen, die marginal hätten gespart werden können, wenn mehr an gesammelten Altprodukten zur Verwertung vorhanden gewesen wäre. Jetzt wird die Sekundärproduktion nicht mehr durch privat eingesparte Deponierungskosten, denen keine gesellschaftlichen Einsparungen gegenüberstehen, in ungerechtfertigter Weise bevorteilt. Dies rührt daher, daß eine weitere Ausdehnung der Sekundärproduktion über r_2 hinaus die vom Hersteller zu deponierende Menge nicht mehr verringert.

Jetzt aber werden beiden Produkten "ungerechtfertigter Weise" Sammelkosten angelastet und dem Sekundärprodukt zusätzlich anteilige Deponiekosten, obwohl es dafür, volkswirtschaftlich gesehen, nicht verantwortlich ist. Also wird durch eine Quote, die so niedrig ist, daß die Produzenten mehr Verwerten als entsprechend der Rücknahmeverpflichtung gesammelt wurde, die Sekundärproduktion im Vergleich zu einer Situation externer Produktentsorgungskosten sogar zusätzlich benachteiligt. Damit ergibt sich, daß eine volkswirtschaftlich richtige Belastung der Sekundärproduktion auch dann nicht zu erreichen ist, wenn die Quote, bei der sich für die Primärproduktion gerade die volkswirtschaftlich richtige Belastung ergeben würde, dazu führt, daß das Gewinnmaximum bei $r_2 > 0$ liegt.[96]

Aus den Betrachtungen beider denkbarer Fälle ergibt sich, daß ein Verzicht auf eine 100%ige Rücknahmeverpflichtung und die Einführung von Rücknahmequoten nicht zu einem optimalen Ergebnis führen kann, obwohl sie die zusätzlichen Kosten, die durch eine Rücknahmeverpflichtung verursacht werden, reduzieren können.

5.2.3 Fazit

Als Ergebnis dieser modelltheoretischen Überlegungen zeigt sich, daß eine idealisierte Herstellerrücknahmeverpflichtung selbst in einer idealen Umgebung nicht zu einer vollständigen und vor allem verursachungsbezogenen Internalisierung aller Kosten führen kann. Eine 100%ige Rücknahmeverpflichtung führt mit Sicherheit nicht zu einer Bevorzugung der Verwertung auf Kosten der Abfallvermeidung. Gerade die Primärproduktion geht stärker zurück als dies bei einer verursachungsbezogenen vollständigen Internalisierung aller Kosten der Fall wäre. Eine Quotierung dagegen erhöht die Primär- und Sekundärproduktion im Vergleich zu einer 100%igen Rücknahmeverpflichtung, solange die Quote nicht so niedrig ist, daß sie ihre Bedeutung verliert. Eine vollständig richtige Anlastung aller Kosten ist mit einer Rücknaheverpflichtung nicht möglich, so lange sie zu zusätzlichen Sammelkosten führt, was bei einer Herstellerverpflichtung regelmäßig der Fall ist.

---

96 In diesem Fall ändert sich das Ergebnis nicht, wenn angenommen wird, die Rücknahmeverpflichtung verändere auch die Kosten der Sekundärproduktion, da mögliche Kosteneinsparungen nur für r_1, nicht aber für r_2 relevant sind.

In diesem Fall ist eine höhere Quote keineswegs immer besser als eine niedrigere. Und diese Aussage stimmt nicht nur im Hinblick auf ein Pareto-Optimum. Je höher die Quote ist, um so eher verursacht sie unnötige Sammel- und Transportkosten. Nun ist zwar keine Internalisierungsmaßnahme ohne zusätzliche Kosten durchführbar. Jede Abgabe verursacht Verwaltungs- und Transaktionskosten. Polizei und Gerichtsbarkeit dienen zu einem großen Teil der Internalisierung von Kosten und Nutzen. Doch fallen neben den Sammelkosten bei einer Rücknahmeverpflichtung ja ebenfalls, ähnlich wie bei der Abgabe, Verwaltungskosten an, meist in Form von Kontrollkosten. Zu ihnen kommen die Sammelkosten hinzu. Sie dürften zu einem großen Teil Transportkosten sein und als solche durchaus auch mit hohen, teilweise externen ökologischen Kosten verbunden sein.

Die modelltheoretischen Überlegungen weisen eine Rücknahmeverpflichtung demnach als ein problematisches Instrument aus. Ineffizienzen bei einer Herstellerrücknahmeverpflichtung ergeben sich vor allem aus den Sammelkosten, die auf Grund einer Rücknahmeverpflichtung anfallen. Die Rücknahme muß organisiert werden, es fallen Sortier- Lagerhaltungs- und Transportkosten an, die zwar für ein Recycling notwendig sind, nicht jedoch für Güter, die nur deponiert werden sollen. So führt die Rücknahmeverpflichtung zwar zur Internalisierung aller Entsorgungskosten, die Kosten werden allerdings über das notwendige Maß hinaus erhöht. Der Grund liegt darin, daß es nicht nur zu einer Eigentumsrückübertragung, sondern auch zu einer Rückführung des Gutes kommt.

Eine Internalisierung ist aber nur dann sinnvoll, wenn die Internalisierungskosten nicht höher als die durch sie erreichbaren Kosteneinsparungen bei der Entsorgung sind. So ist nach Möglichkeiten zu suchen, die mit der Internalisierung verbundenen Kosten so gering wie möglich zu halten. Diese variieren je nachdem, ob es sich bei dem Adressaten der Rücknahmeverpflichtung um den Hersteller oder den Vertreiber handelt, und danach, ob die Adressaten sich zur Erfüllung ihrer Pflichten Dritter bedienen können. In der Realität aber ist eine vollkommen verursachergerechte Überwälzung aller Kosten in der Regel nicht gegeben, so daß es sehr wohl einen Unterschied hinsichtlich der Anreizwirkung der Rücknahmeverpflichtung macht, ob Hersteller, Vertreiber oder beauftragter Dritter die Rücknahme übernimmt. Deshalb sollen im folgenden Kapitel 5.3 die Auswirkung einer unterschiedlichen Bestimmung hinsichtlich der Adressaten von Rücknahmeverpflichtungen genauer untersucht werden. Dabei muß sowohl die Veränderung der Sammelkosten als auch der ökonomischen Anreize betrachtet werden.

5.3 Unterschiedliche Adressaten einer Rücknahmeverpflichtung

Als Adressaten einer Rücknahmeverpflichtung sind Hersteller, Vertreiber oder beauftragte Dritte denkbar. Im folgenden sollen diese drei unterschiedlichen Ausprägungen einer Rücknahmeverpflichtung miteinander verglichen werden. Unterschiede in der Allokationswirkung können sich zum Beispiel aus unterschiedlichen Informationsmöglichkeiten oder unterschiedlichen Anreizen zur Kostenüberwälzung ergeben.

5.3.1 Die Rücknahmeverpflichtung des Herstellers

Wir haben bereits gesehen, daß bei einer Anlastung der Entsorgungskosten beim Hersteller die Anreize hinsichtlich des Produktionsniveaus suboptimal ausfallen. Im folgenden wollen wir uns deshalb auf Aussagen zur Anpassung der Produkteigenschaften an die veränderte Kostensituation konzentrieren.

Der Hersteller ist derjenige, der durch die Produktgestaltung den größten Einfluß auf die Kosten und Möglichkeiten von Recycling und Deponierung hat. Bei ihm fallen die Informationen bezüglich Inputstoffen, Produktionsprozeß und Produktzusammensetzung unmittelbar an, so daß er besser als jeder andere Möglichkeiten erkennen kann, Verwertungs- oder Deponierungskosten zu senken. Ebenfalls kennt er die damit verbundenen zusätzlichen Produktionskosten. Ist er zur Entsorgung verpflichtet, fallen auch die Entsorgungskosten bei ihm an, soweit sie internalisiert sind. Er kann damit eine Kostenminimierung über den gesamten Produktlebenszyklus betreiben. Inwieweit er dies tut, ist jedoch davon abhängig, ob er den entsprechenden Anreizen unterliegt.

Bei der Herstellerverpflichtung treten alle Kosten der Entsorgung unmittelbar bei diesem auf, wenn man unterstellt, daß er alle Produkte tatsächlich zurückerhält. Die Entsorgung des Herstellerabfalls wird grundsätzlich privatwirtschaftlich organisiert sein, da sein Abfall in der Regel von der kommunalen Entsorgung ausgeschlossen sein wird. Demnach ist zu erwarten, daß er die internalisierten Kosten der Entsorgung seines Produktes weitgehend korrekt angelastet bekommt und so einen Anreiz zur Kostenminimierung über den gesamten Produktlebenszyklus hat.

Wir wollen das für das Modell teilweiser Rücknahmeverpflichtung kurz analytisch darstellen. Dieses Modell stellt bei Einbeziehung von q = 1 den allgemeinen Fall einer Rücknahmeverpflichtung dar. Unterstellt werden soll dabei der relevantere Fall 1, bei dem nur die bereits eingesammelten Altprodukte verwertet werden. Aus Vereinfachungsgründen wird ebenfalls angenommen, daß die Rücknahmeverpflichtung nicht zu einem Anstieg der Sammelkosten für die Verwertung führt (b=0). Um die Entscheidung über die Produktgestaltung in dieses Modell zu integrieren, wird ein zusätzlicher Parameter m eingeführt, der den Umfang von Aktivitäten kennzeichnen soll, welche zwar die Kosten der Primärproduktion erhöhen, aber die Deponierung und (oder) Verwertung billiger machen. Demnach ist:

$$K_1 = K_1(x,m) \quad mit \quad \frac{\delta K_1}{\delta m} > 0 \tag{153}$$

$$K_2 = K_2(x,m) \quad mit \quad \frac{\delta K_2}{\delta m} < 0 \tag{154}$$

$$KD = KD(x,r,m) \quad mit \quad \frac{\delta KD}{\delta m} < 0 \tag{155}$$

Die Gewinnfunktion lautet dann:

$$\begin{aligned} G = \; & p(x+r) - K_1(x,m) - qax - K_2(r,m) \\ & + ar - qar - KD(u(x,r),m) \end{aligned} \tag{156}$$

Daraus folgt für das Optimum:

$$\frac{\delta G}{\delta x} = p - \frac{\delta K_1}{\delta x} - qa - \frac{\delta KD}{\delta u}\frac{\delta u}{\delta x} = 0 \qquad\qquad (157)$$

$$\frac{\delta G}{\delta r} = p - \frac{\delta K_2}{\delta r} + (1-q)a - \frac{\delta KD}{\delta u}\frac{\delta u}{\delta r} = 0 \qquad\qquad (158)$$

$$\frac{\delta G}{\delta m} = - \frac{\delta K_1}{\delta m} - \frac{\delta K_2}{\delta m} - \frac{\delta KD}{\delta m} = 0 \qquad\qquad (159)$$

Demnach gilt:

$$\frac{\delta K_1}{\delta m} = - \left(\frac{\delta K_2}{\delta m} + \frac{\delta KD}{\delta m}\right) \qquad\qquad (160)$$

Die zusätzlichen Kosten, welche die letzte Produktumgestaltungsmaßnahme verursacht, müssen gerade den eingesparten Deponie- und Verwertungskosten entsprechen. Auf die Optimalbedingung für m hat q offensichtlich keinen unmittelbaren Einfluß. Aber selbstverständlich ist die Veränderung der Deponiegrenzkosten durch eine Änderung der Produktgestaltung um so größer, je größer u ist. Da aber bei q < 1 u immer nur eine Teilmenge von x ist (u = qx - (1-q)r), sind die eingesparten Grenzkosten, die der Hersteller berücksichtigt, geringer als die Einsparungen an Grenzdeponierungskosten, von der die Gesellschaft insgesamt bei einer Ausdehnung von m profitiert. Demnach fällt ein Teil der Erträge der Produktgestaltung extern an, während alle Kosten intern anfallen. Bei einer nur teilweisen Rücknahmeverpflichtung wird der Hersteller demnach auch nicht das optimale Niveau an Entsorgungskosten reduzierenden Maßnahmen durchführen. Bei einer 100%igen Rücknahmeverpflichtung berücksichtigt er alle Deponierungs- und Verwertungskosten, die der Gesellschaft entstehen. Da jedoch das Niveau der Produktion von Primär- und Sekundärproduktion aufgrund der Sammelkosten suboptimal ist, handelt es sich nur um eine optimale Anpassung an eine suboptimale Situation, also um ein second best.

Hinzu kommt ein Problem, das allerdings für alle Rücknahmeverpflichtungen unabhängig von ihrem Adressaten gilt: Die Rückführung der Produkte liegt nicht im Interesse des zur Rücknahme Verpflichteten, da mit dem Eigentum an Abfall in der Regel per Saldo Kosten verbunden sind. Er kann sie verhindern oder zumindest verringern, indem er die Rücknahmebedingungen möglichst aufwendig für den Letztbesitzer des Gutes gestaltet. Ist die Rückführung für den Konsumenten mit hohen Kosten (jedweder Art) verbunden, wird er von der Rückführung der Produkte absehen. Dies gilt insbesondere, wenn seine eigene Kostenbelastung durch den Produktabfall gering ist.

Die Rücknahmeverpflichtung ist also kein Instrument, bei dem der Staat nach Umdefinierung der Eigentumsrechte von jeder weiteren Einflußnahme absehen kann. Er muß die Rücknahme überwachen und Nichteinhaltungen der Verpflichtungen sanktionieren oder Bedingungen der Rücknahme vorschreiben, welche für die Verbraucher die nötigen Anreize schaffen, die Produkte zurückzuführen.

5.3.2 Rücknahmeverpflichtung des Vertreibers (Handels)

Der Vorteil des Vertreibers im Vergleich zum Hersteller liegt in seiner regelmäßig größeren Nähe zum Konsumenten, so daß sich die Transportkosten bei einer Händlerrücknahmeverpflichtung verringern. In allen Fällen, in denen die Kosten der Verwertung oder Behandlung bei einer Rückführung zum Hersteller nicht soweit gesenkt werden, daß sie die höheren Transportkosten kompensieren, ist demnach aus Kostengesichtspunkten die Vertreiberverpflichtung günstiger.

Damit bei einer Vertreiberverpflichtung alle Möglichkeiten der Kostenminimierung ausgenutzt werden, ist es jedoch notwendig, daß der Handel die Kosten der Abfallbehandlung, die mit den verwendeten Stoffen und der Art ihrer Verbindung variieren, möglichst genau und differenziert an den Konsumenten weitergibt. Ob der Händler die notwendigen Informationen und Anreize hat, dies zu tun, hängt von den Rahmenbedingungen ab. Darf er seinen gesamten Abfall wie Hausmüll entsorgen, fehlen ihm, ebenso wie den Haushalten, die

Anreize, die Schädlichkeit und Recyclingfähigkeit des Abfalls in seinen Entscheidungen zu berücksichtigen. Anderenfalls kann er versuchen, die Kosten der Verwertung und Deponierung durch entsprechende Aufschläge zu beeinflussen.

Beim Handel kommt es jedoch häufig zu Schrägüberwälzungen (SRU 1990 S. 272). Schrägüberwälzungen führen ceteris paribus zu höheren Entsorgungskosten als eine korrekte Kostenanlastung, da der von den Aufschlägen ausgehende Vermeidungsanreiz nicht entsprechend der Entsorgungskosten der Güter differenziert ist. Die Aufschläge bei Schrägüberwälzung fallen demnach höher aus als bei Aufschlägen, welche an den Entsorgungskosten der Produkte gekoppelt sind. Eine "richtige" Kostenanlastung wird jedoch nur dann erfolgen, wenn die dadurch möglichen Kosteneinsparungen über den zusätzlichen Aufwendungen für die Ermittlung und Bekanntgabe der richtigen Aufschläge liegen.

Wird die Rücknahmeverpflichtung aus praktischen Erwägungen so gestaltet, daß jeder Vertreiber alle Produkte zurücknehmen muß, welche bei ihm hätten gekauft werden können,[97] so entfällt jeder Anreiz zu einer kostengerechten Gestaltung der Preisaufschläge. Die zurückgegebene Menge ist in diesem Fall nämlich über die verkaufte Menge kaum steuerbar, so daß höhere Preisaufschläge auf schwierig zu entsorgende Güter zwar unter Umständen einen Rückgang der Verkaufsmenge, kaum aber einen Rückgang der zu entsorgenden Menge bewirken. Die Preisaufschläge sind in diesem Fall aus betrieblicher Sicht keine Maßnahme zur Senkung der Entsorgungskosten, sondern eine reine Refinanzierungsmaßnahme, bei der die Preisaufschläge entsprechend der Nachfrageelastizität gestaffelt werden.

Die Vertreiber befinden sich hier in einem prisoner's dilemma, bei dem sich zwar insgesamt die günstigsten Ergebnisse bei korrekter Kostenanlastung ergeben würden, nicht-kooperatives, individuell rationales Verhalten jedoch zur insgesamt teureren Schrägüberwälzung führt. Kooperatives Verhalten bei der

---

97 So ist z.B. die Verpackungsverordnung gestaltet. Dies erscheint auch insgesamt als praktikabelster Weg einer Rücknahmeverpflichtung zumindest für Güter des täglichen Bedarfs.

Preisfestlegung ist jedoch sowohl aufgrund der Vielzahl der Vertreiber als auch aufgrund von Wettbewerbsbestimmungen ausgeschlossen.

Die Wirkung der Rücknahmeverpflichtung rührt bei Schrägüberwälzungen nicht mehr aus der Substitution abfallreicher Produkte bzw. besonders schwierig zu entsorgender Stoffe, sondern vor allem aus dem Einkommenseffekt, der sich aus der Verteuerung fast aller Güter ergibt.[98] Dadurch mag zwar die produzierte Gütermenge insgesamt zurückgehen, doch werden kaum abfallkostenmindernde Anstrengungen beim Hersteller unternommen, da eine verursachergerechte Anlastung der Kosten fehlt. Das gilt sowohl für die Veränderung der Produktionsmenge als auch für die Produktgestaltung. Dieses Bild kann sich nur bei entsprechender Marktmacht der Nachfrager ändern, wenn diese in der Lage sind, einem Produzenten eine die Entsorgungskosten senkende Produktvariation aufzuzwingen.

5.3.3 Rücknahmeverpflichtung eines beauftragten Dritten

Nach dem Abfallgesetz ist eine Beauftragung Dritter sowohl durch den Hersteller als auch den Vertreiber möglich. Wie oben ausgeführt, ist eine Vertreiberverpflichtung grundsätzlich kein Instrument, das zu einer guten Internalisierung der Produktabfallkosten führt. Es ist nicht zu erwarten, daß sich diese Situation bei einer Beauftragung Dritter verbessert. Deshalb soll im folgenden nur auf die Beauftragung Dritter durch die Hersteller eingegangen werden.

Grundsätzlich erlaubt die Beauftragung Dritter dem Hersteller, Möglichkeiten zur Kostensenkung zu nutzen, die entweder durch die Spezialisierung des Dritten oder durch geringere Sortier- und Transportkosten zustande kommen. Diese Kostensenkung ist dann auch im gesellschaftlichen Interesse, wenn die Anreize, bereits bei der Produktion die Entsorgung zu berücksichtigen, nicht verlorengehen. Die Anreizwirkungen sind in erster Linie abhängig von den Bedingungen, unter denen die Beauftragung Dritter vonstatten geht. Mögliche Organisationsformen hängen stark von den relevanten Gütern ab. Wenn die

---

98 Vgl. hierzu BONUS (1972).

Produkte so spezifisch zusammengesetzt sind, daß eine getrennte Behandlung der Altprodukte eines jeden Herstellers der insgesamt kostengünstigste Weg ist, sollten diese Güter entsprechend sortiert gesammelt werden. In diesem Fall kann der einzelne Hersteller einen Dritten mit der Erfüllung der ihm obliegenden Pflichten beauftragen, so daß eine unmittelbare Kostenanlastung beim Hersteller durch den beauftragten Dritten möglich ist. Im Falle dieser spezifischen Güter ist deshalb davon auszugehen, daß auch eine Beauftragung Dritter die Internalisierungseigenschaften der Herstellerverpflichtung weitgehend unberührt läßt.

In den Fällen dagegen, in denen den höheren Sortier- und Transportkosten keine entsprechenden Kostensenkungen bei einer durch den Hersteller vorgenommenen Verwertung gegenüberstehen - im folgenden unspezifische Altprodukte genannt -, ist es für eine Verwertung sinnvoll, diese nur nach Stoffen, nicht aber nach Herstellern zu sortieren. Dies ist zum Beispiel bei Verpackungen in aller Regel der Fall. Verzichtet man auf die Sortierung nach Herstellern, kann jedoch keine kostengerechte Abrechnung nach den zurückgenommenen Mengen des jeweiligen Herstellers vorgenommen werden. Die Menge der Altprodukte ist jedoch über die Menge der hergestellten Produkte ganz weitgehend determiniert. Würde die Organisation der Rücknahme über nur eine Institution - im folgenden "Sammelinstitution" genannt - erfolgen, deren regionales Wirken mit dem Geltungsbereich der Rücknahmeverpflichtung und dem Vertriebsgebiet eines bekannten Teils der Produktion übereinstimmt, so wäre eine Bezahlung der Rücknahmekosten entsprechend der Menge der produzierten Einheiten eine mögliche Lösung.

Allerdings besteht die eindeutige Beziehung nur zwischen der Menge der produzierten Einheiten und den mengenabhängigen Abholungskosten, die über eine an der Produktion orientierte Gebühr relativ kostengenau erfaßt werden können. Anders ist es aber mit den Sortier- und Verwertungskosten, gegebenenfalls auch mit den Deponie- oder Behandlungskosten. Diese unterscheiden sich nach der Art der verwendeten Stoffe und bei Verwendung mehrerer Stoffe nach den Möglichkeiten, diese zu trennen. Auch sie dürften aber weitgehend durch die Produkteigenschaften bestimmt sein, so daß auch hier das Produkt

der richtige Ansatzpunkt für eine kostengerechte Anlastung und Entsorgungskosten ist.

Das heißt, eine Anlastung der Kosten, die in etwa den Entsorgungskosten
entsprechen, läßt sich bei unspezifischen Altprodukten durch eine Gebühr oder
ähnliches auf das Produkt erreichen. Je individueller diese Kostenanlastung auf
das einzelne Produkt zugeschnitten werden kann, desto besser wird die Kostenanlastung sein. Zumindest die Sammel- und Sortierkosten müssen dabei von
einer zentralen Organisation eingezogen werden. Wer dann die Sammlung tatsächlich übernimmt, ist eine andere Sache. Hier können von der Sammelinstitution andere Unternehmen beauftragt werden. Eine direkte Beziehung zwischen
einzelnem Hersteller und einsammelndem Unternehmen ist für unspezifischen
Abfall nicht möglich, da dieser ja gerade nicht nach Herstellern getrennt wird,
so daß kein einzelnes Sammelunternehmem weiß, wieviel es von dem einzelnen
Hersteller eingesammelt hat.

Eine Beauftragung Dritter ist in dem Fall unspezifischer Altprodukte für eine
Rücknahmeverpflichtung des Herstellers also beinahe zwingend, will man nicht
enorm hohe Kosten in Kauf nehmen. Allerdings ist das Wort "Beauftragung"
insofern irreführend, als hier mit der Einführung einer Sammelinstitution ein
Zwang zur Nutzung der Dienstleistungen eines Dritten eingeführt wird. Der
übernimmt dann alle Pflichten aus der Rücknahmeverpflichtung, lastet die
Kosten dafür aber den Herstellern an. Je verursachungsgerechter die Kostenanlastung, desto besser die zu erwartende Allokationswirkung der Rücknahmeverpflichtung. Diesen "Dritten" wollen wir im folgenden die "Sammelinstitution" nennen. Es handelt sich zwangsläufig um eine Monopolorganisation,
deren Kompetenzen jedoch unterschiedlich ausgestaltet sein können.

Damit eine derartige Rücknahmeverpflichtung bei unspezifischem Abfall durchgesetzt werden kann, müßte die Sammelinstitution auf gesetzlichem oder pri-
vatrechtlichem Wege durchsetzen können, daß Endverbrauchsgüter nur in den
Verkehr gebracht werden, wenn der Hersteller nachweisen kann, daß er für die
Entsorgung seiner Altprodukte aufkommt.

Dieser Nachweis könnte dadurch erbracht werden, daß der Hersteller vor dem Verkauf seiner Produkte eine Abgabe an die Sammelinstitution zahlt und diese dann alle weiteren Entsorgungstätigkeiten übernimmt. Dieser Weg hätte allerdings einige problematische Eigenschaften: Zum einen wird die Monopolorganisation mit dem Maximum an Kompetenzen ausgestattet, das überhaupt denkbar ist. Zum anderen besteht kein direkter Kontakt mehr zwischen Verwerter und Hersteller. Nur wenn über den Umweg der Sammelinstitution keine Abstriche an den verursachten Kosten entstehen, wird der Hersteller noch unterschiedliche Verwertungskosten in sein Kalkül einbeziehen und seine Produktgestaltung daran anpassen. Gerade bei einer monopolartigen Institution ist aber die Gefahr groß, daß es zu einer Preisdifferenzierung kommt, die mehr an Nachfrage- (oder hier evt. auch Angebots-) elastizitäten als an Grenzkosten orientiert ist.

Demnach sollte nach Wegen gesucht werden, wenigstens die Verwertung unmittelbar vom Hersteller regeln zu lassen. Relativ einfach wäre dies, wenn die Sammelinsitution zu einer vollständigen Verwertung oder einem bestimmten Verwertungsgrad verpflichtet wäre. In diesem Fall müßte der Verwerter der Sammelorganisation entsprechende Verwertungskapazitäten übergeben, die diese nach Kostenminimierungsgesichtspunkten einsetzen kann. Allerdings gibt es auch in diesem Fall Probleme. Einen Anreiz zu Produktumgestaltungen, die auch die Verwertungskosten berücksichtigen, hat ein Hersteller nur, wenn es für unterschiedliche Qualitäten seiner Produkte auch zu unterschiedlichen Preisen kommt. Ein Verwerter wird aber nur dann besondere Qualitäten auch besonders honorieren, wenn er weiß, daß er von der Sammelinstitution exakt diese Qualitäten angeliefert bekommt. Die Verwertungsgarantie gilt dann nur für ein ganz bestimmtes Produkt oder Stoffgemisch. Die besten Preise sind natürlich für reine Qualitäten zu erzielen. Damit werden jedoch der Sammelinstitution zusätzliche Kosten verursacht, denn sie muß jetzt eine bestimmte Sortenreinheit erreichen. Also wird sie für diese zusätzliche Sozialleistung auch zusätzliche Gebühren verlangen. Das bedeutet: Für jede Verwertungskapazität muß der Hersteller die entsprechende Sortierkapazität erwerben. Dies kann zu erheblichen Problemen führen,[99] wenn die Preisbildung auf dem Verwertungs-

---

99 Vgl. HOLM-MÜLLER (1993).

und Sortiermarkt unverbunden ist. Diese Probleme sollen hier ausgeschlossen werden, indem die Annahme konstanter Sortiergrenzkosten getroffen wird, die zwar für unterschiedliche Anforderungen unterschiedlich ausfallen, aber nicht von der Menge der jeweils zu sortierenden Stoffe abhängig sind. Damit stehen die Preise für die Sortierleistungen fest, an die sich Hersteller und Verwerter dann anpassen können.

Die eben erwähnte Organisationsmöglichkeit verlangte vorgegebene Verwertungsquoten. Diese werden zu Recht aber als administrative Eingriffe in die unternehmerische Entscheidung kritisiert, die nur zu gesamtwirtschaftlich höheren Kosten führen (MICHAELIS 1993 S. 72, HECHT 1993 S. 485). Sobald man aber auf Verwertungsquoten verzichtet, kann man dem einzelnen Hersteller auch keine Kapazitätsnachweise mehr abverlangen. Er muß jetzt über finanzielle Anreize dazu gebracht werden, möglichst die optimale Menge an Verwertungskapazitäten zu erwerben. Es scheint möglich, daß es über die Beauftragung einer Sammelinstitution gelingen kann, die zusätzlichen Sammelkosten, die in den bisherigen Modellen mit a bezeichnet wurden, auf Null zu reduzieren. Dann entsprächen die jetzt noch auftretenden Sammelkosten den Kosten, die für Deponierung und Verwertung sowieso notwendig sind. In diesem Fall könnten durch eine Gebühr Anreize zu optimalem Verhalten gesetzt werden. Dafür müßte die Gebühr den Grenzkosten der Deponierung für das Produkt bei optimalem Produktionsniveau des Primärproduktes entsprechen. Für die Produkteinheiten, für die Verwertungskapazitäten an die Sammelorganisation übergeben werden, werden diese Deponiekosten vermindert um die Sammelgrenzkosten im Optimum wieder an den Hersteller zurückgezahlt. Wir wollen hier der Einfachheit halber von konstanten Sammelgrenzkosten ausgehen. Sie entsprechen dann den schon aus Kapitel 5.2.2 bekannten notwendigen Sammelkosten c. Die Optimalität der dadurch entstehenden Anreize soll im folgenden an dem bereits bekannten Modell einer Gesellschaft mit zwei homogenen Produkten (x und r) wieder für den Fall von Produzenten dargestellt werden, die gleichzeitig Primär- und Sekundärprodukt herstellen.

Der Preis, der den optimalen Deponiegrenzkosten für das Produkt entsprechen soll, sei hier p_d genannt. Dieser Preis ist aber letztendlich nur auf jede Einheit des Primärproduktes zu zahlen, denn im Gleichgewicht wird in allen Perioden die gleiche Menge Sekundärprodukt r hergestellt, das nach der Konstruktion der Abgabe von der Zahlung von $(p_d - c)$ befreit ist. Das heißt netto wird für jedes verwertete Altprodukt nur c bezahlt, die Sammel- und Sortiergrenzkosten, die hier als konstant angenommen werden. Die Verwerter bekommen von der Sammelinstitution die sortierten Produkte dann frei Haus geliefert. Zur Veranschaulichung sei hier noch einmal auf Abb. 16 verwiesen.

Die Kosten der reinen Verwertung, die der Produzent mit dem Erwerb der Verwertungsgarantie übernimmt, seien mit K_{v2} bezeichnet. Die reinen Grenzverwertungskosten plus c entsprechen den Grenzkosten der Sekundärproduktion K_2. Für die Wahl von x und r geht der Produzent dann von folgender Gewinnfunktion aus:

$$G = p(x+r) - K_1(x) - K_{v2}(r) - c \cdot r - p_d x \quad \text{max!} \tag{161}$$

Wenn wir die Restriktion vernachlässigen, kommen wir damit zu folgenden Optimalbedingungen:

$$\frac{\delta G}{\delta x} = p - \frac{dK_1}{dx} - p_d = 0 \tag{162}$$

$$\frac{\delta G}{\delta r} = p - \frac{dK_{v2}}{dr} - c = 0 \tag{163}$$

Daraus folgt:

$$p = \frac{dK_1}{dx} + p_d \tag{164}$$

und

$$p = \frac{dK_2}{dr} \tag{165}$$

Wenn wir für p_d entsprechend seiner Definition die Grenzdeponiekosten im Optimum einsetzen, erhalten wir die gesellschaftlichen Optimalbedingungen aus

Kapitel 2.2.2, und zwar für den Fall einer 100%igen Rücknahmeverpflichtung ohne Festlegung irgendeiner Verwertungsquote.

Nun ist gerade für eine Rücknahmeverpflichtung mit Sammelinstitution der Fall homogener Primär- und Sekundärproduzenten sicherlich schwer vorstellbar. Um die Beziehungen, die in einer realeren Situation zu optimalen Anreizen führen, darstellen zu können, soll hier die Übertragbarkeit der obigen Ergebnisse auf den Fall getrennter Produktion von Primär- und Sekundärprodukt dargelegt werden.

Jedes der Produkte des Verwerters wird von der Sammelinstitution mit p_d belegt.[100] Der Primärguthersteller wird ihm maximal p_d - c pro Einheit zahlen, wenn er für Altprodukte eine Verwertungsgarantie gibt. In diesem Fall sieht die Gewinnsituation für den Sekundärhersteller aus wie folgt:

$$G = pr + (p_d-c)\,r - K_{v2}(r) - p_d\,r \quad \max! \tag{166}$$

Sie läßt sich umformen zu:

$$G = pr - cr - K_{v2}(r) \quad \max! \tag{167}$$

Daraus folgt als Bedingung für ein gewinnmaximierendes Produktionsniveau:

$$\frac{\delta G}{\delta r} = p - c - \frac{dK_{v2}}{dr} = 0 \tag{168}$$

Daraus folgt:

$$p = c + \frac{dK_{v2}}{dr}. \tag{169}$$

Dieses Ergebnis stimmt mit den Bedingungen eines gesellschaftlichen Optimums überein.

---

100   Wir nehmen der Einfachheit halber an, seine Produkte könnten nicht noch einmal verwertet werden.

Unter diesen Annahmen zahlt der Primärhersteller für jede Einheit seines Produktes p_d. Zur Verdeutlichung wollen wir die von ihm hergestellte Produktmentege x unterteilen in den Teil w, der nicht verwertet wird, d.h. direkt zur Deponierung gelangt, und den Teil r, der verwertet wird. Für r muß er beim Verwerter Verwertungsgarantien erwerben. So zahlt er für jede Einheit p_d an die Sammelinstitution, für die der Verwertung zugeführten Altprodukte zahlt er insgesamt rc an die Sammelinstitution. An den Verwerter zahlt er für jede garantierte Einheit r eine Gegenleistung von $(p_d\text{-}c)$. Insgesamt leistet er demnach für jede Einheit x eine Zahlung von p_d (vgl. Abb. 17). Somit ergibt sich für ihn die folgende Gewinnfunktion:

$$G = px - K_1(x) - p_d x \quad \max! \tag{170}$$

Die gewinnmaximierende Menge liegt demnach da, wo

$$p = \frac{dK_1}{dx}(x) + p_d \tag{171}$$

Dies entspricht ebenfalls den Bedingungen für das sozial optimale Niveau an Primärproduktion. Abbildung 17 zeigt die Zahlungen und Lieferungen, die zwischen Hersteller, Sammelinstitution und Verwerter erfolgen müssen, damit es zu dieser Optimallösung kommt.

Das Interessante daran ist, daß es in diesem Fall zu Zahlungen für die Verwertung der Altprodukte kommt, obwohl diese keinen Abfall darstellen, denn entsprechend den Bedingungen sozial optimaler Produktion wird kein Abfall, sondern nur Wirtschaftsgüter bzw. Wertstoff recycelt. Dies liegt daran, daß auch der Verwerter für jedes seiner Produkte die Grenzdeponierungskosten im Optimum zahlen muß, obwohl die Sekundärprodukte keine Deponierungskosten verursachen. Nur wenn er für diese Zahlung kompensiert wird, kommt es zum optimalen Niveau an Sekundärproduktion. Diese Kompensation ist aber gleichzeitig dazu notwendig, damit der Primärprodukthersteller seinerseits die richtigen ökonomischen Anreize erhält.

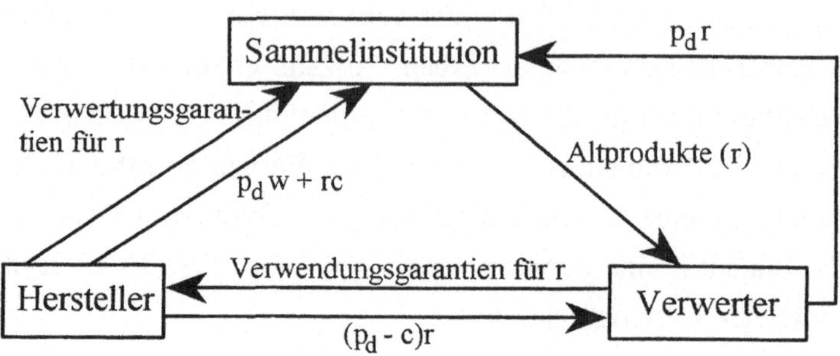

Abb. 17: Optimale Zahlungen und Lieferungen für die Rücknahmeverpflichtung bei unspezifischem Abfall

Demnach kann auch bei unspezifischen Altprodukten durch Beauftragung Dritter mit Hilfe von Rücknahmeverpflichtungen eine optimale Allokation erreicht werden. Das hier dargelegte Ergebnis hängt allerdings davon ab, daß

1)   die zusätzlichen Sammelkosten auf Null reduziert werden,

2)   durch die Sammelinstitution nicht andere "unnötige" Kosten entstehen, die hier vor allem Transaktionskosten sein können,

3)   die Sammelinstitution die optimalen Grenzdeponierungskosten und die optimalen Grenzsortierkosten für jedes Produkt kennt,

4)   sie die optimalen Anreize auch setzt.

Zu den einzelnen Punkten läßt sich folgendes sagen:

ad 1) Wenn eine zentrale Organisation die Sammlung, Verwertung und Deponierung übernimmt, dann hat sie zumindest die Möglichkeit, diese Kosten auf ein Minimum zu reduzieren, sie wird dann nicht mehr Getrenntsammlung vornehmen als für die Verwertung notwendig ist. Natürlich wird es in der Realität immer Abweichungen von diesen Optimalwerten aufgrund von mangelnder Information geben. Diese gibt es aber auch für jeden einzelnen Unternehmer.[101] Allerdings stimmt diese Aussage nicht mehr, wenn das heutige System der Hausmüllentsorgung neben einem zweiten System weiter besteht bzw. nicht um die Kosten entlastet wird, die der Sammelinstitution entstehen. Im Prinzip könnten auch die Kommunen die Sammel- und Sortierdienstleistungen für die Sammelorganisation übernehmen.

ad 2) Es ist gut möglich, daß es bei einer zentralisierten Instanz zu zusätzlichen "unnötigen" Kosten kommt. Diese könnten bei einer privaten auf Gewinnerzielung ausgerichteten Instanz aber unter Umständen niedriger sein als bei einer Behörde. Diese Transaktionskosten scheinen damit mit den Kosten anderer Internalisierungsstrategien vergleichbar zu sein, die in der Regel in der ökonomischen Analyse ebenfalls nicht berücksichtigt werden.

ad 3) Natürlich gibt es Informationsprobleme bei der Festlegung der Preise, die für die Entsorgung von Produkten genommen werden, für welche keine Verwertungskapazität vorgelegt wird. Das gleiche gilt für die Sammel- und Sortierkosten. Ebenso wird es nicht möglich sein, für jedes Produkt den Preis entsprechend den individuellen Grenzdeponierungskosten festzulegen, selbst, wenn man sie kennen würde. Auch dies ist ein Problem, das sich aber bei der praktischen Umsetzung fast aller umweltökonomischer Instrumente stellt.

ad 4) Hier liegt das größte Problem einer Rücknahmeverpflichtung bei unspezifischem Abfall. Es ist zwar möglich, die Verwertung konkurrenzwirtschaftlich zu organisieren. Ebenso ist es möglich, daß mehrere Anbieter von Sammel- und Sortierleistungen miteinander konkurrieren. Dies ändert aber nichts an der Notwendigkeit einer zentralen Institution, an welche die Gebühren, Preise oder ähnliches zu zahlen sind. Diese

---

101   Auch Kosten, die bei den Haushalten auftreten, sind kein prinzipielles Problem. Sie werden den Haushalten abverlangt, um andere Kosten zu senken, tragen also zur Kostenminimierung bei. Wenn sie nicht bezahlt werden, kann es hier aber zu Abweichungen vom Optimum im Haushaltsverhalten kommen. Dieses Problem soll hier aber vernachlässigt werden.

muß demnach die Anbieter von Sortier- und Sammelleistungen beauftragen und die Gebühren bzw. Preise festsetzen, welche die Hersteller für die Inanspruchnahme der Sammel- und Sortierleistungen zu zahlen haben. Aufgrund der monopolartigen Stellung der Sammelinstitution wird diese, wenn sie auf Gewinnmaximierung ausgerichtet ist, keine Grenzkostenpreise verlangen, sondern Monopolpreise. Ebenso ist es auch möglich, daß ihre Anteilseigner oder Manager andere Ziele verfolgen, ohne daß dies über den Markt sanktioniert wird. Auch dies führt zu einer Abweichung von der optimalen Preissetzung. Die hierdurch auftretenden Probleme ließen sich nur durch eine starke Monpolaufsicht verhindern, die ihrerseits mit erheblichen Problemen behaftet ist, wie wir z.B. aus der Elektrizitätswirtschaft wissen.

Insgesamt läßt sich festhalten: Die Beauftragung Dritter stellt einen sinnvollen Weg zur Reduzierung der zusätzlichen Sammelkosten dar, die das Hauptproblem von Rücknahmeverpflichtungen des Herstellers darstellen. Wenn es möglich ist, durch geeignete Wahl der Beauftragten die Sammelkosten nahezu auf das Maß zu reduzieren, daß auch ohne eine Rücknahmeverpflichtung für die Verwertung und Deponierung notwendig ist, dann führt eine 100%iger Rücknahmeverpflichtung bei spezifischem "Abfall" zu recht zufriedenstellenden Ergebnissen. Bei unspezifischen Altprodukten wäre es für eine "wohlwollende und vollständig informierte" Sammelinstitution ebenfalls möglich, optimale Anreize zu setzen, so daß es in der Gesellschaft zum optimalen Maß an Primär- und Sekundärproduktion kommt. Dabei wären die Verwertungskosten mit Sicherheit geringer als bei individuellen Lösungen jedes Produzenten, denn für unspezifische Altprodukte war ja gerade kennzeichnend, daß eine Sortierung nach Herstellern mit unnötigen gesellschaftlichen Kosten verbunden ist. Für die meisten dieser Güter ist die private Rückführung und Verwertung durch einzelne mit prohibitiv hohen Sammel- und Sortierkosten verbunden, so daß diese Produkte ohne eine kostensenkende zentrale Sammlung und Sortierung als Abfall anzusehen wären. Est die Senkung der Sammel- und Sortierkosten durch die zentrale Erfassung macht einen Teil von ihnen zu einem Gut bzw. Wertstoff, dessen Verwertung im gesellschaftlichen Interesse liegt. Selbst im besten aller Fälle wird es in der Regel allerdings Probleme geben, jedes einzelne Produkt exakt mit den von ihm verursachten Sammel- und Sortierkosten zu belasten. Für die reinen Verwertungskosten erscheint dagegen eine weitgehend korrekte Anlastung möglich, wenn die Hersteller jeweils direkt von Verwertern Kapazität erwerben.

Leider bestehen erhebliche Zweifel daran, daß es die "wohlwollende Sammelinstitution" gibt, da es sich immer um ein staatliches oder privates Monopolunternehmen handeln wird. Angesichts der unbestreitbaren Vorteile, die aus der zentralen Sammlung der unspezifischen Altstoffe herrühren, ist jedoch wahrscheinlich die Errichtung einer solchen Monopolgesellschaft unter Aufsicht besser als der Verzicht auf Rücknahmeverpflichtungen bei unspezifischem Abfall. Es kann immerhin im konkreten Fall geprüft werden, welche Regionen und welche Produkte zur Verringerung der Sammel- und Sortierkosten von einer Sammelinstitution betreut werden sollten, um so zumindest die absolute Größe dieser Institution in Grenzen zu halten. Zudem können die Monopole unter Umständen in regelmäßigen Abständen neu ausgeschrieben werden.

5.3.4 Fazit

Positiv an Rücknahmeverpflichtungen ist vor allem, daß es über die Rückführung der Produkte gelingt, die Hersteller bzw. die Vertreiber wieder in das Eigentum ihrer Altprodukte zu versetzen. Dadurch wird eine weitgehend verursachungsgerechte Anlastung der Produktentsorgungskosten möglich. Die besten Internalisierungseigenschaften hat zweifellos eine 100 %ige Herstellerverpflichtung. Allerdings führt auch sie zu einer Fehlallokation in der Gesellschaft, da sie zusätzliche Sammel- und Sortierkosten verursacht, die gesellschaftlich für die optimale Verwertung der Altprodukte nicht notwendig sind. Da diese Sammelkosten netto in erster Linie die Primärproduktion verteuern, kommt es zumindest bei einer 100 %igen Rücknahmeverpflichtung zu einer Verdrängung von Primärproduktion. Je höher die "unnötigen" Sammelkosten ausfallen, um so größer ist die Abweichung vom Optimum.

Zur Verringerung dieser Sammelkosten gibt es unterschiedliche Möglichkeiten. Der Gesetzgeber kann auf eine vollständige Rücknahme verzichten und Rücknahmequoten vorschreiben oder er kann zulassen, daß die Rückführung von anderen Gruppen als dem Hersteller durchgeführt wird. In Frage kommen hier die Vertreiber (d.h. der Handel) ebenso wie die Beauftragung Dritter. Quoten sind kein geeigneter Weg zur Annäherung an eine optimale Allokation. Es verbleiben nicht nur suboptimale Anreize hinsichtlich des Niveaus von Primär- und Sekundärproduktion bzw. werden sogar neu geschaffen. Zusätzlich kommt es auch zu suboptimalen Anstrengungen der Hersteller im Hinblick auf eine Reduktion der Entsorgungs- und Verwertungskosten durch andere Produktgestaltung.

Eine Vertreiberverpflichtung verringert zwar wegen der regelmäßig größeren Nähe der Vertreiber zum Konsumenten die Transportkosten, die mit einer Rücknahme der Produkte verbunden sind. Es verbleiben aber weiterhin unnötige Sammelkosten. Man denke nur an Altproduktlager, welche die einzelnen Vertreiber aufbauen müßten, sowie an die gesellschaftlich unnötige Rückführung auch solcher Produkte in die Geschäfte, die anschließend deponiert werden sollen. Hinzu kommt die Gefahr von Schrägüberwälzungen beim Handel, die den Herstellern falsche Signale für Produktgestaltung und Umfang der Produktion vermitteln.

Eine wirkliche Verbesserung ist nur von einer Beauftragung Dritter zu erwarten. Dabei ist zu unterscheiden in spezifische Altprodukte, die sinnvollerweise nach Herstellern getrennt gesammelt und verwertet werden sollten und unspezifischen Altprodukten, bei denen eine Trennung nach Hersteller zu Kosten führt, denen kein Nutzen für die Verwertung mehr gegenübersteht. Bei letzteren ist eine Trennung nach Stofffraktionen ausreichend und sinnvoll.

Bei spezifischen Altprodukten kann versucht werden, durch die Nutzung regional verteilter und spezialisierter Unternehmen unnötige Sammelkosten möglichst gering zu halten. Insbesondere bei Produkten, von denen jeweils ein Teil verwertbar ist, erscheint es möglich, auch bei einer 100%igen Rücknahmeverpflichtung unnötige Sammelkosten weitgehend zu vermeiden, obwohl der Grad, in dem das tatsächlich gelingt, nur empirisch für die jeweiligen Produkte und Organisationsformen bestimmt werden kann. Da der beauftragte Dritte auf Rechnung des Herstellers arbeitet und Wettbewerb sowohl zwischen den Herstellern als Nachfragern der Verwertungsleistung als auch zwischen den

Verwertern möglich ist, ist bei einer 100%igen Rücknahmeverpflichtung eine zufriedenstellende Allokationswirkung zu erwarten, wenn die zusätzlichen Kosten der Rücknahmeverpflichtung gering gehalten werden können.

Bei unspezifischem Abfall kann der einzelne Hersteller nur in dem Moment mit Kosten belastet werden, in dem er Waren in den Verkehr bringt. Später ist eine Identifizierung und Kostenanlastung nicht mehr möglich. Insofern kann es auch keinen direkten Kontakt zwischen dem Hersteller eines Produktes und den Unternehmen geben, die seine Produkte sammeln und verwerten. Eine Zahlung für die von ihm verursachten Kosten, die anhand der Produktmenge und -eigenschaften festgelegt werden kann, muß damit an eine zentrale Sammelorganisation erfolgen. Um die Kostenanlastung so verursachungsgerecht wie möglich zu gestalten, sollte der Hersteller nur für die Sammel- und Sortierleistungen direkt an die Sammelinstitution bezahlen, die Verwertungskapazität aber direkt bei einem Verwerter erwerben und dann an die Sammelinstitution weiterleiten, welche diese Kapazitätsgarantien dann kostenminimierend einsetzen kann.

Bei unspezifischem Abfall wird es volkswirtschaftlich sinnvoll, über die zentrale Sammlung und Verwertung Produkte zu verwerten, die bei individuellem Vorgehen wegen der prohibitiv hohen Sammelkosten Abfall gewesen wären. Zusätzliche Sammelkosten können hier weitgehend vermieden werden. Über geeignete Kostenanlastung beim Hersteller kann zudem zumindest unter idealen Voraussetzungen im Modell eine optimale Allokation erreicht werden. Allerdings bestehen große Zweifel daran, daß eine Sammelinstitution genau diese idealen Voraussetzungen, die insbesondere in einer kostengerechten Gestaltung der Gebühren oder Preise liegt, schaffen würde. Die Schaffung eines Monopolunternehmens ist der Preis, den die Gesellschaft für die verursachungsgerechte Anlastung der Verwertungskosten und die Aufnahme der Verwertung bei unspezifischem Abfall zahlen muß. Es verbleiben jedoch Spielräume bezüglich des Einflußbereiches, der der Monopolorganisation eingeräumt wird.

Die Problematik einer solchen Monopolstellung wird auch im Rahmen der Verpackungsverordnung und der damit in Verbindung stehenden Gesellschaft Duales System Deutschland ganz deutlich, die im folgenden dargestellt und beurteilt werden sollen.

5.4 Die Verpackungsverordnung von 1991

Die Verpackungsverordnung (VO) gründet auf dem §14 des bis 1996 gültigen Abfallgesetzes und regelt die Rücknahmepflicht für gebrauchte Verpackungen. Sie unterscheidet zwischen

- Transportverpackungen, die für den Transport der Waren zum Händler und u.U. auch zum Kunden[102] notwendig sind,

- Umverpackungen, welche zusätzlich zur eigentlichen Verpackung verwendet werden, vorrangig, um die Selbstbedienung zu erleichtern oder vor Diebstahl zu schützen. Sie sind für den Transport der Ware zum Kunden nicht notwendig;

- Verkaufsverpackungen, die vom Kunden mit nach Hause genommen werden und eng mit dem Produkt verbunden sind, z.B. die Zahnpastatube, die Folie, in der die Wurst eingeschweißt ist, etc.[103]

Transport- und Umverpackungen müssen vom Hersteller bzw. Vertreiber zurückgenommen werden. Grundsätzlich gilt dies auch für die Verkaufsverpackungen, doch kann sich der Handel durch die Errichtung eines privatwirtschaftlichen Entsorgungssystems für Verpackungsmüll von der Rücknahmeverpflichtung befreien. Voraussetzung ist, daß das neue System bestimmte Erfassungs- und Sortierquoten einhält, wobei sich daraus Verwertungsquoten ergeben. Die Verwertung ist selbstverständlich auch außerhalb des Verpackungssektors zulässig.[104] Als privatwirtschaftliches Entsorgungssystem wurde 1990 die Gesellschaft Duales System Deutschland GmbH (DSD) gegründet. Der Handel hat sich im Rahmen einer freiwilligen Selbstverpflichtung bereiterklärt, nach einer bestimmten Übergangsfrist nur noch Waren mit dem von der DSD vergebenen "Grünem Punkt" zu verkaufen. Damit versucht man, die Voraussetzungen für die Freistellung des Handels von seiner Verpflichtung zur Rück-

---

102   Z.B. bei Lieferungen zum Kunden.

103   Vgl. zu der nicht immer eindeutigen Unterscheidung BMU (1991 S. 298).

104   Vgl. hierzu sowie zur Entwicklung der Situation im Verpackungssektor bis etwa 1992 MICHAELIS (1993 S. 62 -71).

nahme aller gebrauchten Verpackungen zu erreichen. Zur Zeit sind denn auch die Vertreiber von der Rücknahmeverpflichtung für Verkaufsverpackungen freigestellt.

Im folgenden soll die Funktionsweise des Systems zur Rückführung und Verwertung von Verkaufsverpackungen dargestellt und einer ökonomischen Beurteilung unterzogen werden.[105] Diese Regelungen sind nicht nur die mengenmäßig bedeutenden. Sie beleuchten auch die im vorigen Abschnitt dargestellten Schwierigkeiten mit der Rücknahme von unspezifischem Abfall und sind deshalb von besonderem Interesse.

5.4.1 Die Organisation der Rücknahme und Verwertung von Verkaufsverpackungen

Im September 1990 wurde die Gesellschaft Duales System Deutschland GmbH von Unternehmen des Handels und der Verpackungs- und Konsumindustrie gegründet (DSD 1995 S. 14). Heute wird sie von 600 Gesellschaftern aus Industrie und Handel gehalten. Die Gesellschafter ziehen aber keinen unmittelbaren Gewinn aus ihren Anteilen, da nach der Satzung der DSD eine Ausschüttung von Gewinnen an die Gesellschafter ausgeschlossen ist. Eventuelle Gewinne werden in die Entsorgungskinfrastruktur und die Finanzierung der laufenden Kosten investiert (DSD 1995a S. 12). Seitdem die DSD 1993 in finanzielle Schwierigkeiten geriet und ihre Schulden gegenüber den Entsorgern nicht bezahlen konnte, haben auch diese einen starken Einfluß auf die DSD (FR 1.9.94). Drei Vertreter der Entsorgungswirtschaft sind jetzt in dem zwölfköpfigen Aufsichtsrat der Gesellschaft vertreten (DSD 1994 S. 139.

Die DSD sammelt, sortiert und übergibt die Altverpackungen an die sogenannten Garantiegeber. Dies sind Unternehmen, die dem dualen System die Abnahme und Verwertung der gebrauchten Verkaufsverpackungen garantieren. Für Aluminium, Kunststoff, Getränkeverpackungen und Glas gibt es jeweils

---

105   Bei MICHAELIS (1993) findet sich neben einer Beurteilung der VO bei Verkaufsverpackungen auch eine Beurteilung für Transportverpackungen.

einen Garantiegeber, der in der Regel von Seiten der interessierten Industrie, teilweise auch den Entsorgern getragen wird (DSD 1995a S. 36f und FR v. 1.9.94). Ursprünglich war geplant, daß jeder Anbieter bei einem beliebigen Verwerter eine Verwertungsgarantie erwirbt und diese dem DSD vorlegt. Inzwischen werden von den eben erwähnten Garantiegebern Pauschalgarantien vergeben, wenn die Verpackungen bestimmten Kriterien, sogenannten Produktspezifikationen genügen, die von den Garantiegebern festgelegt werden (DSD 1995b). Diese Verwertungsgesellschaften schließen dann ihrerseits mit einzelnen Verwertern teilweise langfristige Verwertungsverträge ab (Die Zeit v. 13.1.1995). Im Bereich der Kunststoffverpackungen erhalten die Verwerter von der DSD Zuschüsse für die Verwertung, die je nach Verfahren unterschiedlich hoch ausfallen (DSD 1995b). Für die Hydrierung von gemischten Kunststoffen zahlt die DSD 1995 300-800 DM je Tonne (Die Zeit v. 13.1.1995). Kunststoffrecyclate werden erst durch diese Bezuschussung marktfähig (DSD 1995b). In den anderen Bereichen sind die Sekundärprodukte in aller Regel konkurrenzfähig (DSD 1995c S. 17-56). Allerdings erfolgt der Absatz der Altprodukte z.B. bei Altpapier zu einem erheblichen Teil im Ausland (DSD 1995c S. 43). Zudem erhalten die Verwerter die bereits sortierten Verpackungen kostenlos. Die Sammel- und Sortierkosten werden von der DSD getragen (DSD 1995b).

Die langfristigen, lukrativen Vertäge für die Verwertung von Kunststoffen haben Ende 1994 das Kartellamt auf den Plan gerufen, das wegen der Gefahr einer "Selbstbedienung" der Eigner der Verwertungsgesellschaften auf den Ausstieg der Entsorger (das sind hier vor allem die Verwerter aus den mit Monopolmacht ausgestatteten Verwertungsgesellschaften) bestand.

Finanziert wird die von der DSD vorgenommene Sammlung und Sortierung der Altverpackungen über Lizenzentgelte. Die Lizenzerteilung erfolgt durch die Vergabe des "Grünen Punktes". Um den Grünen Punkt verwenden zu können, müssen die Abfüller eine Lizenzgebühr an das DSD zahlen. Diese war ursprünglich nur nach Volumen unterschieden, ist jetzt aber nach Verpackungsart und Gewicht gestaffelt. Zudem wird auch noch ein Stückentgelt fällig, das vor allem dazu dient, die Kosten aufzuteilen, die nicht gewichtsabhängig sind, wie die Verwaltungs- und Sortierkosten. Eine Übersicht über die zur Zeit gültigen

Entgelte, die nach Aussage der DSD die "tatsächlichen Entsorgungskosten einer Verpackung" widerspiegeln (DSD 1995 S. 16) zeigt die Tabelle 5.

Gewichtsentgelt Verpackungsart DM/kg	Stückentgelt (Auswahl) Volumen	Pf/Stück
Glas 0,15 Papier, Pappe, Karton 0,40 Weißblech 0,56 Aluminium 1,50 Kunststoff 2,95 Flüssigkeitskarton 1,69 sonst. Verbünde 2,10 Naturmaterialien 0,20	< 50ml u. > 2g > 200-400ml > 3l	0,20 0,70 1,20

Tab. 5: Lizenzentgeltstaffel der DSD (Quelle: DSD 1995 S. 16)

5.4.2 Beurteilung der Verpackungsverordnung bei Verkaufsverpackungen

Im folgenden soll die Verpackungsverordnung daraufhin untersucht werden, ob es Probleme aus der Marktmacht der DSD gegeben hat, ob die Lizenzentgelte verursachungsgerecht gestaltet sind und welche Auswirkungen die Organisation der Rücknahmeverpflichtung bei Verkaufsverpackungen auf die Abfallvermeidung und die Verwertung hat. Für die Beurteilung der Auswirkungen wird weiterhin das paretianische Wohlfahrtskriterium herangezogen.

5.4.2.1   Marktmacht

Wenn wir die Erfahrungen mit dem DSD betrachten, finden wir die erwarteten Probleme aus der Monopolstellung der Sammelinstitution wieder. Im Prinzip gab und gibt es seit Gründung der DSD und der Verwertungsgesellschaften, welche die Pauschalgarantien vergeben, Probleme mit dem Kartellamt. Dieses hat aus ökologischen Gründen seine Bedenken gegen die Monopolstellung des DSD erst einmal zurückgestellt, beobachtet aber sein Verhalten. Zu einem direkten Eingriff des Kartellamtes kam es, als die Eigentümer der Verwertungsgesellschaft für Kunststoff (DKR), die auf dem Verwertungssektor tätig waren, langfristige lukrative Verträger mit der DKR abschließen wollten. Hier sah das Kartellamt die Gefahr einer Selbstbedienung auf Grund der Marktmacht und drohte eine Zerschlagung der DKR an, wenn sich die Besitzerstruktur nicht änderte. Inzwischen sind die Entsorger aus der DKR ausgestiegen und haben ihre Anteile zum Teil an die DSD und zum Teil an Banken verkauft. Ob dadurch der Einfluß der Entsorger auf die Geschäftspolitik der DKR verschwunden ist, bleibt noch abzuwarten. Allem Anschein nach führte die Monopolstellung der DKR aufgrund ihrer Eigentümerzusammensetzung nicht so sehr zu einer Ausnutzung der Marktmacht gegenüber den Anbietern von Verwertungkapazitäten, sondern zur Verschiebung von Gewinnmöglichkeiten auf die Eigentümer. Die vergebenen langfristigen Verträge sind zudem auch ein Problem hinsichtlich des technischen Fortschrittes. Der Aufbau von Kapazitäten geschieht heute nur auf Grund der Zuschüsse von Seiten des DSD. Mit langfristigen Verträgen bindet sich die DSD damit an eine unter Umständen ineffiziente Entsorgungsstruktur.

Mit der Vergabe von Pauschalgarantien zur Verwertung, die die DKR und andere Organisationen gegeben haben, ist die Vermachtung dieses Sektors zudem in einem Maße gestiegen, das allein auf Grund der Rücknahmeverpflichtung nicht notwendig wäre, auch wenn es sicherlich den Verwaltungsaufwand für das DSD erheblich verringert. Damit einher geht eine Verwässerung des Anreizes für die Packmittelhersteller zur Umstellung ihrer Erzeugnisse. Diese wird jetzt nur noch über die Lizenzentgelte gesteuert und bleibt damit notwendigerweise pauschaler als im Fall direkter Verhandlungen zwischen Packmittelherstellern und Verwertern.

5.4.2.2   Gestaltung der Lizenzentgelte

Die Lizenzentgelte haben sich nach einer ersten Phase, in der alle Verpackungsarten mit den gleichen Kosten belastet wurden, den Kosten, die sie der DSD verursachen, angenähert. SCHENKEL (1993 S. 443) spricht ebenso wie die DSD selber (DSD 1995 S. 16) davon, daß die "echten" Kosten in den Lizenzentgelten sichtbar werden. Zumindest die Kosten des DSD dürften heute annähernd verursachergerecht angelastet werden, auch wenn eine sehr tiefgehende Unterscheidung zwischen Packmaterialien in einer Gebührenstaffelung sicher nicht zu machen ist (s.o.).

5.4.2.3 Auswirkungen auf die Abfallvermeidung

Aufgrund der höheren Kosten für Packmittel hat die Verpackungsverordnung sicherlich sowohl Abfallvermeidung als auch Abfallverwertung gefördert hat. Nach Aussage des DSD ist seit Einführung der Verpackungsverordnung der Verpackungsverbrauch um fast eine Million Tonnen zurückgegangen (DSD 1995 S. 17). Allerdings bezieht sich dies nicht nur auf Verkaufsverpackungen, sondern ebenfalls auf Um- und Transportverpackungen. Ein deutlicher Rückgang ist auch beim Einsatz von Kunststoffen zusehen. So sind 1994 statt erwarteter 750 000 t nur etwa 500 000 t Kunststoffverpackungsabfälle angefallen (Tagesspiegel v. 15.10.94). Nach Aussage des DSD gibt es zudem einen Trend zur Verpackungsoptimierung, der in erster Linie dazu führt, daß die Verpackungen nur noch aus einem Stoff bestehen (DSD 1995a S. 30). Dies senkt die Lizenzkosten für die Abfüller, vereinfacht aber auch die Verwertung.

Es ist zwar gut möglich, daß, wie vom einigen Seiten befürchtet, die Abfallvermeidung einen weniger großen Umfang angenommen hat, als bei einem System der Vertreiberverpflichtung.[106] Dies liegt allerdings z.T. ganz einfach darin, daß die Vertreiberverpflichtung zu sehr viel höheren Sammelkosten geführt hätte, die gesellschaftlich für die Verwertung aber unnötig wären. Betrachtet man das umweltpolitische Handeln nicht nur unter dem Aspekt der Abfallvermeidung, sondern auch unter dem Aspekt ökonomischer Effizienz, so rechtfertigen sich nicht mehr alle Kostenerhöhungen nur dadurch, daß sie zu einer Verringerung der Verpackungen führen. Unnötige Sammelkosten führen in dieser Sichtweise nicht nur zu einer zu starken Abfallvermeidung, d.h. zu geringer Primärproduktion, sondern auch zu zusätzlichen Ressourcenkosten, die letztendlich auch aus ökologischer Sicht zumindest mit Problemen verbunden sind. Die Senkung der Sammelkosten ist sicherlich ein großer Vorteil des DSD gegenüber einer Vertreiberverpflichtung. Sie ist um so größer, um so besser

---

106   Vgl. z.B. RUNGE (1991 insb. S. 206ff).

eine Abstimmung mit den Kommunen gelingt, die zu einer Verhinderung von unnötigen Sammelkosten beiträgt. Insofern ist der Zwang zur Abstimmung mit den Kommunen, den die Bundesländer dem DSD auferlegt haben, gesamtgesellschaftlich vorteilhaft.

5.4.2.4 Auswirkungen auf die Verwertung

Wie schon aufgrund der gesetzlichen Vorgaben nicht anders zu erwarten, hat die Verpackungsverordnung natürlich auch zu einer Zunahme der Verwertung von Altverpackungen geführt. Wie wir bereits in Kap. 2.2 gesehen haben, führt das nur dann zu einer Verringerung der gesamtwirtschaftlich zu beseitigenden Abfallmenge, wenn der Einsatz an Primärstoffen dadurch zurückgegangen ist. In dieser Arbeit können keine empirischen Aussagen darüber getroffen werden, ob es durch Sekundärstoffe zu einer vollständigen Substitution von Primärstoffen in dem Sinne gekommen ist, daß die Gesamtnachfragemenge für die Verwendungen, in denen die Sekundärstoffe eingesetzt werden, unverändert geblieben sind.

Es lassen sich jedoch Vermutungen darüber anstellen, ob die Sekundärproduktion über das volkswirtschaftlich effiziente Maß hinaus ausgedehnt wurde. Als ersten Anhaltspunkt hierfür haben wir die Zahlungen der Verwertungsgesellschaften an die Verwerter. Die Entsorgungswirtschaft beklagt zudem eine Subventionierung der Verwerter dadurch, daß sie die Abfälle den Verwertern kostenlos übergibt, obwohl sie sortiert sind (TRIENEKENS 1993 S. 446).

Aus Kapitel 5.3 wissen wir, daß in einer Welt allgemeiner Rücknahmeverpflichtungen Zahlungen an den Verwerter zu effizienten Ergebnissen führten. Zahlungen für die Verwertung können demnach nicht von vornherein als ein Indiz genommen werden, daß die Verwertung in einem Maße ausgedehnt wird, das volkswirtschaftlich unsinnig ist. Deshalb müssen wir noch einmal auf die modelltheoretische Analyse zurückgreifen.

Dabei sind zwei Fälle zu unterscheiden. Zum einen ist es möglich, daß aus den gesammelten Altverpackungen wieder Verpackungen hergestellt werden, für die demnach bei Nutzung wieder das Lizenzentgelt fällig wird. Zum anderen werden viele Sekundärprodukte außerhalb des Verpackungssektors eingesetzt. Für sie gilt demnach keine Rücknahmepflicht.

In beiden Fällen erhält der Verwerter vom DSD oder der Verwerterorganisation einen Geldbetrag (g) je abgenommener, d.h. verwerteter Einheit. Zudem werden bei ihm die Altstoffe bereits in sortierter und gereinigter Form abgeliefert, so daß er nur noch die reinen Verwertungskosten (Kv_2) tragen muß. Im ersten Fall muß der Verwerter aber je Einheit Sekundärprodukt gleichzeitig ein bestimmtes Lizenzentgelt bezahlen, das wir hier mit e kennzeichnen wollen. Wenn wir, wie bisher, unterstellen, daß er Mengenanpasser ist und die Produktion rückstandsfrei erfolgt, sieht seine Gewinnfunktion folgendermaßen aus:

$$G = p \cdot r - K_{v2}(r) - er + gr \quad \text{max!} \tag{172}$$

Nehmen wir weiterhin an, daß der Verwerter bezüglich r keinen Restriktionen unterliegt, gilt als Optimalbedingung in diesem Fall:

$$\frac{dG}{dr} = p - \frac{dK_{v2}}{dr} + g-e = 0 \tag{173}$$

Im Vergleich zu den Bedingungen sozial-optimaler Sekundärproduktion tauchen hier als Produktionskosten nur die reinen Verwertungskosten auf. Gleichzeitig kommt die Differenz zwischen g und e als marginale private Kosten aus der Verwertung zu den Kosten hinzu. Nur wenn sich zu geringe Verwertungskosten und zusätzliche Belastungen gerade ausgleichen, kommt es zur Identität mit den Bedingungen sozial optimaler Sekundärproduktion. Als Bedingung für die Identität mit dem sozialen Optimum folgt also neben der Optimalität der Primärproduktion:

$$e - g = c \tag{174}$$

Entsprechend der Definition aus Kapitel 5.2.2 sind c die als konstant angenommenen notwendigen Sammelgrenzkosten für die Verwertung, um die sich die

reinen Verwertungsgrenzkosten von den Produktionsgrenzkosten des Sekundärproduktes unterscheiden.

Über die tatsächliche Preissetzung der Monopolunternehmen läßt sich wenig
sagen. Würde sie sich wie die Sammelinstitution im Kapitel 5.3 verhalten und
zudem keiner Verwertungsquote unterliegen, wären sozial optimales und
tatsächliches Ergebnis weitgehend übereinstimmend. Durch die Quote kommt
es jedoch, wenn sie oberhalb der optimalen Verwertungsmenge liegt, zu einer
suboptimal hohen Sekundärproduktion. Diese kann von der Sammel- oder
Verwertungsgesellschaft nur dadurch erreicht werden, daß die Differenz zwischen e und g geringer wird als im Optimalfall. Nur dann wird das Verwer-
tungsunternehmen die Verwertung über das optimale Niveau hinaus ausdehnen.
Nach dem bisher gesagten liegt die Vermutung nahe, daß Verwertungsquoten
entweder keine Funktion haben (wenn sie zu niedrig sind, wird das Verwer-
tungsunternehmen sie von sich aus überschreiten) oder zu einem suboptimal
hohen Verwertungsniveau führen. Allerdings unterstellt diese Argumentation,
daß die Monopolunternehmen sich wie Mengenanpasser benehmen und gleichzeitig die vollen Deponiekosten tragen. Beides erscheint äußerst unrealistisch.
Vergeben die Verwertungsgesellschaften z.B., wie vom Kartellamt vermutet,
Verträge mit zu guten Konditionen an die Verwerter dann ist (e-g) ebenfalls
suboptimal klein und die Sekundärproduktion suboptimal groß. Dieses Problem
tritt bereits ohne Quoten auf, kann durch diese aber noch erschwert werden.

Im zweiten Fall, in dem die Sekundärstoffe nicht im Verpackungssektor eingesetzt werden, können zur Optimalität von "Verwertungsprämien" eindeutige
Aussagen gemacht werden.
Da der Verwerter hier keine Lizenzgebühr zu zahlen hat, lautet die Gewinnfunktion für einen Mengenanpasser bei rückstandsfreier Produktion:

$$G = pr - K_{v2}(r) + gr \quad \text{max!} \tag{175}$$

oder anders ausgedrückt:

$$G = pr - K_2(r) + cr + gr \text{ max!} \qquad (176)$$

Wieder nehmen wir an, daß r keiner Restriktion unterliegt, so daß sich als einzelwirtschaftliche Optimalbedingung ergibt:

$$\frac{dG}{dr} = p - \frac{dk_2}{dr} + c + g \qquad (177)$$

Hier kommt es bereits ohne die Zahlung einer "Verwertungsprämie", allein durch die Übernahme der Sammelkosten zu einem Auseinanderfallen der Bedingungen für sozial optimale und einzelwirtschaftlich optimale Sekundärproduktion. Insofern hat die Entsorgungswirtschaft recht, wenn sie beklagt, daß die Freihauslieferung von sortierten Altverpackungen zu einer Verzerrung der wahren Preise führen würde. Dies gilt allerdings nicht für die Primärproduktion auf dem Verpackungsmarkt, sondern für die Sekundärproduktion auf anderen Märkten. Die Zahlung von Verwertungsprämien erhöht die Abweichung von den sozial optimalen Bedingungen weiter. Die Ursache für die Eindeutigkeit dieser Fehlallokation liegt allerdings nicht in der Verpackungsverordnung, sondern im Fehlen von Rücknahmeverpflichtungen für andere Produktgruppen. Sofern allerdings suboptimal hohe Verwertungsquoten die Verwertungsprämie erhöhen, vergrößern sie das Problem zusätzlich.

5.4.3 Zusammenfassende Beurteilung

Zusammenfassend läßt sich sagen, daß der große Vorteil der Verpackungsverordnung in der Minimierung unnötiger Sammelkosten liegt. Es kommt zudem zweifelsfrei auch durch die Verpackungsverordnung in ihrer jetzigen Form nicht nur zu mehr Verwertung, sondern auch zu einer Zunahme der Abfallvermeidung. Als problematisch erweist sich dagegen, wie vorauszusehen, die monopolistische Struktur des Systems. Sie ist zudem stärker ausgeprägt als unbedingt nötig, was neben den Problemen von Marktmacht auch eine Verwässerung von Anreizen zur Anpassung der Produkte zur Folge hat, da es keine direkten Verhandlungen zwischen Verwertern und Packmittelherstellern mehr gibt. Problematisch sind weiterhin die Verwertungsquoten, die dem Dualen System aufgezwungen wurden. Sie führen mit großer Wahrscheinlichkeit trotz unvollständiger Anlastung aller Deponierungskosten zu volkswirtschaftlich unsinnigen Verwertungsprodukten. Als Beispiel sei hier die Verbrennung vorher mit Hilfe der stofflichen Verwertung aus Altkunststoff gewonnenen Erdöls genannt. Solange Rücknahmeverpflichtungen nur punktuell eingeführt werden, führen sie zu einem ceteris paribus zu hohen Niveau an Sekundärproduktion in nicht rücknahmepflichtigen Verwendungen. Diesem Problem sollte man jedoch eher mit der verstärkten Durchsetzung von Rücknahmeverpflichtungen als mit dem Verzicht auf punktuelle Verpflichtungen begegnen. Als weiteres Problem der Verpackungsverordnung nennen KLEPPER/MICHAELIS (1992 S. 13ff) die Gefahr von Free-rider-Verhalten der Vertreiber. Diese Problem hat sich, wenn auch nicht exakt in der erwarteten Form, als durchaus relevant erwiesen, wie die Finanzierungskrise des DSD gezeigt hat. Hierauf soll in dieser Arbeit jedoch nicht weiter eingegangen werden. Es sei auf die bereits erwähnte Literatur verwiesen.

6   Verwertungs- und Vermeidungsgebote

Im Mittelpunkt der Kapitel 4 und 5 stand die Internalisierung externer Entsorgungskosten. Sie führt, soweit gelungen, zur Erreichung des optimalen Produktionsniveaus für Primär- und Sekundärgüter durch den Markt. Zumindest gilt dies im Modell der vollkommenen Konkurrenz. Die Abfallpolitik in der Bundesrepublik Deutschland beschränkt sich jedoch nicht auf die Beeinflussung der Rahmenbedingungen, sondern greift auch direkt in das Entscheidungskalkül der Produzenten ein.

Dies geschieht vornehmlich durch Verwertungs- und Vermeidungsgebote, die im Bundesimmissionsschutzgesetz (BImSchG) §5 und im KrW-/AbfG §5(2) verankert sind. Die Bestimmungen des BImSchG beziehen sich auf den Produktionsabfall, da es die Pflichten von Anlagenbetreibern regelt. Auch das KrW-/AbfG wird sich vor allem auf Produktionsabfall beziehen, obwohl bei verstärktem Einsatz von Rücknahmeverpflichtungen das Kreislaufwirtschaftsgesetz auch für zurückgenommene Altprodukte anwendbar wäre, denn es richtet sich an den Abfallbesitzer. Die folgenden Aussagen beziehen sich deshalb auf den Produktionsabfall. Dieser ist anders als der Produktabfall unmittelbar im Besitz des Herstellers. Eingriffe in das betriebswirtschaftliche Verhalten müssen hier also mit externen Kosten der Abfallbeseitigung begründet werden. Als Ergebnis des vierten Kapitels ließ sich festhalten, daß solche externen Kosten überwiegend aus ökologischen Kosten der Deponierung bestehen. Es gibt zwar auch intertemporale Kosten der Deponierung, doch wenn die Inertisierung der Abfallstoffe so gelingt, wie mit der TA Abfall angestrebt, dürften diese eher von untergeordneter Bedeutung sein. In diesem Fall dürften auch die ökologischen Kosten der Deponierung extrem zurückgehen. Bis dahin allerdings kann man davon ausgehen, daß die privaten Beseitigungskosten unterhalb der gesellschaftlichen liegen. Dies führt dann unter Umständen zu einer zu hohen Primär- und einer zu geringen Sekundärproduktion, denn der Primärproduktion werden zu geringe Beseitigungskosten angelastet.

Verwertungs- und Vermeidungsgebote können hier also eine Verbesserung der Situation erreichen. Voraussetzung ist allerdings, daß sie, wenn durchgesetzt, zu einer Annäherung an das optimale Niveau der Primär- und Sekundärproduktion führen. Im folgenden soll untersucht werden, ob dies für die Verwertungsgebote nach BImSchG und KrW-/AbfG zutrifft. Die Vermeidungsgebote sind nicht so sehr an Kosten als an der notwendigen Umstellung von Verfahren orientiert sind. Sie verzichten damit auf einen expliziten Vergleich von Kosten und Nutzen der Vermeidung und stellen stattdessen mit einem relativ groben Indikator allein auf die Zumutbarkeit für den Betrieb ab. Eine Annäherung an ein optimales Vermeidungsniveau kann auf diesem Wege nicht erreicht werden. Dennoch seien hier die Bestimmungen von BImSchG und KrW-/AbfG erst einmal sowohl für Vermeidung- und Verwertung wiedergegeben.

Das KrW-/AbfG verweist bezüglich der Pflichten von Anlagenbetreibern zur Vermeidung von Abfällen auf das BImSchG und stellt nicht-genehmigungsbedürftige Anlagen in diesem Punkt den genehmigungsbedürftigen Anlagen gleich.

Nach dem BImSchG §5 Abs. 1 Punkt 3 müssen Anlagen so betrieben werden, daß "Abfälle" vermieden werden, "es sei denn, sie werden ordnungsgemäß und schadlos verwertet oder, soweit Vermeidung und Verwertung technisch nicht möglich oder unzumutbar sind, ohne Beeinträchtigung des Wohls der Allgemeinheit beseitigt, ...". Somit sind die Abfallerzeuger zu Verwertung oder Vermeidung verpflichtet, solange diese technisch möglich und zumutbar sind.

Was technisch machbar und wirtschaftlich zumutbar ist, wurde für einige Branchen in Verwaltungsvorschriften konkretisiert. Der LAI (Länderausschuß für Immissionsschutz) hat im Oktober 1992 erstmalig für drei Anlagenarten Verwertungs- und Vermeidungsmaßnahmen festgelegt, die den Anforderungen des BImSchG genügen. Diese Musterverwaltungsvorschriften konkretisieren und benennen u.a. die Zumutbarkeit und Vermeidungsrate der technisch möglichen Vermeidungs- und Verwertungsmaßnahmen sowie für jede einzelne Maßnahme die Voraussetzungen und den Anwendungsbereich (BMU 1993 S. 108). Für Anlagenarten, zu denen noch keine Verwaltungsvorschrift erarbeitet wurde, gilt eine norminterpretierende und verfahrensregelnde Muster-Verwaltungsregelung, die in einer Reihe von Bundesländern geltendes Recht darstellt (BMU 1993 S. 107.).

Wie erwähnt, gilt das Verwertungsgebot des BImSchG seit 1996 ebenfalls für nicht-genehmigungsbedürftige Anlagen. Damit wird sein Geltungsbereich ganz erheblich ausgeweitet. In einer Untersuchung für Hessen wurde festgestellt, daß immerhin 50 % des Aufkommens an gewerblichem Abfall aus nicht-genehmigungsbedürftigen Anlagen stammten (SRU 1990 S. 65). Nach Angaben von SUTTER (Umweltbundesamt 1993) gibt es in der Bundesrepublik z.B. 30.000 Lackierbetriebe, die ein erhebliches Sonderabfallproblem darstellen, von denen jedoch nur 300 nach BImSchG genehmigungspflichtig sind. Angesichts der großen Zahl nicht-genehmigungspflichtiger Anlagen ist jedoch mit großen Vollzugsproblemen in diesem Bereich zu rechnen.

In den folgenden Abschnitten werden die eben dargestellten Bedingungen der Technischen Machbarkeit und der Zumutbarkeit, unter denen Untenrnehmen zur Abfallverwertung verpflichtet sind, mit den Bedingungen optimaler Abfallverwertung verglichen.

6.1 Bedingungen optimaler Verwertung von Produktionsrückständen

Die Bedingungen optimaler Abfallverwertung sind uns aus Kapitel 2 bekannt. Allerdings wurde in diesem Kapitel rückstandsfreie Produktion unterstellt, so daß hier eine Modifizierung des Modells vorgenommen werden muß, welche die Entstehung von Produktionsabfall zuläßt. Dafür muß die aus Kapitel 2 bekannte Abbildung 5 um einen Produktionssektor erweitert werden. X und r stellen dann nicht mehr die Mengen an Primär- und Sekundärprodukten, sondern an Primär- und Sekundärstoffen dar, die in die Produktion der zwei homogenen Konsumgütermengen c_1 (Primärgut) und c_2 (Sekundärgut) eingehen. Die Summe von c_1 und c_2 sei mit c_g bezeichnet. Die Produktion von c_1 erfolgt nur mit dem Primärstoff und die Produktion von c_2 nur mit dem Sekundärstoff (vgl. Abb. 18). Allerdings sind wie auch im einfacheren Modell von Kapitel 2 nicht-stoffliche Inputs wie z.B. Arbeit für beide Produktionen ebenfalls notwendig.

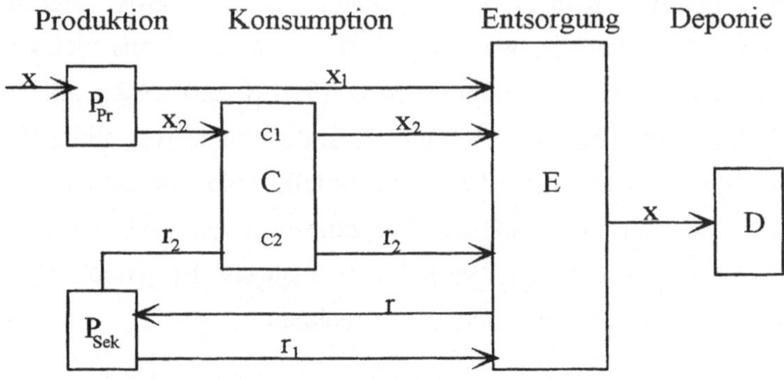

Abb. 18: Der Zusammenhang zwischen Primär- und Sekundärproduktion und Beseitigung unter Berücksichtigung von Produktionsrückständen

Beim Einsatz von x Einheiten Primärstoff im Produktionsprozeß (P_{Pr}) entstehen Produktionsrückstände in Höhe von x_1. X_2 gelangt in den Konsum und danach zur Entsorgung. Bei dem Einsatz von r Einheiten Sekundärstoff im Produktionsprozeß (P_{Sek}) entstehen r_1 Einheiten Rückstand, während r_2 Einheiten in den Konsum und anschließend zur Entsorgung gelangen. Es ändert sich nichts an der Bestimmung der zu deponierenden Menge über x. X ist allerdings hier nicht mehr die Menge des Primärgutes, sondern des Primärstoffes.

Für die Ableitung des optimalen Einsatzniveaus von Primär- und Sekundärstoff soll der Nutzen als Zahlungsbereitschaft für $c_g(x,r)$ modelliert werden. Bei gegebenen Produktionsprozessen ist das Verhältnis von Rückstand und Konsumgut eindeutig bestimmt, so daß die oben erwähnte Spezifikation sinnvoll erscheint. An der Restriktion für r hat sich nichts geändert, da weiterhin s(x + r) als maximale Menge an Sekundärstoff zur Verfügung stehen.
Die zu maximierende gesellschaftliche Wohlfahrtsfunktion lautet dann:

$$W = ZB(c_g(x,r)) - K_1(c_1(x)) - K_2(c_2(r)) - KD(x) \quad \text{max!} \qquad \textbf{(178)}$$

Es sind die folgenden Restriktionen zu beachten:

$$c_1 + c_2 = c_g \tag{179}$$

$$xs/(1-s) \geq r \tag{180}$$

Daraus ergibt sich die folgende Lagrangefunktion:

$$
\begin{aligned}
L = {}& ZB(c_g(x,r)) - K_1(c_1(x)) - Ksub2(c_2(r)) - Kd(x) \\
& + z_1(c_1(x) + c_2(r) - c_g(x,r)) + z_2(xs/(1-s)-r) \quad \text{max!}
\end{aligned}
\tag{181}
$$

mit den folgenden Optimalbedingungen:

$$
\begin{aligned}
\frac{\delta L}{\delta x} = {}& \frac{dZB}{dc_g} \cdot \frac{\delta c_g}{\delta x} - \frac{dK_1}{dc_1} \cdot \frac{dc_1}{dx} - \frac{dKD}{dx} \\
& + z_1\left(\frac{dc_1}{dx} - \frac{\delta c_g}{\delta x}\right) + z_2 s/(1-s) \leq 0
\end{aligned}
\tag{182}
$$

$$\frac{\delta L}{\delta x} \cdot x = 0; \quad x \geq 0 \tag{183}$$

$$\frac{\delta L}{\delta r} = \frac{dZB}{dc_g}\frac{\delta c_g}{\delta r} - \frac{dK_2}{dc_2}\frac{dc_2}{dr} + z_1\left(\frac{dc_2}{dr} - \frac{\delta c_g}{\delta r}\right) - z_2 \leq 0 \tag{184}$$

$$\frac{\delta L}{\delta r} \cdot r = 0; \quad r \geq 0 \tag{185}$$

$$\frac{\delta L}{\delta z_1} = c_1(x) + c_2(r) - c_g(x,r) = 0 \tag{186}$$

$$\frac{\delta L}{\delta z_2} = xs/(1-s) - r \geq 0 \tag{187}$$

$$\frac{\delta L}{\delta z_2} \cdot z_2 = 0; \quad z_2 \geq 0 \tag{188}$$

Da die Veränderung von c_1 (bzw c_2) aufgrund einer Veränderung von x (bzw. r) gerade dem Einfluß entspricht, den die Veränderung von x (oder r) auf die

Veränderung von c_g hat, lassen sich die Gleichungen (182) und (184) wie folgt schreiben:

$$\frac{\delta L}{\delta x} = \frac{dZB}{dc_g} \frac{\delta c_g}{\delta x} - \frac{dK_1}{dc_1} \frac{dc_1}{dx} - \frac{dKD}{dx} + z_2 s/(1-s) \leq 0 \qquad (189)$$

$$\frac{\delta L}{\delta r} = \frac{dZB}{dc_g} \frac{\delta c_g}{\delta r} - \frac{dK_2}{dc_2} \frac{dc_2}{dr} - z_2 \leq 0 \qquad (190)$$

Für den Vergleich mit den Kriterien des Verwertungsgebotes brauchen wir erst einmal nur die Bedingung optimaler Verwertung, die uns hier auch nur im Falle der Innenlösung interessieren sollen. Sie lautet:

$$\frac{dZB}{dc_g} \frac{\delta c_g}{\delta r} = \frac{dK_2}{dc_2} \frac{dc_2}{dr} \qquad (191)$$

Das heißt, die marginalen Grenzkosten beim Einsatz einer weiteren Einheit Sekundärstoff zur Produktion des Sekundärgutes müssen gerade der dadurch erreichten marginalen Erhöhung der Zahlungsbereitschaft entsprechen. Im Grunde haben sich die Bedingungen für die Primär- und Sekundärproduktion nicht verändert. Statt für die Produkte müssen jetzt für die Inputstoffmengen Grenzkosten und Grenznutzen ausgeglichen sein.

6.2 Das Verwertungsgebot im BImSchG

Zur Beurteilung der Regelungen des BImSchG sollen die oben dargestellten Bedingungen optimaler Rückstandsverwertung mit den Bedingungen verglichen werden, unter denen Anlagenbetreiber nach dem BImSchG zur Verwertung verpflichtet sind.

6.2.1 Beurteilung des Kriteriums der Technischen Machbarkeit

Hierbei handelt es sich um ein Kriterium, das, soweit es sich um die Verhinderung von Emissionen oder Abfall handelt, grundsätzlich kritisch gesehen werden muß, denn die Vermeidung von Abfall und Emissionen ist selbstverständlich auch durch nicht-technische Maßnahmen, vor allem die Anpassung des Produktionsniveaus zu erreichen. Hinsichtlich der Verwertung ist dieses Kriterium nicht ganz so problematisch, weil Verwertung wirklich nur durch technische Maßnahmen durchgeführt werden kann. Wenn man, wie in dieser Arbeit Mehrwegsysteme zur Verwertung zählt, dann ist die technische Durchführung dieser Maßnahmen (Behältererstellung etc.) eben die technische Maßnahme. Allerdings wird auch hier die Verbindung einer Verpflichtung mit der technischen Machbarkeit den Unternehmen gerade keinen Anreiz bieten, neue Möglichkeiten der Verwertung zu erforschen und umzusetzen (MICHAELIS 1993 S. 56).

Das heißt, das Kriterium der technischen Machbarkeit führt alleine selbstverständlich nicht zu einem optimalen Verwertungsniveau. In statischer Sicht wird die Focussierung auf technische Maßnahmen für die Verwertung jedoch keine Abweichung vom Optimum zur Folge haben. In dynamischer Hinsicht jedoch ist sie negativ zu bewerten.

6.2.2 Beurteilung des Zumutbarkeitskriteriums

Nach Auffassung des Rates von Sachverständigen für Umweltfragen (SRU) ist die Zumutbarkeit im BImSchG definiert über das Verhältnis von Schaden für den Erzeuger und Nutzen der Allgemeinheit einerseits und der wirtschaftlichen Vertretbarkeit andererseits. D.h. wirtschaftlich starken Unternehmen sind durchaus Verwertungen zuzumuten, die über dem branchenüblichen liegen (SRU 1990 S. 68). Nach der Muster VwV zu §5 Abs. 1 Nr. 3 BImSchG ist die Verwertung dann zumutbar, wenn sie anderen Betreibern möglich ist und der mit ihr verbundene Aufwand nicht dazu führt, daß für die in der Anlage erzeugten Produkte keine Vermarktungsmöglichkeiten mehr bestehen (SRU 1990 S. 68).

Anders ausgedrückt: Sobald die Verwertungsauflagen dazu führen, daß die Produkte aus der Anlage nicht mehr abgesetzt werden können, ist die Verwertung unzumutbar. Ökonomisch gesprochen bedeutet dies, daß Grenzanbieter nicht vom Markt vertrieben werden sollen. Eine Vermeidung von Abfall durch Rückgang der Produktion ist nicht angestrebt. Dies steht selbstverständlich im Widerspruch zu den umweltökonomischen Effizienzbedingungen.

Nun ist jedoch nicht jede Kostenbelastung, die einem Absatz der Produkte nicht entgegensteht, zumutbar. Es kommt dann, wie oben angesprochen auf den Vergleich zwischen den Mehrkosten aus der Verwertung (oder Vermeidung) und der Umweltentlastung an (ebda S. 68). Die Mehrkosten bestehen aus den Verwertungskosten minus den Absatzerlösen der anzuordnenden Verwertungsmaßnahme und minus den eingesparten Beseitigungskosten (ebda S. 68). Für eine Verwertungsmaßnahme ergeben sich die Zusatzkosten (ZK) dann annähernd als Differenz aus den Grenzkosten der Verwertung einer weiteren Einheit minus den Grenzerlösen aus der Verwertung und den vom Anlagenbetreiber eingesparten marginalen Deponierungskosten. Dies können wir auch mit Hilfe der Symbole aus dem Kapitel 6.1 darstellen, wobei wir unterstellen wollen, daß der Grenzerlös aus der Verwertung gerade der durch eine weitere Einheit Sekundärstoff verursachten Erhöhung der Zahlungsbereitschaft für c_g entspricht. Zusätzlich sollen die privaten Kosten der Verwertung, in denen ja gerade Umweltbelastungen nicht enthalten sind mit K_{2pr} und die ebenfalls ohne Berücksichtigung von Umweltproblemen entstehenden privaten Beseitigungskosten wieder mit KD_{pr} bezeichnet werden. Für den Besitzer von Rückständen vermindert sich die zu beseitigende Menge an Abfällen durch die Verwertung einer Einheit gerade um diese Einheit. Daraus ergibt sich als mathematische Definition der Zusatzkosten der Verwertung

$$ZK = \frac{dK_{2pr}}{dc_2}\frac{dc_2}{dr} - \frac{dZB}{dc_g}\frac{\delta c_g}{\delta r} - \frac{\delta KD_{pr}}{\delta r} \qquad (192)$$

Die zusätzliche Umweltentlastung (ZUE) ergibt sich aus der Differenz zwischen vermiedener Umweltbelastung durch die Beseitigung und der zusätzlichen Umweltbelastung durch die Verwertung. Bei der Interpretation des Zumutbarkeitskriteriums wird hier offensichtlich nicht berücksichtigt, daß alle Produkte wieder entsorgt werden müssen und damit durch die Verwertung nur eine Zeitverzögerung bei der Entsorgung eintritt.Es wird vielmehr, wie von den privaten Abfallbesitzern, angenommen, daß jede verwertete Einheit die zu beseitigende Menge um eine Einheit verringert. Ökologische Kosten der Deponierung seien hier mit KD_{ex} und ökologische Kosten der Verwertung mit K_{2ex} bezeichnet. Für eine zusätzliche Maßnahme lassen sich damit auch die zusätzlichen Umweltentlastungen mathematisch ausdrücken:

$$ZUE = \frac{\delta KD_{ex}}{\delta r} - \frac{dK_{2ex}}{dc_2} \frac{dc_2}{dr} \qquad (193)$$

Der "Vergleich" dieser beiden Größen soll jetzt so interpretiert werden, daß die Umweltentlastung größer oder gleich den zusätzlichen Kosten sein muß. Verwendet man die oben eingeführten Symbole, läßt sich dies mathematisch ausdrücken als:

$$\frac{dK_2 pr}{dc_2} \frac{dc_2}{dr} - \frac{dZB}{dc_g} \frac{\delta c_g}{\delta r} - \frac{\delta KD_{pr}}{\delta r} \leq \frac{\delta KD_{ex}}{\delta r} - \frac{dK_{2ex}}{dc_2} \frac{dc_2}{dr} \qquad (194)$$

Fassen wir jeweils externe und private Kosten zusammen, so läßt sich dies umformen zu

$$\frac{dZB}{dc_g} \frac{\delta c_g}{\delta r} \geq \frac{dK_2}{dc_2} \frac{dc_2}{dr} - \frac{\delta KD}{\delta r} \qquad (195)$$

Wenn wir annehmen, daß die Abfalleigenschaften von Primär- und Sekundärstoff identisch sind, dann entsprechen die durch die Verwertung einer Einheit eingesparten Kosten gerade den Kosten, die durch eine Einheit Primärstoff verursacht würden.

$$\frac{\delta KD}{\delta r} = \frac{\delta KD}{\delta x} \qquad (196)$$

Ökonomisch interpretiert bedeutet das Zumutbarkeitskriterium demnach, daß das Unternehmen immer dann zur Verwertung verpflichtet ist, wenn die zusätzliche Zahlungsbereitschaft (als Indikator für den zusätzlichen Nutzen) für das,

was durch die Verwertung einer zusätzlichen Einheit produziert werden kann,
größer ist als die Grenzkosten der Verwertung dieser Einheit minus den durch
die Verwertung kurzfristig eingesparten Deponiekosten. Diese Bedingung ist
nicht identisch mit der Bedingung für ein gesellschaftliches Optimum im oben
dargestellten Modell.

Allerdings wird bei externen Produktentsorgungskosten auch die Bedingung für
die Primärproduktion verletzt. Wie wir aus Kapitel 2 wissen, findet bei externen Produktentsorgungskosten die Primärproduktion auf einem zu hohen
Niveau statt. Bei externen Produktentsorgungskosten wird deshalb auch relativ
zuwenig des Sekundärstoffes hergestellt, wenn die Sekundärproduktion entsprechend den sozial optimalen Bedingungen erfolgt. Betrachten wir jetzt die
Beziehung zwischen den Grenzkosten von Primär- und Sekundärproduktion im
sozialen Optimum (für die Innenlösung), die sich aus (189) und (191) ergibt.

$$\frac{dZB}{dc_g}\frac{\delta c_g}{\delta x} - \frac{dK_1}{dc_1}\frac{dc_1}{dx} - \frac{dKD}{dx} = \frac{dZB}{dc_g}\frac{\delta c_g}{\delta r} - \frac{dK_2}{dc_2}\frac{\delta c_2}{\delta r} \qquad (197)$$

Diese wird durch das Kriterium der Zumutbarkeit immer dann erreicht, wenn
Primärprodukt und Sekundärprodukt homogen sind und die Produktmenge c
durch den Einsatz einer zusätzlichen Primärstoffeinheit im selben Maße erhöht
wird wie durch den Einsatz einer zusätzlichen Einheit Sekundärstoff. In diesem
Fall nämlich gilt:

$$\frac{\delta c_g}{\delta x} = \frac{\delta c_g}{\delta r} \qquad (198)$$

Deshalb kann (197) vereinfacht werden zu

$$\frac{dK_1}{dc_1}\frac{dc_1}{dx} + \frac{dKD}{dx} = \frac{dK_2}{dc_2}\frac{dc_2}{dr} \qquad (199)$$

und damit

$$\frac{dK_1}{dc_1}\frac{dc_1}{dx} = \frac{dK_2}{dc}\frac{dc_2}{dr} - \frac{dKD}{dx} \qquad (200)$$

Das heißt, die Grenzkosten für den Einsatz einer weiteren Sekundärstoffeinheit
liegen im sozialen Optimum gerade um die marginalen Deponierungskosten
über den Grenzkosten für den Einsatz einer weiteren Primärstoffeinheit.

Bei externen Produktentsorgungskosten wird der Einsatz des Primärstoffes im
Modell der vollkommenen Konkurrenz genau so weit ausgedehnt, bis

$$\frac{dK_1}{dc_1} \frac{dc_1}{dx} = \frac{\delta ZB}{\delta c_1} \frac{dc_1}{dx} \qquad\qquad (201)$$

Gelten (196)und (198), und setzt man in Gleichung (195) (der mathematischen
Formulierung des Zumutbarkeitskriteriums) das strikte Gleichheitszeichen für
die "letzte Maßnahme", zu der der Produzent verpflichtet werden kann, so
folgt aus der Gegenüberstellung von (195) und (201) die Bedingung (200). Das
heißt, auch der Vergleich von ZK und ZUE nach Maßgabe des BImSchG führt
dazu, daß der Einsatz des Sekundärstoffes ausgedehnt wird, bis seine Grenzkosten gerade um die marginalen Deponierungskosten über den Grenzkosten des
Primärstoffeinsatzes liegen. So wird durch die Anwendung des Zumutbarkeitskriteriums zumindest die richtige Relation zwischen Primär- und Sekundär-
stoffeinsatz erreicht. Kann es sich bei dem Zumutbarkeitskriterium nach
BImSchG um eine second best Bedingung handeln? D.h. ist sie optimal, wenn
man die Externalität der Produktentsorgungskosten als gegeben (d.h. als Restriktion) hinnimmt? Untersuchen wir dies mathematisch genauer:

Eine second-best Lösung entspricht einer Optimierung unter Nebenbedingungen, wobei zusätzlich zu den bereits berücksichtigten Nebenbedingungen für
das Maximum der Gewinnfunktion bzw. der sozialen Wohlfahrtsfunktion noch
eine weitere Nebenbedingung eingeführt werden muß (LIPSEY/LANCASTER
1956), die im vorliegenden Fall das suboptimale Verhalten des Primärprodukt-
produzenten widerspiegelt. Die folgende Optimierung bezieht sich auf die
soziale Wohlfahrtsfunktion, da mit Hilfe des folgenden Abschnittes die Frage
beantwortet werden soll, ob die Verwertung von Rückständen bis zu dem
Punkt, in dem die Verwertungsgrenzkosten gerade um die vermiedenen Deponierungsgrenzkosten höher liegen als der Preis, unter der Restriktion externer
Produktentsorgungskosten sozial optimal ist. Um die mathematische Darstel-

lung möglichst einfach zu gestalten, soll hier wieder auf die Modellformulierung zurückgegriffen werden, in der die Zahlungsbereitschaft sowie die Kosten unmittelbar von x und r abhängig sind. An den Zusammenhängen ändert sich dadurch nichts. Im Gegensatz zu den Formulierungen in Kapitel 2 muß jetzt allerdings darauf geachtet werden, daß es sich bei x und r um die Menge an Primär- bzw. Sekundärstoff handelt. Dann stellt z.B. $\delta ZB/\delta x$ die Veränderung der Zahlungsbereitschaft aufgrund des zusätzlichen Einsatzes von x um eine Einheit dar.

Für die Ermittlung des second-best Niveaus für den Sekundärstoff bleibt die soziale Wohlfahrtsfunktion, abgesehen von den eben erwähnten Vereinfachungen, unverändert, auch die Restriktion über das maximale Recycling ändert sich ebensowenig wie die alleinige Abhängigkeit der Deponierungskosten von der Menge an Primärprodukten. Hinzu kommt jetzt jedoch die Restriktion, daß der Primärproduktproduzent seine Produktion ausweitet, bis $\delta ZB/\delta x = dk_1/dx$. Diese Zusammenhänge sind in der folgenden Lagrangefunktion dargestellt.

$$L = ZB(x,r) - K_1(x) - K_2(r) - KD(x) + z_1(xs/(1-s) - r)$$
$$+ z_2 \left(\frac{\delta ZB}{\delta x} - \frac{dK_1}{dx} \right) \quad \max! \tag{202}$$

Es ergeben sich die folgenden Kuhn-Tucker- Bedingungen

$$\frac{\delta L}{\delta x} = \frac{\delta ZB}{\delta x} - \frac{dK_1}{dx} - \frac{dKD}{dx} + z_1 s/(1-s)$$
$$+ z_2 \left(\frac{\delta^2 ZB}{\delta x^2} - \frac{\delta^2 K_1}{\delta x^2} \right) \leq 0 \tag{203}$$

$$\frac{\delta L}{\delta x} \cdot x = 0; \quad x \geq 0 \tag{204}$$

$$\frac{\delta L}{\delta r} = \frac{\delta ZB}{\delta r} - \frac{\delta K_2}{\delta r} - z_1 + z_2 \cdot \frac{\delta\left(\frac{\delta ZB}{\delta x}\right)}{\delta r} \leq 0; \tag{205}$$

$$\frac{\delta L}{\delta r} \cdot r = 0; \quad r \geq 0 \tag{206}$$

$$\frac{\delta L}{\delta z_1} = xs/(1-s) - r \geq 0 \qquad\qquad (207)$$

$$\frac{\delta L}{\delta z_1} \cdot z_1 = 0; \quad z_1 \geq 0 \qquad\qquad (208)$$

$$\frac{\delta L}{\delta z_2} = \frac{\delta ZB}{\delta x} - \frac{dK_1}{dx} = 0 \qquad\qquad (209)$$

Für die zweite Restriktion gilt immer das strikte Gleichheitszeichen, so daß z_2 von Null verschieden ist. Der Wert von z_2 läßt sich für eine Innenlösung, die allein uns hier beschäftigen soll, aus der Gleichung (203) ermitteln, da wegen der 2. Restriktion gilt $\delta Zb/\delta x = dK_1/dx$, und wegen der Annahme einer Innenlösung $z_1 = 0$.
Daraus folgt

$$z_2 = \frac{\dfrac{dKD}{dx}}{\dfrac{\delta^2 ZB}{\delta x^2} - \dfrac{d^2 K_1}{dx^2}} \qquad\qquad (210)$$

Unter den Modellannahmen ist $dKD/dx > 0$, $\delta^2 ZB/\delta x^2 < 0$ und $d^2 K_1/dx^2 > 0$. Daraus ergibt sich ein negativer Wert für z_2. Dies ist auch plausibel, da x bereits zu groß ist, und eine weitere Ausdehnung der Restriktion einen zusätzlichen Wohlfahrtsverlust zur Folge hätte.
Setzen wir diesen Wert für z_2 in die Optimalbedingung für r ein, ergibt sich

$$\frac{\delta ZB}{\delta r} = \frac{dK_2}{dr} - \frac{dKD}{dx} \cdot \frac{\dfrac{\delta \dfrac{\delta ZB}{\delta x}}{\delta r}}{\dfrac{\delta^2 ZB}{\delta x^2} - \dfrac{d^2 K_1}{dx^2}} \qquad\qquad (211)$$

Unter den Modellannahmen ist der Nenner des Doppelbruchs wegen der konkaven Zahlungsbereitschaftsfunktion und der konvexen Kostenfunktion eindeutig negativ. Das Vorzeichen des Zählers hängt von der Beziehung zwischen Primär- und Sekundärgut ab. Ist diese Beziehung substitutiv, so verlangt die second-best Lösung für r eine Ausdehnung der Produktion, bei der die Grenzkosten der Produktion die marginale Veränderung der Zahlungsbereitschaft übersteigen.

Selbst in diesem Fall muß es jedoch als unwahrscheinlich gelten, daß das Zumutbarkeitskriterium zu dieser second-best Lösung führt. Denn selbst bei homogenen Gütern, bei denen die Veränderung der Zahlungsbereitschaft für x auf eine Ausdehnung von r in gleichem Maße reagiert wie auf eine Änderung von x, ist die Differenz zwischen marginaler Zahlungsbereitschaft und Produktionsgrenzkosten im Fall des second-best kleiner als die marginalen Deponiekosten.[107] Nur in dem unwahrscheinlichen Fall, daß die marginale Zahlungsbereitschaft für das Primärgut auf eine Änderung von r stärker reagiert als auf eine Änderung von x, kann das Zumutbarkeitskriterium zu einer second-best Lösung führen. In allen anderen Fällen führt das Zumutbarkeitskriterium zu einem auch im Vergleich zum Second-Best zu hohen Sekundärproduktion (vgl. Abb. 19).

Handelt es sich bei Primär- und Sekundärgütern um vollständig unverbundene Produkte, so wird der Zähler des Doppelbruches zu Null und eine Verwertung von Abfall in der Definition dieser Arbeit kann auch keine second-best Lösung sein. Dasselbe gilt für komplementäre Güter, bei denen der Zähler des Doppelbruches positiv wird, so daß in der second-best-Lösung die marginale Zahlungsbereitschaft größer als die Grenzkosten sein muß (vgl. ebenfalls Abb. 19)

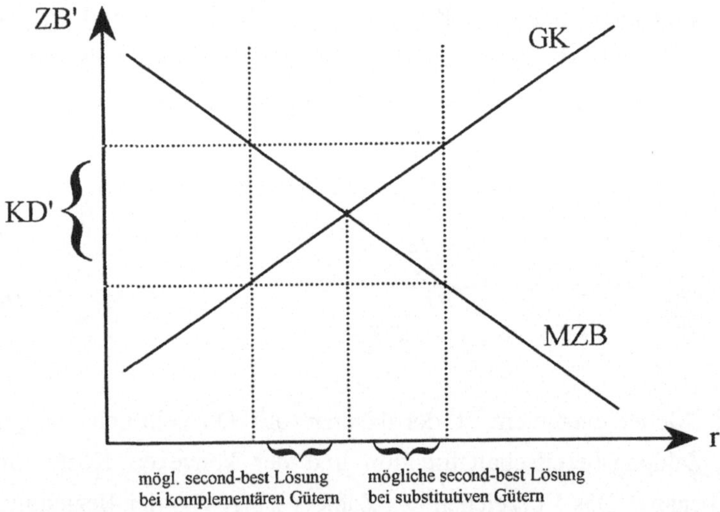

Abb.19: Bereiche möglicher second-best Lösungen für substitutive und komplementäre Güter

---

107   Der Doppelbruch ist in diesem Fall kleiner als eins.

Wir sehen also, daß das Zumutbarkeitskriterium des BImSchG zwar zu einer Aufhebung der relativen Schlechterstellung des Recyclings führt, die aus externen Produktentsorgungskosten folgt. Doch verpflichtet es die Produzenten gleichzeitig auf ein suboptimal hohes Maß an Verwertung. Zwar ergibt sich aus der Beschränkung auf Maßnahmen, welche die Absatzmöglichkeiten der Produkte nicht gefährden, eine Verringerung des gesamtwirtschaftlichen Verwertungsumfanges, doch wirkt dieses nur punktuell und ändert nichts an der grundsätzlich zu weitgehenden Verwertungsverpflichtung für die Produzenten.

6.2.3 Konkretisierung des Zumutbarkeitsbegriffs nach dem KrW-/AbfG

Seit 1996 ist die Pflicht zur Verwertung durch das KrWG/AbfG geregelt, sofern das BImSchG nicht greift. Auch im KrW-/AbfG werden als Bedingungen für eine Verwertungspflicht die technische Machbarkeit und die wirtschaftliche Zumutbarkeit genannt (§5(4)). Die Definition des Zumutbarkeitskriteriums ist allerdings nur noch auf die privaten Kosten ausgelegt. Eine Verwertung ist dann zumutbar, wenn die mit ihre verbundenen Kosten nicht "außer Verhältnis" zu den Kosten stehen, die für eine Abfallbeseitigung zu tragen wären. Abgesehen von der Berücksichtigung ökologischer Kosten entspricht dies der Zumutbarkeitsregelung nach dem BImSchG.

Ökologische Kosten werden im KrW-/AbfG dadurch berücksichtigt, daß der Vorrang der Verwertung dann entfällt, wenn die Beseitigung die umweltverträglichste Lösung darstellt (§5(5)). Eine Abwägung zwischen privaten und ökologischen Kosten wird hier nicht gefordert. Vom Konzept her ist damit das KrWG-/AbfG offener als die oben dargelegte Interpretation des Zumutbarkeitskriteriums im BImSchG. In der Praxis jedoch werden beide Gesetze, sofern vollzogen, zum selben Ergebnis führen, da der im BImSchG prinzipiell angelegte Vergleich ökologischer und privater Kosten in der Praxis nicht durchführbar ist.[108]

---

108   So bezweifelt auch HECHT (1993 S. 483), daß der Staat in jedem Einzelfall die ökologischen Kosten von betrieblichen Maßnahmen bewerten kann und soll.

6.3 Fazit

Das Verwertungsgebot in BImSchG und KrW-/AbfG, das hier einer analytischen Untersuchung unterzogen wurde, geht von der betrieblichen Situation aus, in der der Rückstandsbesitzer die Entscheidung zwischen Beseitigung und Verwertung seiner Rückstände trifft. Er vergleicht dann die Kosten der Beseitigung mit den Kosten der Verwertung, so daß niedrige Beseitigungskosten ein niedriges Niveau an Verwertungsanstrengungen zur Folge haben werden. Das Verwertungsgebot versucht insbesondere mit Hilfe des im BImSchG verankerten Zumutbarkeitskriteriums den Entscheidungsträger zu dem Verhalten zu verpflichten, daß er bei vollständig internalisierten ökologischen Kosten von sich aus an den Tag legen würde: Eine Verwertung soll so lange erfolgen, wie die marginale Zahlungsbereitschaft (der Preis) die Grenzproduktionskosten minus den eingesparten Beseitigungskosten deckt.

Allerdings trägt der einzelne Rückstandsbesitzer nicht die Entsorgungskosten seiner Produkte, so daß es ihn nicht interessiert, daß auch Sekundärprodukte am Ende ihrer Lebenszeit Entsorgungskosten verursachen. Für die Gesellschaft ist diese Tatsache jedoch selbstverständlich von Bedeutung, worauf auch die in Kapitel zwei abgeleitete Bedingung optimaler Sekundärproduktion hinweist: Grundsätzlich ist es nicht optimal, Stoffe zu verwerten, wenn die marginale Zahlungsbereitschaft die zusätzlichen Produktionskosten nicht vollständig deckt.

Nun sind in der Bundesrepublik Deutschland jedoch Produktentsorgungskosten auch für Primärprodukte in fast allen Verwendungen extern. Deshalb liegt das Niveau an Primärproduktion suboptimal hoch, woraus ein im Vergleich zum Optimum zu geringes Niveau an Sekundärproduktion folgt, wenn nur solange verwertet wird, solange die marginale Zahlungsbereitschaft für die Verwendung einer weiteren Sekundärstoffeinheit größer oder gleich den Grenzproduktionskosten ist. Deshalb erfolgte im vorliegenden Kapitel eine modelltheoretische Untersuchung, ob das Zumutbarkeitskriterium auf das second-best Niveau an Verwertung gerichtet ist. Es zeigte sich jedoch nur in relativ unrealistischen Fällen eine Übereinstimmung zwischen second-best und Zumutbarkeitskriterium. In der Regel dürfte das Zumutbarkeitskriterium in seiner heutigen Interpretation auch im Vergleich zum second-best zu viel an Verwertung hervorrufen, so es denn durchsetzbar ist.

Dieses Ergebnis zeigt aber nicht nur, daß das Verwertungsgebot auf ein falsches Ziel hin ausgerichtet ist. Es zeigt auch, daß selbst eine Internalisierung aller ökologischen Kosten der Beseitigung solange nicht zu dem volkswirtschaftlich effizienten Niveau an Primär- und Sekundärproduktion führt, solange die Produktentsorgungskosten extern bleiben.

In Kapitel 4 wurde auf ein weiteres Problem von Eingriffen in die unternehmerische Entscheidung über Vermeidung, Verwertung und Beseitigung von Abfällen hingewiesen. Diese regulativen Eingriffe stören die kosteneffiziente Wirkung preislicher Anreize. Zwar führen Abfallgebühren nur für jede einzelne Deponie zu einer kosteneffizienten Vermeidung von zu beseitigenden Abfällen. Doch wird selbst diese Wirkung durch das Verwertungsgebot gestört,[109] ohne daß eine Legitimation für diese Eingriffe vorhanden ist.

---

109   HECHT (1993 S. 483) weist zusätzlich auf Vollzugsprobleme von Einzelfallregelungen hin, die ebenfalls zu ineffizienten Ergebnissen führen.

7 Zusammenfassung und Ausblick

Zielsetzung der vorliegenden Arbeit war die ökonomische Beurteilung der Abfallwirtschaftspolitik in der Bundesrepublik Deutschland, wobei verhaltenssteuernde Anreize, die von dieser Politik ausgehen, im Mittelpunkt der Analyse standen. Bei der Auswahl des Abfallbegriffes für die ökonomische Analyse der Abfallpolitik zeigte sich, daß in der Literatur eine Reihe von Abfalldefinitionen nebeneinander verwendet werden. Abfall, wie er in dieser Arbeit verstanden wird, läßt sich wie folgt charakterisieren: Es handelt sich um ein Produkt oder einen kompakten, tranportierbaren Stoff, dessen weitere Nutzung für die Gesellschaft mit negativen Nettonutzen verbunden ist. Abfall verliert dann auch nicht dadurch seine Abfalleigenschaft, daß er verwertet wird. Steht die Gesellschaft am Ende der Nutzungsdauer eines Sekundärproduktes, dessen Produktion mehr Kosten als Nutzen verursacht hatte, wieder mit Abfall da, der zwar verwertet werden kann, aber auch dann insgesamt mehr Schaden als Nutzen verursacht, so wurden die Entsorgungskosten durch das Recycling nur zusätzlich erhöht, der Abfall aber nicht vermindert. Gleichzeitig kann aber eine Politik, welche die Kosten der Verwertung von Altprodukten oder Produktionsrückständen vermindert, zu einem Sinken der Menge an Abfall führen und aus Abfällen Wirtschaftsgüter machen. Die Abfallpolitik in der Bundesrepublik Deutschland befaßt sich nicht nur mit Abfällen, sondern auch mit Wirtschaftsgütern, sofern sie bereits an einem Produkt oder Produktionsprozeß beteiligt waren.

Eine Diskussion der zentralen abfallwirtschaftlichen Begriffe Abfallbeseitigung, Abfallverwertung und Abfallvermeidung zeigte, daß sich Abfallverwertung und Abfallvermeidung nicht voneinander trennen lassen, denn jede Maßnahme, die über eine Ausweitung der Sekundärproduktion die Primärproduktion verringert, ist sowohl Abfallverwertung als auch Abfallvermeidung. Bestimmend für die Menge des zu beseitigenden Abfalls ist damit Art und Umfang der Primär- und Sekundärproduktion in einer Volkswirtschaft.

In der Literatur existieren eine Reihe von Modellen zum optimalen Niveau von Primär- und Sekundärproduktion. Bei einem Teil dieser Modelle stand die

Erschöpflichkeit der Ressourcen im Mittelpunkt. Andere dynamische und statische Modelle stellten das "Leiden aus einem Abfallbestand" bzw. aus dem Abfall in den Mittelpunkt ihrer Betrachtungen. Später entstanden auch Modelle, die beides verbanden. Als Grundlage für die eigenen Überlegungen wurde ein Modell von SIEGLER (1993) gewählt, das zu den statischen Modellen der zweiten Gruppe gehört.

Siegler zeigt, aufbauend auf einem von BAUMOL/OATES (1988 S. 36ff) entwickelten Modell, daß effiziente Rahmenbedingungen der Produktion zu einer Übereinstimmung von sozial optimalem und gleichgewichtigem Ergebnis führen. Wesentlich bei diesem Modell ist die Berücksichtigung der Erkenntnisse des Materialbilanzansatzes, aus denen sich (unter Vernachlässigung von Kapitalakkumulation) ergibt, daß die zu beseitigende Menge im Gleichgewicht nur von der Menge an Primärstoffen abhängig sind, die in das ökonomische System gelangen. Hieraus folgt, daß eine Verwertung von Abfall, die definitionsgemäß mit negativen Nettogrenznutzen verbunden ist, nicht optimal sein kann, weil der Umfang der Verwertung nur einen Einfluß auf die Güterversorgung hat, die Menge des zu beseitigenden Abfalls aber nicht unmittelbar verringert.

Für die Beurteilung der Abfallpolitik in der Bundesrepublik Deutschland wurde das eben erwähnte Modell in vereinfachter Form als Grundmodell verwendet. Es lassen sich drei Faktoren identifizieren, die zu einem Auseinanderfallen von sozial optimalem und gleichgewichtigem Niveau an Primär- und Sekundärproduktion führen können. Dabei handelt es sich um:
-       externe Produktionskosten
-       externe Beseitigungskosten und
-       fehlende verursachergerechte Anlastung von Produktentsorgungskosten.
Von diesen drei Faktoren bezieht sich die Abfallpolitik nur auf die beiden letzten. Sie stehen deshalb auch im Mittelpunkt dieser Arbeit. Externe Produktionskosten führen aber zu einem Auseinanderfallen von sozial und privat optimalem Produktionsniveau. diese Verzerrungen bezüglich Primär- und Sekundärproduktion und ihre Berücscihtigung in den Gesetzestexten sind für die Beurteilung der Abfallpolitik durchaus von Bedeutung.

Externe ökologische Kosten der Beseitigung werden in Deutschland vorwiegend durch Auflagen reduziert. Als Alternative wäre eine haftungsrechtliche Regelung denkbar. Da jedoch das Haftungsrecht gerade bei langfristigen, multikausalen Schäden sehr problembehaftet ist, sind Auflagen bezüglich der Deponierung nicht durch andere ökonomische Instrumente ersetzbar. Allerdings finden sich in den Deponiegebühren oder -preisen bestenfalls die internen Kosten der Beseitigung wieder. Die externen Kosten, die trotz Auflagen mit der Beseitigung verbunden sind, bleiben unberücksichtigt.

In der Literatur werden häufig intertemporale Knappheitskosten aufgrund begrenzter Deponiekapazitäten als weitere Begründung für das Auftreten externer Beseitigungskosten genannt. Es zeigte sich jedoch, daß es sich bei dem Deponieproblem nicht so sehr um ein Problem endlicher Ressourcen handelt als vielmehr um ein Problem bestandsabhängiger steigender Grenzkosten der Deponieverfüllung. Diese sind in erster Linie auf negative ökologische Auswirkungen von Deponien an empfindlichen Standorten zurückzuführen.

Nach dem Vorbild der Schweiz versucht man aber auch in der Bundesrepublik Deuschland, die oberirdische Deponierung nur noch für solche Stoffe zuzulassen, die nicht mehr mit der Umwelt reagieren, sogenannte inerte Stoffe, von denen damit auch kein Schaden für die Umwelt mehr ausgeht. Gelänge eine solche Inertisierung, wären externe Effekte der Deponierung sowohl in ökologischer als auch in intertemporaler Sicht vernachlässigbar gering. Zum jetzigen Zeitpunkt ist dieser Zustand jedoch noch nicht erreicht. Dies bedeutet aber keinesfalls, daß externe Beseitigungskosten unter den Gegebenheiten in der Bundesrepublik Deutschland zwangsläufig zu einem zu geringen Niveau an Sekundärproduktion führt. Vielmehr werden die Produktionskosten von Primär- und Sekundärprodukt zu niedrig angesetzt, so daß im Vergleich zum Optimum in der Summe zu viel produziert wird. Bei einer durchgreifenden Wirkung der neuen ordnungsrechtlichen Regelungen dürften Fehlallokationen aufgrund externer Beseitigungskosten jedoch immer mehr an Bedeutung verlieren.

Als Instrument zur Internalisierung noch verbleibender externer Beseitigungskosten werden seit einiger Zeit Abfallabgaben diskutiert. 1991 kam dann auch das Bundesministerium für Umwelt, Naturschutz und Reaktorsicherheit mit einem Referentenentwurf an die Öffentlichkeit. Abgesehen von grundsätzlichen Bedenken gegen die Einführung einer Abfallabgabe, die aus den obigen Ausführungen folgen, beinhaltet der Referentenentwurf eine Reihe problematischer Vorschläge. Diese Kritik bezieht sich in erster Linie auf die Differenzierung der Abgabensätze nach Abfallarten, die einer ökonomischen Begründung bei näherem Hinsehen nicht standhält, und auf einige problematische Ausnahmen von der Abgabenpflicht, die ebenfalls eher kontraproduktive Anreize setzen.

Als neues Instrument sind in der Abfallpolitik der Bundesrepublik Deutschland seit 1986 Rücknahmeverpflichtungen vorgesehen. Sie sind auch aus ökonomischer Sicht von großem Interesse, weil sie darauf abzielen, den Produktabfall nach dem Konsum wieder dem Hersteller (oder Vertreiber) zuzuführen und diesem durch eine quasi "Neudefinition" von Eigentumsrechten die Kosten der Produktensorgung anzulasten. Dies ist deshalb so wichtig, weil die Belastung der Haushalte mit Produktentsorgungskosten auf absehbare Zeit hinaus nicht verursachergerecht erfolgen kann, so daß Produktentsorgungskosten, die beim Konsumenten anfallen, für Kauf- und damit Produktionsentscheidungen irrelevant bleiben. Die Anlastung der Entsorgungskosten für Altprodukte beim Hersteller oder Vertreiber der Produkte stellt somit eine unverzichtbare Bedingung für die Internalisierung der Produktentsorgungskosten dar. Der Vorteil einer Herstellerverpflichtung liegt in der direkten Anreizwirkung auf dasjenige Wirtschaftssubjekt, das die meisten Möglichkeiten zur Beeinflussung der Entsorgungskosten hat.

Die allokative Beurteilung solcher Rücknahmeverpflichtungen hängt jedoch ganz entscheidend ab von den zusätzlichen Kosten der Rückführung der Produkte, die durch die Verpflichtung verursacht werden. Solche Kosten treten in erster Linie als Lager-, Sortier- und Transportkosten auf. Je höher sie sind, um so eher führen sie zu einer Fehlallokation, die in aller Regel ein im Vergleich zur sozialoptimalen Allokation zu hohes Niveau an Sekundär- und ein zu geringes Niveau an Primärproduktion beinhaltet.

Eine Möglichkeit, um die zusätzlichen Kosten zu verringern, liegt in der Setzung von Rücknahmequoten. Dann ist der Adressat der Rücknahmeverpflichtung nicht mehr zur hundertprozentigen, sondern nur noch zur teilweisen Rücknahme aller von ihm hergestellten Produkte verpflichtet. Quoten sind jedoch kein geeigneter Weg zur Annäherung an eine optimale Allokation. Hier verbleiben zum einen ineffiziente Anreize bezüglich des Niveaus von Primär- und Sekundärproduktion. Zudem kommt es auch noch zu suboptimalen Anstrengungen der Hersteller im Hinblick auf eine Reduktion der Entsorgungs- und Verwertungskosten durch Umgestaltung der Produkte.

Eine Vertreiberverpflichtung verringert zwar die Sammelkosten, da die Vertreiber sich in aller Regel in größerer Nähe zum Konsumenten befinden dürften als die Hersteller. Neben der Gefahr ineffizienter Anreize,die aus Schrägüberwälzungen im Handel folgen, sprechen jedoch verbleibende "unnötige" Sammelkosten gegen diese Alternative.

Eine wirkliche Verbesserung der Allokationswirkung von Rücknahmeverpflichtungen ist durch die Beauftragung Dritter zu erwarten, denn diese ermöglicht die weitgehende Vermeidung zusätzlicher Sammelkosten. Bei spezifischen Altprodukten, deren Sortierung oder zumindest Identifikation nach Herstellern netto keine nennenswerten zusätzlichen Kosten verursacht, dürfte eine solche Lösung weitgehend unproblematisch ohne größere Verwässerung der Kostenanlastung zu organisieren sein.

Größere Probleme stellen sich bei unspezifischen Altprodukten, bei denen eine Trennung nach Herstellern mit prohibitiv hohen Kosten verbunden ist. Insofern ist keine direkte Abrechnung zwischem dem Hersteller und den Unternehmen, die seine Produkte sammeln und verwerten, möglich. Der einzelne Hersteller kann nur in dem Moment mit Kosten belastet werden, in dem er Waren in den Verkehr bringt. Deshalb muß diese Zahlung an eine "Sammelinstitution" erfolgen, die dann ihrerseits sammelnde Unternehmen beauftragt und bezahlt, bzw. diese Arbeiten selber durchführt. Bezüglich der Verwertung ist es möglich, daß der einzelne Hersteller Verwertungskapazitäten bei Verwertern erwirbt und diese dann der Sammelinstitution übergibt, bei der er zusätzlich die entsprechende Sortierleistung zahlen muß. Sofern der Verwerter für seine Produkte ebenfalls zur Rücknahme und damit zu einer entsprechenden Zahlung an die Sammelinstitution verpflichtet ist, wird er nur dann das optimale Niveau an Verwertung erreichen, wenn er mit Zahlungen des Herstellers für die von ihm zu zahlenden Rücknahmekosten kompensiert wird. Doch obwohl es hier zu Zahlungen an den Verwerter kommt, handelt es sich nicht um die Verwertung von Abfall, sondern von Wirtschaftsgütern.

Falls die Vermeidung unnötiger Sammelkosten gelingt, würde eine allokativ effiziente Regelung so aussehen, daß die Sammelinstitution grundsätzlich für alle Produkte eine Gebühr in Höhe der Sammel- und Deponiegrenzkosten im Optimum erhebt. Für die Produkte, für die sie eine Verwertungsgarantie erhält, zahlt sie dann aber den auf die Deponierung entfallenden Teil der Gebühr wieder zurück, bzw. verzichtet von vornherein auf diesen Gebührenteil.

Neben Informationsproblemen bezüglich der exakten Gebührenhöhe, die aber bei anderen ökonomischen Instrumenten wie etwa Abgaben ebenfalls auftreten, wird eine solche Vorgehensweise jedoch wahrscheinlich an den Interessen der Sammelinstitution scheitern, der aufgrund ihrer Beauftragung eine monopolartige Stellung gewährt wird. Damit dürfte sie zumindest freiwillig keine Grenzkostengebühren setzen. Um dieses Problem zu verringern, gibt es zwei Möglichkeiten: Zum einen kann die Sammelinstitution einer Monopolaufsicht unterstellt werden und zum anderen könnten ihre Aufgaben, die im besten Fall nur die Erhebung der Gebühren und die Bezahlung der Sammlung sowie die Zuteilung der Verwertungskapazitäten an die sammelnden Unternehmen umfassen müssen, auch staatlicherseits erfolgen. Die Sammlung der Abfälle selbst könnte dann entweder weiterhin über die Kommunen als auch alternativ oder zusätzlich über andere Unternehmen erfolgen.

Beide Lösungen haben Vor- und Nachteile, auf die im Laufe dieser Arbeit nicht eingegangen werden kann. Wenn, wie zu hoffen, Rücknahmeverpflichtungen immer wichtiger werden, müßte hierzu unbedingt weitere Forschungsarbeit geleistet werden. Notwendig wäre ein Vergleich unterschiedlicher Organisationsformen von Rücknahmeverpflichtungen, der auch die Probleme bei einer

Beteiligung von Monopolunternehmen und non-profit-Organisationen berücksichtigt. Hierzu gehören ebenfalls Kontrollprobleme, die bei Abfall besonders groß sind, sich aber je nach Art der Rücknahmeorganisation durchaus verändern können.

Ebenso wäre zu prüfen, ob es nicht alternative ökonomische Instrumente gibt, die verbleibende Probleme einer Rücknahmeverpflichtung vermeiden könnten. Denn auch eine 100%ige Rücknahmeverpflichtung führt nicht dazu, daß die Unternehmen von sich aus einen Anreiz zur Rücknahme von Altprodukten haben, da diese ihnen in aller Regel per Saldo Kosten verursachen, denn zumindest bei einem Teil der zurückgenommenen Produkte wird es sich um Abfall handeln. Insofern muß der Staat die Einhaltung der Rücknahmeverpflichtung permanent kontrollieren und Ausweichmaßnahmen der Unternehmen, die z.B. in erschwerten Rücknahmebedingungen liegen könnten, gegebenenfalls gegensteuern. Solche Ausweichmaßnahmen sind vor allem deshalb erfolgversprechend, weil die Konsumenten für die von ihnen getragenen Sammelkosten nicht kompensiert werden, was ebenfalls zu Allokationsproblemen führt.

Diese Probleme von Rücknahmeverpflichtungen könnten unter Umständen durch eine rückzahlbare Abgabe vemieden werden, die bei unspezifischem Abfall ganz ähnlich aussehe, wie bereits oben skizziert. Bei spezifischem Abfall würde jedes Produkt in dem Moment, in dem es in den Verkehr gebracht wird, ebenfalls mit den Entsorgungskosten im Optimum belastet. Für zurückgenommene Produkte würde diese Gebühr bzw. Abgabe jedoch wieder erstattet werden, so daß zumindest im Gleichgewicht netto die Hersteller bei der Produktion von Primärgütern mit Produktions- und Entsorgungskosten belastet wären, bei der Produktion von Sekundärgütern aber nur mit den Produktionskosten. Dies entspräche den Anreizen für eine optimale Allokation. Die Hersteller hätten dann auch ein Interesse daran, alle die Produkte zurückzuerhalten, deren Verwertung langfristig günstiger als die Beseitigung ist, so daß gewinnmaximierende Hersteller auch freiwillig Anreize für die Rückführung ihrer Produkte schaffen würden. Damit würden auch die Konsumenten für die von ihnen getragenen Sammelkosten kompensiert.

Fest steht auf jeden Fall, daß die Anlastung der Produktentsorgungskosten beim Hersteller ganz zentral für eine Verminderung des Abfallaufkommens hin zu einer optimalen Allokation von Primär- und Sekundärproduktion ist. Deshalb ist es sehr zu bedauern, daß es der Bundesregierung über Jahre hinweg nicht gelungen ist, neben der Lösemittelverordnung und der Verpackungsverordnung weitere Rücknahmepflichten zu implementieren.

Solange dies nicht geschehen ist, führen auch Verwertungsgebote nach BImSchG und KrW-/AbfG selbst dann zu einer Fehlallokation, wenn es mit ihnen gelingt, externe Kosten der Beseitigung richtig zu erfassen. Weil diese Gebote nicht berücksichtigen, daß der Umfang des zu beseitigenden Abfalls nur von der Primärproduktion abhängig ist, führen sie in aller Regel zu einem suboptimal hohen Niveau der Sekundärproduktion. Dies gilt selbst dann, wenn man die Fehlallokation bei der Primärproduktion durch fehlende Anlastung von Produktentsorgungskosten als gegeben hinnimmt, und nur nach dem second-best Niveau der Sekundärproduktion sucht.

Zusammenfassend läßt sich sagen, daß die Abfallwirtschaftspolitik verstärkt auf eine Anlastung der Produktentsorgungskosten hinsteuern muß. Die Einführung einer Abfallabgabe erscheint dagegen angesichts der bestehenden ordnungsrechtlichen Regelungen, die für sich genommen schon zu einer deutlichen Erhöhung der privaten Beseitigungskosten führen werden, nicht als prioritär. Auf Vermeidungs- und Verwertungsgebote sollte möglichst ganz verzichtet werden, da keineswegs gesichert ist, daß sie zu einer Verbesserung der Allokation oder auch nur zu einer langfristigen Verringerung des Abfallproblems beitragen.

Verzeichnis der Symbole

λ	Lagrangemultiplikator lambda
σ	soziale Diskontrate
Ω	Anfangsbestand an potentiell verfügbaren Deponiestandorten
a	zusätzliche Kosten der Deponierung, die durch die Rücknahmeverpflichtung verursacht werden
A	Angebot
A^{100}	Angebot bei 100%iger Rücknahmeverpflichtung
A_{ex}	Angebotsfunktion bei externen Produktentsorgungskosten
A_{int}	Angebotsfunktion bei vollständig internen Kosten
A_{uex}	Angebotsfunktion bei externen Umweltkosten
b	zusätzliche Kosten der Verwertung durch Rücknahmeverpflichtung
B	Bestand an bereits deponiertem Abfall
c	die für die Verwertung notwendigen Sammelkosten
C	der Vorgang der Konsumption
c_1	Menge des mit Primärstoffen hergestellten "Primärgutes"
c_2	Summe des mit Sekundärprodukten hergestellten "Sekundärgutes"
c_g	Gesamtsumme des homogenen Gutes, das sowohl mit Primär- als auch mit Sekundärstoffen hergestellt werden kann
d	zu deponierende Menge
D	der Deponierungsvorgang
f	Abfallmenge, die Verwerter von Kommune übernimmt
G	Gewinn
$GKV_{n\text{-}techn.}$	Grenzvermeidungskosten für nicht-technische Maßnahmen
GKV_{techn}	Grenzvermeidungskosten für technische Maßnahmen
K_1	Produktionskosten des Primärproduktes
K_2	Produktionskosten des Sekundärproduktes
K_{2ex}	externe Kosten der Verwertung
KD	Deponierungskosten
K_{2pr}	private Kosten der Verwertung
KD'^{mB}_t	Deponierungsgrenzkosten in t mit Behandlung
KD'^{oB}_t	Deponierungsgrenzkosten in t ohne Behandlung
$KD^{*'}$	private Deponierungskosten bei optimalem Sicherungsniveau
KD_{ex}	externe Deponierungskosten, vor allem ökologische Kosten
KD_{pr}	private Deponierungskosten
K_{v2}	die reinen Verwertungskosten (ohne Sammelkosten)
m	Umfang der Aktivitäten, welche Primärproduktion teurer, aber Deponierung und (oder) Verwertung billiger machen
M_0	Materialmenge, die sich am Anfang der Periode 0 im ökonomischen System befindet
M_{0a}	Materialmenge, die in der Periode 0 das ökonomische System verlassen hat

M_{0z} Materialmenge, die dem ökonomischen System in Periode 0 aus der Umwelt zugeführt wird

M_1 Materialmenge, die sich am Anfang der Periode 1 im ökonomischen System befindet

MZB   marginale Zahlungsbereitschaft

N   Nachfrage

p   Preis

p_d Entschädigungszahlung an Verwerter je abgenommener Abfalleinheit

P_{pr} Produktionsprozeß unter Einsatz von Primärstoffen

P_{Sek} Produktionsprozeß unter Einsatz von Sekundärstoffen

q   Rücknahmequote

r   Menge an Sekundärprodukt

R   der Verwertungsvorgang

r_1 Menge der Sekundärproduktion aus den gesammelten Altprodukten

r_2 Menge der Sekundärproduktion aus den nicht gesammelten Altprodukten

s   Verwertungsrate

S   Sicherungsniveau

t   Periodenindex

T   Zeithorizont

u   Platzhalter für $q(x+r) - r_1$

va   für die Verwertung bestimmte Menge

w   die Menge unmittelbar deponierter Altprodukte aus der Primärproduktion

W   gesamtwirtschaftliche Wohlfahrt

x   Menge an Primärprodukt, u.U. auch an Primärrohstoff

z   Lagrangemultiplikator, Schattenpreis der Restriktion

z1   Lagrangemultiplikator

ZB   Zahlungsbereitschaft

ZK   marginale betriebliche Zusatzkosten bei erzwungener Verwertung

ZUE   marginale (zusätzliche) Umweltentlastungen

Verzeichnis der Tabellen   Seite

Literaturverzeichnis

ARNOLD, V., 1976,
Kuppelprodukte, öffentliche Ungüter und externe Effekte, in: Zeitschrift für die gesamte Staatswissenschaft, S. 90-104.

AYRES, R.U., KNEESE, A.V., 1969,
Production, Consumption and Externalities, American Economic Review, S. 282-297.

BACCHINI, P., BELEVI, H., LICHTENSTEIGER, TH., 1992,
Die Deponie in einer ökologisch orientierten Volkswirtschaft, GAIA, Bd. 1, S. 34-49.

BAUMOL W.J., OATES, W.E., 1988,
The Theory of Environmental Policy, 2nd ed., Cambridge et al.

BAUMOL, W. J., 1977,
On Recycling as a Moot Environmental Issue, JEEM 4, S. 83-87.

BERG, C., 1979,
Recycling in betriebswirtschaftlicher Sicht, WiSt, 8, S. 201-205.

BICKEL, Ch., 1992,
20 Jahre Abfallbegriff - Ortsbestimmung und Neuansatz, in: Natur und Recht, S. 361 - 371.

BÖHM, M., 1990,
Kommunale Abfallgebühren und Altlastensanierung, Neue Juristische Wochenzeitschrift (NVwZ), S. 340-342.

BONUS, H., 1972,
On the Consumer's Waste Decision, Zeitschrift für die gesamte Staatswissenschaft, S. 257 - 268.

BOULDING, K.E., 1970,
Ökonomie als Wissenschaft - München.

BUNDE, J., ZIMMERMANN, H., 1988,
Abfall in ökonomischer Sicht. Zeitschrift für angewandte Umweltforschung, Jg. 1, S. 175 - 182.

BUNDESMINISTER FÜR UMWELT, NATURSCHUTZ UND REAKTORSICHERHEIT, (BMU), 1991,

Transportverpackungen, Umverpackungen und Verkaufsverpackungen, in: Umwelt BMU, 1991, S. 298.

BUNDESMINISTER FÜR UMWELT, NATURSCHUTZ UND REAKTORSI-CHERHEIT, 1993,
Vermeidung und Verwertung von Reststoffen, in: Umwelt, Nr. 3.

BUNDESMINISTER FÜR UMWELT, NATURSCHUTZ UND REAKTORSI-CHERHEIT, 1992,
TA Siedlungsabfall vom Kabinett verabschiedet, Umwelt, Nr. 9/1992, 352 - 353.

BUNDESREGIERUNG, 1993,
Entwurf eines Gesetzes zur Vermeidung von Rückständen, Verwertung von Sekundärrohstoffen und Entsorgung von Abfällen, BT-Drs 12/5672.

CAIRNS, R. D., 1990,
A Contribution to the Theory of Depletable Resource Scarcity and its Measures, in: Economic Inquiry, S. 744-755.

CHOW, G. C., 1992,
Dynamic Optimization Without Dynamic Programming, in: Economic Modelling, S. 3-9.

DAHMEN, A., 1988,
Zur Förderung der Abfallvermeidung und Abfallverwertung durch Maßnahmen des kommunalen Abgabenrechts, Kommunale Steuer-Zeitschrift, Nr. 7/8, 132 - 134.

DAMKOWSKI, W., ELSHOLZ, G., 1990,
Abfallwirtschaft, Opladen.

DÖRHÖFER, G., 1987,
Die geologische Barriere bei der Lagerung von Abfallstoffen, in: Deutsche Gesellschaft für Erd- und Grundbau e.V. (Hrsg.), Vorträge der Baugrundtagung 1986 in Nürnberg, Essen, 1987, zitiert nach Wiedemann (1988).

DUALES SYSTEM DEUTSCHLAND, 1995b,
Schriftliche Auskunft der Duales System Deutschland GmbH vom 4.4.1995.

DUALES SYSTEM DEUTSCHLAND, 1994,
Geschäftsbericht 1993 der Duales System Deutschland GmbH, Köln.

DUALES SYSTEM DEUTSCHLAND, 1995a,
Duales System von A - Z, Köln.

DUALES SYSTEM DEUTSCHLAND, 1995c,
Wertstoffrecycling in Zahlen - Techniken und Trends, Köln.

DUALES SYSTEM DEUTSCHLAND, 1995,
Verpackungsrecycling international, Köln.

EBERT, W., 1993,
Umweltpolitischer Informationsbedarf in der Abfallwirtschaft, Frankfurt/M.,
Berlin, Bern, New York, Paris, Wien.

EBERT, Th., 1991,
Ökonomische Steuerungsinstrumente in der Abfallpolitik, Institut für ökologische Wirtschaftsforschung, Diskussionspapier Nr. 2, Berlin.

ENDRES, A., 1994,
Umweltökonomie, Darmstadt.

ENDRES, A., SCHWARZE, R., 1993,
Ökonomische Aspekte technischer Normen, in: Endres, A., Marburger, P., u.
a., Umweltschutz in gesellschaftlicher Selbststeuerung. Gesellschaftliche
Umweltnormierungen und Umweltgenossenschaften. Erscheint demnächst in
der Reihe Studien zum Umweltstaat der Gottlieb Daimler- und Carl Benz-
Stiftung.

ENDRES, A., QUERNER, I., 1993,
Die Ökonomie natürlicher Ressourcen, Darmstadt.

ENDRES, A., 1976,
Die pareto-optimale Internalisierung externer Effekte, Frankfurt, Bern.

ETHRIDGE, D., 1973,
The Inclusion of Wastes in the Theory of the Firm. Journal of Political Economy, S. 1430 - 1441.

FABER, M., STEPHAN, G., MICHAELIS, P., 1988,
Umdenken in der Abfallwirtschaft, Vermeiden, Verwerten, Beseitigen, Berlin,
Heidelberg.

FABER, M., NIEMES, H., STEPHAN, G., 1983,
Entropy, Environment and Resources, Berlin, Heidelberg, New York, London,
Paris, Tokio.

FRANKFURTER RUNDSCHAU vom 1.9.1994,
Frankfurter Rundschau, Entsorger verkaufen an Banken.

FRITZ, K., 1994,
Kreislauf oder Kollaps im Abbfallwirtschaftsrecht? - Tagungsbericht zum
Zehnten Trierer Kolloquium zum Umwelt- und Technikrecht -, in Umwelt- und
Planungsrecht, 1994, S. 431-437.

GEORGESCU-ROEGEN, N., 1971,
The Entropy Law and the Economic Process, Boston.

GOTTINGER, H. W., 1994,
Regulation and Control of Hazardous Wastes, in: Schweizerische Zeitschrift für
Volkswirtschaft und Statistik, S. 63-88.

GROSS, TH. 1989,
Rechtliche Grenzen einer ökologisch orientierten Preisgestaltung öffentlicher
Einrichtungen, Zeitschrift für angewandte Umweltforschung, S. 372 - 381.

HALL, D. C., Hall, J. V., 1984,
Concepts and Measures of Natural Resource Scarcity with a Summary of
Recent Trends, Journal of Environmental Economics and Management, 11, 363
- 379.

HAMPICKE, U., 1991,
Neoklassik und Zeitpräferenz - der Diskontierungsnebel, in: Beckenbach, F.,
Die ökologische Herausforderung für die ökonomische Theorie, Marburg, 127
- 149.

HECHT, D., 1988,
Ökonomische Aspekte der Abfallwirtschaft. Ruhr-Forschungsinstitut für Inno-
vations- und Strukturpolitik eV., Bochum.

HECHT, D., 1993,
Von der Abfallwirtschaft zur Kreislaufwirtschaft, in: Wirtschaftsdienst, S. 479-
486.

HECHT, D., 1991,
Möglichkeiten und Grenzen der Steuerung von Rückstandsmaterialströmen über
den Abfallbeseitigungspreis. Schriftenreihe des Rheinisch-Westfälischen In-
stituts für Wirtschaftsforschung, NF, Essen.

HOEL, M., 1978,
Resource Extraction and Recycling with Environmental Costs, Journal of
Environmental and Economic Management, 5, S. 220-235.

HOFFMANN-KROLL, R. 1992,
Recycling - eine Aufgabe für Konstrukteure, Umwelt (VDI), S. 311 -313.

HOLM, K., 1988,
Wasserverbände im internationalen Vergleich - eine ökonomische Analyse der französischen Agences Financières de Bassin und der deutschen Wasserverbände im Ruhrgebiet, München.

HOLM-MÜLLER, K., 1993,
Neudefinition von Eigentumstiteln zur Lösung umweltpolitischer Probleme. Jahrbücher für Nationalökonomie und Statistik, Bd. 212, Tübingen, S. 480-496.

HOLM-MÜLLER, K., 1996,
Das Verwertungsgebot des deutschen Abfallrechts im Lichte des Material-Bilanz-Ansatzes, erscheint demnächst im Jahrbuch für Wirtschaftswissenschaften, Heft 3/96.

HOTELLING, H., 1931,
The Economics of Exhaustible Resources, Journal of Political Economy, S., 137-175.

HÜPEN, R., 1983,
Zur ökonomischen Theorie des Recycling, Frankfurt/Bern, New York.

JÄGER, K., 1980,
Ansätze zu einer ökonomischen Theorie des Recyclings, in: Siebert (Hrg.), Erschöpfbare Ressourcen, Schriften des Vereins für Socialpolitik, NF Bd. 108, Berlin.

JÄGER, K., 1976,
Eine ökonomische Theorie des Recycling, Kyklos, 29, S. 660-677.

JÄGER, K., 1977,
Eine ökonomische Theorie des Recycling: Antwort, Kyklos, 30, S. 704-706.

JEVONS, W. S., 1965,
The Theory of Political Economy (zuerst veröffentlicht 1871), New York.

Joschek H.-I. u.a., 1996
Produkt oder Abfall? Die Gretchenfrage der Kreislaufwirtschaft, AbfallwirtschaftsJournal S. 60-64

JUNG, G., 1988,
Die Planung in der Abfallwirtschaft, Reihe Abfallwirtschaft in Forschung und Praxis, Bd. 20, Berlin.

KEMP, M.C., LONG, N.V., 1980,
On Two Folk Theorems Concerning the Extraction of Exhaustible Resources,
in: Econometrica.

KESSLER, H. 1995,
Wer bekommt den meisten Müll?, in: Die Zeit v. 13.1.1995.

KIEFER, F., ENGEL, H., 1992,
Abfall als Rohstoff - Wege aus der Abfallsackgasse, in: Abfallwirtschafts-
Journal, S. 869-873.

KIRCHGÄSSNER, G., 1977,
Eine ökonomische Theorie des recycling, Kommentar, Kyklos, 30, S. 699-703.

KLEPPER, G., MICHAELIS, P., 1992,
Will the 'Dual System' Manage Packaging Waste?, Kiel, Working Paper, No.
503.

LEVHARI, D., LIVIATAN, N., 1977,
Notes on Hotelling's Economics of Exhaustible Resources, Canadian Journal
of Economics, 2, 177 - 192.

LIPSEY, R. G., LANCASTER, K., 1956/57,
The General Theory of Second Best, in: Review of Economic Studies, S. 11-
32.

LUSKY, R., 1976,
A Model of Recycling and Pollution Control, in: Canadian Journal of Economics, S., 91-101.

MÄLER, K.G., 1974,
Environmental Economics: A Theoretical Inquiry, Baltimore, London.

MATTHIESEN, K., 1988,
Sonderabfallentsorgung und Altlastensanierung in Nordrhein-Westfalen, in:
Zeitschrift für angewandte Umweltforschung, S. 399-402.

MENELL, P.S., 1992,
Using Economic Incentives to Regulate the Municipal Solid Waste Stream, in:
The Geneva Papers on Risk and Insurance, 17, No. 65, S. 485-498.

MEYER-RENSCHHAUSEM. M., 1990,
Ökonomische Effizienz und politische Akzeptanz der Abwasserabgabe, in:
Zeitschrift für Umweltrecht und Umweltpolitik, S. 43-66.

MICHAELIS, P., 1991,
Theorie und Politik der Abfallwirtschaft, eine ökonomische Analyse, Berlin, Heidelberg, New York, London, Paris, Tokyo, HongKong.

MICHAELIS, P., 1993,
Ökonomische Aspekte der Abfallgesetzgebung, Tübingen.

MILLS, E. S. (1978),
The Economics of Environmental Quality, New York.

PEARCE, D. W., TURNER, R. K., 1990,
Economics of Natural Resources and the Environment, New York, London, Toronto, Sydney, Tokyo.

PETHIG, R., 1982,
Extraction and Recycling of Depletable Natural Resources, in: Eichborn, W. u.a. (Hrsg.), Economic Theory of Natural Resources, Würzburg, Wien, S. 65-80.

PIEPENBURG, R., 1987,
Das Bundesimmissionsschutzgesetz und seine Reformmöglichkeiten - eine Bewertung aus ökonomischer Sicht.

PIETRZENIUK, H.-J., 1990,
Das "Institut für Industrielle Reststoff- und Abfallwirtschaft GmbH (IRA)" - der saarländische Versuch, mit der Vermeidung und Verwertung industrieller Reststoffe und Abfälle Ernst zu machen, in: Schenkel, W. (Hrsg.), Umwelt, Politik, Technik, Recht, Heinrich von Lersner zum 60. Geburtstag, Berlin.

RAT VON SACHVERSTÄNDIGEN FÜR UMWELTFRAGEN, 1989,
Sondergutachten Altlasten, Stuttgart.

RAT VON SACHVERSTÄNDIGEN FÜR UMWELTFRAGEN, 1994,
Umweltgutachten 1994, Stuttgart.

RAT VON SACHVERSTÄNDIGEN FÜR UMWELTFRAGEN (SRU), 1990,
Sondergutachten "Abfallwirtschaft" vom September 1990, BT-Drs 11/8493.

RIEBEL, P., 1981,
Produktion, einfache und verbundene, in: HandWörterbuch der Wirtschaftswissenschaften, Bd. 6, Tübingen.

Ruchay, D., (1996), Umsetzung der Kreislaufwirtschaft in Deutschland, in: AbfallwirtschaftsJournal S. 13-16.

RUNGE, M., 1991,
Verpackungsverordnung und "Duale Abfallwirtschaft" - weniger oder mehr
Müll, in: Institut für ökologisches Recycling (Hrsg.), Perspektive Abfallvermeidung, Dokumentation eines Fachkongresses zur ökologischen Abfallwirtschaft II, 7.-9. Oktober 1991 in Berlin, Berlin, S. 200-209.

SCHENKEL, W., FAULSTICH, M., 1991,
Versorgung - Entsorgung, Stand und Perspektiven der Abfallwirtschaft, Uni-
versitas, S. 105-117.

SCHENKEL, W., 1993,
Das Duale System als Großversuch - eine Zwischenbilanz -, Zeitschrift für
angewandte Umweltforschung, S. 441-444.

SCHENKEL, W., 1987,
"Überlegungen zur Deponietechnik vor dem Hintergrund der TA Abfall",
Vortrag anläßlich der Tagung 'Deponie-Ablagerung von Abfällen', 17.- 20. 3.
1987 in Andernach, zitiert nach P. Michaelis, 1991, S. 39.

SCHINK, A., 1993,
Die Entwicklung des Umweltrechts im Jahre 1992 - zweiter Teil -, in: Zeitschrift für angewandte Umweltforschung, S. 475-489.

SCHULZE, W. D., 1974,
The Optimal Use of Non-Renewable Resources: The Theory of Extraction, in:
Journal of Environmental Economics and Management, S. 53-73.

SEIBERT, M.-J., 1994,
Der Abfallbegriff im neuen Kreislaufwirtschafts- und Abfallgesetz sowie im
neugefaßten §5, Abs. 1 Nr. 3 BImSchG, in: Umwelt- und Planungsrecht, S.
415-420.

SIEBERT, H.-J., 1980,
Neuere Entwicklungen in der ökonomischen Analyse des Umweltschutzes, in:
Möller, H. u.a. (Hrsg.), Umweltökonomie, Königstein, 1982, S. 267 ff.

SIEBERT, H., 1982,
Neuere Entwicklungen in der ökonomischen Analyse des Umweltschutzes, in:
Möller, H., R. Osterkamp, W. Schneider (Hrsg.), Umweltökonomik, König-
stein/Ts., S. 267 - 283.

SIEGLER, H.-J., 1993,
Ökonomische Beurteilung des Recycling im Rahmen der Abfallwirtschaft,
Frankfurt/M. u.a.

SIEKMANN, H., 1994,
Rechtsprobleme umweltorientierter kommunaler Benutzungsgebühren, in:
Zeitschrift für angewandte Umweltforschung, S. 441-447.

SIEMENS, 1995,
Das Schwel-Brenn-Verfahren, Reihe Argumente Nr. 93/23.1.1995, Erlangen.

SIMON, H., STAHL, K., GRABOWSKI, H., 1980,
Taschenbuch der Schulmathematik, Leipzig.

SMITH, V.L., 1977,
Control Theory Applied to Natural and Environmental Resources. An Exposition, Journal of Environmental and Economic Management, 4, S. 1-24.

SMITH, V.L., 1972,
Dynamics of Waste Accumulation: Disposal Versus Recycling, Journal of Economic Theory, 76, S. 600-616.

STEPHAN, G., 1991,
Ökologisch-orientierte Wirtschaftsforschung heute: Was kann ein entropie-theoretischer Ansatz leisten?, in: Beckenbach, F.
(Hrsg.), Die ökologische Herausforderung für die ökonomische Theorie, Marburg, S. 323-340.

STIEF, K.,
Das Multibarrierenkonzept als Grundlage von Planung, Bau, Betrieb und Nachsorge von Deponien, in: Müll und Abfall, 18 (1986), S. 15-20.

STRÖBELE, W. J. (1991),
Abdiskontierung als kontextabhängiges Problem. Korreferat zu Ulrich Hampicke: Neoklassik und Zeitpräferenz - der Diskontierungsnebel, in: Beckenbach, F., Die ökologische Herausforderung für die ökonomische Theorie, Marburg, 151-155.

SUTTER, H., 1993,
Umweltbundesamt, mündliche Auskunft vom 4.3.1993.

SUTTER, H., 1990,
Vermeidung von Sonderabfällen - Definition, technische Möglichkeit, gesetzliche Grundlagen, in: Entsorgungspraxis/Spezial, S. 3-10.

TAGESSPIEGEL v. 15.10.1994,
Der Tagesspiegel, Kunststoff-Kartell geknackt.

THEISSEN, A., 1990,
Betriebliche Umweltschutzbeauftragte - Determinanten ihres Wirkungsgrades, Deutscher Universitätsverlag, Wiesbaden.

TRIENEKENS, H., 1993,
Duales System - Anspruch und Wirklichkeit - , Zeitschrift für angewandte Umweltforschung, Jg. 6, S. 445-447.

VAN MARK, M., NELLESSEN, K., 1993,
Neuere Entwicklungen bei den Preisen von Abfalldeponierung und -verbrennung, Müll und Abfall, S. 20-24.

VARIAN, H., 1992,
Microeconomic Analysis, 3rd ed., New York, London.

WACKER, H., 1987,
Rezyklierung als intertemporales Allokationsproblem in gesamtwirtschaftlichen Planungsmodellen, Frankfurt, Bern, New York, Paris.

WAGNER, TH., 1993,
Marktabfälle, Jahrbuch für Sozialwissenschaft, Bd. 44, S. 148-169.

WAGNER, T. 1992,
Reichtum, Haltbarkeit und Abfall: Die Strategie der Dauerhaftigkeit, Jahrbuch für Nationalökonomie und Statistik, S. 501-522.

WEGEHENKEL, L., 1986,
Koordination von Umweltgütern und institutionelle Rahmenbedingungen, List Forum, S. 205-228.

WEILAND, R., 1993,
Der Abfallbegriff, Zeitschrift für Umweltpolitik und Umweltrecht, Bd. 2, S. 113-136.

WEINSTEIN, M.C., ZECKHAUSER, R.J., 1974,
Use Patterns for Depletable and Recycable Resources, in: The Review of Economic Studies, Symposium on the Economics of Exhaustible Resources, S. 67-88.

WICKE, L., 1977,
Rückzahlbare Umweltabgabe im Abfallwirtschaftsbereich. Ein neues umweltpolitisches Instrument, in: Abfallwirtschaft in Forschung und Praxis, Bd. 4.

WIEDEMANN, H. U., 1988,
Technische Anforderungen an die Abfallablagerung, in: Thomé-Kozmiensky, K. (Hrsg.), Behandlung von Sonderabfällen 2, Berlin, 919-982.

WILKE, D., 1985,
Gebühren, in: Handbuch für kommunale Wissenschaft und Forschung (HkWP), S. 241 ff.

WINKELMANN, M., 1991,
Private Abfallentsorgung in einer dualen Abfallwirtschaft, in: Umwelt- und Planungsrecht, S. 169-175.

ZWEHL, W., KAUFMANN, M., 1994,
Ökologisierung kommunaler Gebührenpolitik aus betriebswirtschaftlicher Sicht, in: Zeitschrift für angewandte Umweltforschung, S. 447-455.